国家出版基金项目
NATIONAL PUBLICATION FOUNDATION

大数据环境下的信息管理技术与服务创新

大数据环境下的
知识组织与服务创新

Knowledge Organization and
Service Innovation in the Big Data Environment

马费成　赵一鸣　著

WUHAN UNIVERSITY PRESS
武汉大学出版社

图书在版编目(CIP)数据

大数据环境下的知识组织与服务创新/马费成,赵一鸣著.—武汉:
武汉大学出版社,2021.11(2024.6重印)
大数据环境下的信息管理技术与服务创新
ISBN 978-7-307-21508-5

Ⅰ.大…　Ⅱ.①马…　②赵…　Ⅲ.知识管理—研究　Ⅳ.G302

中国版本图书馆 CIP 数据核字(2020)第 085442 号

责任编辑:詹　蜜　　　责任校对:汪欣怡　　　版式设计:马　佳

出版发行:**武汉大学出版社**　　(430072　武昌　珞珈山)
　　　　　(电子邮箱:cbs22@whu.edu.cn　网址:www.wdp.com.cn)
印刷:武汉邮科印务有限公司
开本:720×1000　1/16　　印张:24.75　　字数:351 千字　　插页:3
版次:2021 年 11 月第 1 版　　2024 年 6 月第 2 次印刷
ISBN 978-7-307-21508-5　　定价:82.00 元

作者简介

马费成

　　武汉大学信息管理学院教授，武汉大学人文社科资深教授，教育部人文社会科学重点研究基地武汉大学信息资源研究中心首席科学家，武汉大学大数据研究院院长。主要从事情报学和信息管理理论方法、数字信息资源管理、数据分析与管理、知识组织与知识网络等领域的教学和研究。先后承担国家和省部级各类科研项目30多项，出版著作20余部，在国内外重要期刊上发表论文200余篇，获各级各类奖励和荣誉称号30余项。

赵一鸣

　　武汉大学信息管理学院副教授，信息管理科学系副主任，武汉大学信息资源研究中心数据分析与信息资源规划研究室主任，武汉大学大数据研究院社会治理大数据研究中心副主任，中国信息经济学会理事，中国软科学研究会理事，入选中国科协"青年人才托举工程"，曾获中国科学技术情报学会"青年情报科学家"等荣誉称号。主持国家自然科学基金等各类科研项目10余项，发表论文50余篇。

前　言

在大数据时代，数据、信息和知识井喷式增长，信息空间的急剧扩张带来了严重的信息无序和混乱，知识组织则可以将无序的、分散的数据、信息、知识整理成为有序的信息资源，进而保证高效的知识服务与利用。

大数据环境给知识组织与服务带来了巨大的影响和挑战。从宏观上看，数据交换的模式、知识交流的方式、用户的信息需求、用户的信息行为模式都发生了变化。从微观上看，大数据体量大的特点要求知识组织提高处理能力，多样性的特点要求知识组织能适应多样化的数据和知识类型，价值密度低的特点要求知识组织能对数据进行去冗分类、去粗取精，实时动态性的特点要求知识组织能适应实时产生的数据、适应实时的数据处理任务。

面对这些影响和挑战，必须对传统的知识组织技术、方法和工具进行创新，吸纳最新的大数据分析和处理技术，并与其他领域的方法进行融合，使知识组织为服务创新提供源源不断的驱动力。

本书从理论与技术、应用与服务、领域实证案例三个方面对大数据环境下的知识组织与服务进行了系统研究，分别对应于全书三篇12章。

理论与技术篇从认知维度、内容维度、技术维度、价值与应用维度深入分析大数据环境的特征，阐明知识组织发展的趋势和当前的主要任务，以及大数据环境下知识组织的三个优先研究领域，即知识序化、知识描述、知识整合。进而对语义网、关联数据、知识图谱等大数据环境下的知识组织技术进行了分析讨论，构建用户需求语义网络来解决大数据环境下用户需求信息组织问题，并提出用户需求语义网络模型、需求信息描述和发布的步骤与程序。

应用与服务篇对知识组织系统及其服务项目的最新研究进展进行了系统总结和评述，从知识描述与揭示、知识单元互联、知识序化三个方面分析了关联数据在知识组织中发挥的作用，阐明了关联开放数据在多媒体、政府信息、生命科学和图书馆等领域的知识组织服务与应用，同时分析了知识图谱在商业搜索引擎、问答系统、电商平台、社交网站中的应用与服务，阐明了基于人工智能、云计算等新兴技术的知识服务创新，对大数据环境下创新导向、用户导向、领域导向以及技术导向这四种不同的知识服务新模式进行了分析，提出了社会化问答平台用户画像模型，构建了社会化问答平台用户兴趣画像和社交画像，并对其特征进行了深入分析。

领域实证案例篇选择金融和健康领域的知识组织与服务展开研究，从实体、主题、行为三个层面分析证券场景下的知识聚合及服务。结合高血压病症探讨健康领域知识融合的流程和路径、健康领域的本体构建、知识抽取与表示，提出了面向用户的智慧健康知识服务的实现路径。

本书由马费成负责全书的策划并拟订编写大纲，马费成、赵一鸣撰写了第1~8章，马费成、陈烨撰写了第9~10章，马费成、李亚婷撰写了第11章，马费成、周利琴撰写了第12章。最后由马费成统稿和定稿。

本书是国家自然科学基金重点国际合作项目"大数据环境下的知识组织与服务创新研究"（项目编号：71420107026）的成果之一，同时得到了国家出版基金资助。本书责任编辑、武汉大学出版社詹蜜女士提出了许多很好的建议和意见，为本书编辑出版付出了辛勤劳动，在此一并表示感谢。

本书在撰写过程中，参考和引证了许多作者的论著，我们都以脚注或参考文献的形式作了标注，我们向这些学者表示衷心感谢。如果有因疏忽而遗漏的，亦向这些学者表示歉意。

本书仅仅是对大数据环境下的知识组织与服务创新进行了初步探索。大数据对知识组织的影响是一个复杂的课题，涉及全新的技术、理论、模型和方法问题，而服务创新则需要关注环境变化、用户行为和平台构建，很难通过一个项目或一本著作研究解决这些问题，需要我们组织各方面力量，展开深入研究，才能取得更大进展。

著　者

目　录

理论与技术篇

应用与服务篇

理论与技术篇

第 1 章　解构大数据环境

大数据环境具有多维度的属性和特征，解构大数据环境，需要从认知维度、内容维度、技术维度、价值与应用维度进行深入剖析。

1.1　大数据环境的认知维度

（1）大数据是重要的战略资产

习近平总书记在成立中央网络安全和信息化领导小组时的发言中指出："信息资源日益成为国家重要的生产要素和社会财富，信息掌握的多寡成为国家软实力和竞争力的重要标志"。中共中央政治局于 2017 年 12 月 8 日就实施国家大数据战略进行了第二次集体学习，习近平总书记发表了题为"实施国家大数据战略，加快建设数字中国"的主要讲话，将大数据研究与应用推向了新的高潮。

大数据是重要的战略资产这一认知已经在全社会达成共识。大数据作为新兴战略资源，多个国家将其视作国家战略予以推进，世界各国的大数据战略如表 1-1 所示。此外，联合国于 2012 年 5 月发布了《大数据促发展：挑战与机遇》，向人们指出了大数据时代的到来。

表 1-1   世界各国的大数据战略

国家	大数据相关战略规划	发布时间	主 要 内 容
美国	《大数据的研究和发展计划》	2012.3	涉及美国国家科学基金、美国国家卫生研究院、美国能源部、美国国防部、美国国防部高级研究计划局、美国地质勘探局六个联邦政府部门，推动大数据相关的收集、组织和分析工具及技术，以推进从大量的、复杂的数据集合中获取知识和洞见的能力
	《大数据：把握机遇，守护价值》白皮书	2014.5	对美国大数据应用与管理的现状、政策框架和改进建议进行了集中阐述
韩国	《大数据总体规划》	2012.11	推进大数据应用，建设大数据共享的基础设施以及相关教育体系
英国	《英国农业技术战略》	2013.8	目的是将英国的农业科技商业化，把农业技术的研究焦点投向大数据，致力于将英国打造成农业信息学世界级强国
	《英国数字化战略》	2017.3	包含"连接性、技能与包容性、数字化部门、宏观经济、网络空间、数字化治理、数字经济"七大方面战略任务，致力于把英国建设为一个现代化、具备动态的全球性贸易大国
法国	《数字化路线图》	2013.2	把"大数据"作为五项战略性高新技术之一重点支持
德国	《德国数字化战略2025》	2016.3	在国家战略层面明确了德国制造转型和构建未来数字社会的思路，以及未来数字化必备的工具，对未来10年德国的数字化发展做出系统安排
澳大利亚	《公共服务大数据战略》	2013.6	以六条"大数据原则"为支撑，旨在推动公共行业利用大数据分析进行服务改革，制定更好的公共政策，保护公民隐私

续表

国家	大数据相关战略规划	发布时间	主 要 内 容
日本	《创建最尖端 IT 国家宣言》	2013.6	全面阐述了 2013—2020 年以发展政府开放数据和大数据为核心的新 IT 国家战略
中国	《促进大数据发展行动纲要》	2015.8	加快政府数据开放共享，推动资源整合，提升治理能力；推动产业创新发展，培育新兴业态，助力经济转型；强化安全保障，提高管理水平，促进健康发展
	《十三五规划纲要》	2016.3	第二十七章以"实施国家大数据战略"为题，对国家大数据战略进行了阐述
	《国家信息化发展战略纲要》	2016.7	最大程度发挥信息化的驱动作用，实施国家大数据战略

（2）政府和企业的"数据意识"正在转变为行动

从国家层面来看，各国政府已经意识到数据开放的重要性。2013 年，G8 国家集团领导人①曾在北爱尔兰会晤，共同签署了"G8 集团开放数据宪章"。这个开放数据政策包括五大原则：默认发布开放数据、注重数据的质量和数量、所有人可用、为改善治理发布数据、为激励创新发布数据②。根据"开放数据宪章"和 5 大原则的精神，G8 国家都建立了自己的政府开放数据门户。

政府开放数据以机器可读格式为主，这是大数据处理与分析的前提。The Center for Open Data Innovation 根据数据的开放性和透明度以及各国对 5 大原则的符合程度对上述各国进行了排名。英国得分最高，加拿大和美国并列第二位，法国紧列其后，意大利、日本、德国相差无几，俄罗斯排在末

---

① 2014 年 3 月，G8 集团改为 G7 集团。

② 动脉网. 为什么英国在开放数据方面领先世界，而俄罗斯却垫底？ [EB/OL].[2019-07-15]. http://www.360doc.com/content/15/0420/10/476103_464553621.shtml.

尾①②。截至 2015 年 1 月，G8 国家发布的数据集数量及其对应的门户网站
如图 1-1 所示。

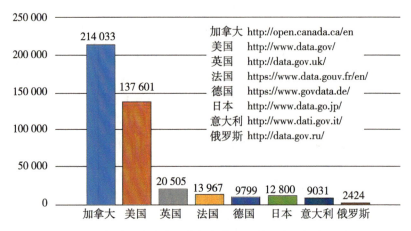

图 1-1　部分国家发布的数据集数量及其对应的门户网站

　　截至 2020 年，中国已建立了多层次的政府数据开放平台，比如国家统
计局建设的"国家数据"、北京市政务数据资源网、上海市政府数据服务网、
天津市信息资源统一开放平台、贵阳市政府数据开放平台、广东省建立的
"开放广东"，等等。

　　从企业层面来看，百度的李彦宏 2013 年在中央政治局常委集体学习中
提出了数据开放的思路，并表达了数据开放的意愿。③ 随后，阿里巴巴也表
示支持企业的数据开放，打破互联网大数据的割据状态。阿里巴巴提出了
"数据中台"的概念，希望能够通过数据战略的实施，成为全球电子商务的

　　① CSDN 大数据. 为什么英国在开放数据方面领先世界，而俄罗斯却垫底？［EB/
OL］.［2019-07-15］. http：//mp. weixin. qq. com/s？_ biz = MzA4Mzc0NjkwNA = = &mid =
205940668&idx = 1&sn = c029e9a3256e10519700415e66736f75&scene = 5.

　　② Daniel Castro, Travis Korte. Open Data in the G8：A review of progress on the open
data charter［R］. Center for Data Innovation. March 17, 2015.

　　③ 搜狐 IT. 中央政治局第九次集体学习李彦宏讲解大数据［EB/OL］.［2019-07-
15］. http：//it. sohu. com/20131002/n387577695. shtml.

"水电煤"。阿里巴巴表示：数据中台就是希望扮演"发电厂"的角色，其建设目标是为了高效满足前台数据分析和应用的需求。数据中台的出现将改变以往企业数据割据的局面。

可以看出，大数据环境推动了政府和企业"数据意识"的转变，促进了数据开放意识的觉醒。

（3）大数据的几个思维误区

1）大数据只是空泛的概念

中国计算机学会大数据专家委员会在 2015 年就指出大数据已经走向实际应用，大数据产业链正在加速形成。① 中国计算机学会大数据专家委员会发布的《2020 年大数据发展趋势预测》认为，2020 年与大数据相关的最令人瞩目的应用领域包括健康医疗、城镇化（智慧城市）、金融、互联网（电子商务）、制造业（工业大数据）。

大数据早已从空泛的名词变成一项项成熟的应用，带来了各个领域的革新。Gartner 每年发布的新兴技术成熟度曲线可以见证大数据的落地过程，大数据连续三年出现在 2012 年、2013 年、2014 年的 Gartner 新兴技术成熟度曲线中（图 1-2 展示了 2013、2014 年的成熟度曲线），但在 2015 年及之后的新兴技术成熟度曲线图中，大数据已不见踪迹，专家将这一现象解读为"大数据技术已经成熟，进入了产业化阶段"，这说明了从 2015 年开始大数据已经进入行业调整和应用深化的发展阶段。

曲线图的纵轴是人们的期望，横轴是技术所处的发展阶段，可以看出，大数据已经从期望过热期步入幻灭低谷期，这说明了人们对大数据的认知逐渐理性，也预示着大数据即将进入行业调整和应用深化的发展阶段。

2）大数据一定要同时具备 4V 的特征

大数据的 4V 特征最早来自 IBM 提出的"3V"概念，即大量化（Volume）、

---

① CCF 大数据专家委员会 . 2015 年大数据发展趋势预测 [J]. 中国计算机学会通讯, 2015, 11 (1)：48-52.

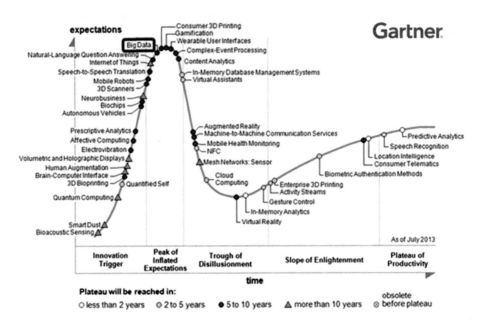

（a）2013年Gartner的新兴技术成熟度曲线

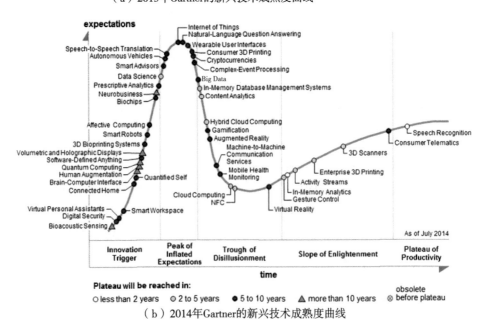

（b）2014年Gartner的新兴技术成熟度曲线

图 1-2　Gartner 的新兴技术成熟度曲线

多样化（Variety）和快速化（Velocity），4V 在这个基础上增加了"价值"（Value）。人们用这四个词归纳大数据的特征。

第一，正确理解 4V 对大数据处理非常重要。目前对于 4V 存在多种解读，以 Velocity 为例，一般理解是"数据增长速度快、处理速度要求快"，也有人把它理解为"需要对大数据进行实时或准实时的处理"。

不同的理解会带来不同的行动，如果非要把 Velocity 理解为对流数据的即时处理，是非常难实现的。尽管社交媒体大数据、物联网大数据，公安、通信等领域的大数据确实需要即时处理，但对于大多数数据类型来说，并没有这么高的要求。只需要建立快速的流转体系，把动态的流数据和存量的历史数据进行迅速地关联、整合，进行处理即可。再比如 Variety，如果理解为所有的大数据都是多源异构、多模态的数据，也会为大数据应用的普及带来障碍。

本书对 4V 的理解如表 1-2 所示。

表 1-2　　　　　　　　　　　　对大数据 4V 特征的解读

4V	解　　读
Volume	数据体量大、存储量、计算量大，增长迅速
Variety	多源异构异质
Velocity	数据更新速度快，需要建立快速的数据流转和动态的数据体系，必须在尽可能短的时间内挖掘出价值
Value	价值大、价值密度稀疏

第二，并不是所有的大数据都同时具备 4V 的特征。比如企业的业务数据、政府的公共数据价值密度比较高，且大多为结构化的数据，尽管数据量较大，但人们已经积累了足够的方法和工具来处理。

从实际情况看，具备其中 2~3 个特征即可称为大数据。有学者认为，一般的大数据处理与应用只要求 1~2 个方面，例如社交网络和电子商务的日志文件具有海量和高速的特点，但数据种类并不多；数字化媒体中的数据量大、数据类型比较复杂，但数据的增长速度并不快。①

对于数据量来说，对于不同的应用场景，从 TB 级到 PB 或 EB 级的数据处理都可以成为大数据。尤其是在互联网领域，人们往往会把基于多源数据关联的挖掘和分析结果称为大数据分析的结果，而不管后台的数据量有没有达到某个级别。

另外，大数据的概念已经泛化了，甚至成为一个大众流行语。当人们说到电子商务中的精准营销、个性化推荐，说到社交网络中关系的挖掘，都会冠以大数据的称谓。从价值维度上看，尽管很多数据不是严格意义上的大数据，也必须进行挖掘、利用、开发。

3）一味考虑大数据处理中最难的应用场景

在大数据的科研与应用实践中，人们往往倾向于考虑大数据处理中最难的应用场景，比如实时的流数据处理、完全异构多源并具有复杂数据关系的大数据，等等。对于某些应用场景来说，这些问题确实存在，比如社交媒体中的数据，价值密度比较低，主要是非结构化数据，同时又具有海量和高速增长的特点。

但是，大部分情况下的大数据处理没有这么高不可攀，一味考虑大数据处理中最难的部分，会增加人们的畏难情绪，影响大数据的发展与应用。并不是所有的大数据任务都要完全解决实时的流数据处理等问题，目前主流的大数据计算模式 MapReduce 也只是适合于进行大数据线下批处理，但这并不影响 Hadoop MapReduce 成为大数据处理的主流工具，解决大部分大数据处理的需求。尽管有人把大数据定义为"传统的软件工具在可容忍的时间内处理不了的数据"，但这也不意味着传统软件工具在大数据时代的终结。以 SQL 处理引擎为例，SQL 是传统关系型数据库的结构化查询语言，是典型的传统软件工具，但目前在大数据处理领域仍然有大量围绕 SQL 处理引擎的新

---

① 刘炜，夏翠娟，张春景．大数据与关联数据：正在到来的数据技术革命［J］．现代图书情报技术，2013（4）：2-9.

应用，比如 Impala、HAWQ，并且取得了巨大成功。

从科学研究的角度看，并不是所有学者都要去研究海量数据的存储、流数据分析、快速查询、分布式计算等大数据处理的基础科学问题，学者们不需要一次性解决大数据处理中的所有难题，而应该从各自的领域出发，在某个侧面有助于大数据处理和问题的解决即可。

从业界实践的角度看，第一，大数据处理中，既有实时数据的处理需求，又有存量数据的处理需求，关键是要建立快速的数据流转体系。第二，大数据处理要考虑非结构化数据的处理，但结构化的数据（比如企业业务数据）往往包含更大的价值。第三，大数据分析只不过是人们解决问题的一个抓手而已，并不能应对所有的问题。

1.2 大数据环境的内容维度

1.2.1 大数据的产生与发展

数字化环境是大数据产生和发展的根源。美国《连线》杂志主编安德森总结道："60 年前数字计算机使得信息可读，20 年前因特网使得信息可获得，10 年前搜索引擎爬虫将互联网变成一个数据库，现在 Google 及类似公司处理海量语料库如同一个人类社会实验室。"①

随着信息化的发展浪潮，传统的数据载体已经纷纷实现电子化。以企业信息化为例，随着 ERP、MES、DNC、MDC、PDM、Tracker 等先进信息化管理系统在制造企业的广泛应用，企业积累了大量关于生产、经营的业务数据。再以电子政务为例，各种政务服务系统中积累了大量的公共数据，比如宏观经济数据、社会人口数据等。这些数据是价值密度比较高的数据，且大多为结构化的数据。

---

① 甘晓. 大数据成为信息科技新关注点［EB/OL］.［2019-07-15］. http://news. sciencenet. cn/sbhtmlnews/2012/6/259839. shtm? id=259839.

传统企业、政府机构、个人都在不断地生成数字化的信息，这些信息构成了庞大的数字宇宙（信息空间）。国际数据公司发布的第六期数字宇宙研究报告显示，由于个人和机器产生的大量数据，数字资源的膨胀已然达到了前所未有的程度。① 全球90%的数据是在过去两年中生成的，数字宇宙的规模每两年翻一番，这意味着绝大部分数据将以数字化的形式存在。

1.2.2 大数据的分类

分类是人们认识事物、区分事物以及分析问题的基本方法之一。为大数据建立清晰的分类体系，有利于判断出当前急需进行组织、能够进行组织的大数据类型。将目前主流的分类总结如下。

第一种分类。中国人民大学毛基业教授把大数据的内容来源分为五类，分别是：业务数据（Business data），来自企业业务处理系统、监控系统的数据流、各类传感器数据；"暗藏数据"（Dark data），是已经拥有但未被高效利用的数据，包括电子邮件、合同、书面报告等；商业数据（Commercial data），是从外部行业机构和社交媒体服务商获取的结构化或非结构化数据；社交数据（Social data），源自Facebook、Twitter、微信等；公共数据（Public data），包括宏观经济数据、社会人口数据、气象数据等。

第二种分类。如果要涵盖所有的大数据来源，可以根据李国杰院士提出的三元世界的理论对大数据进行内容维度上的划分，即来自信息空间的大数据、来自物理世界的大数据、来自人类社会的大数据。

第三种分类。根据大数据产生的方式，把大数据划分为被动、主动和自动三种。被动产生的大数据包括医疗中的电子病历、企业的MIS历史数据等，主动产生的大数据包括社交网络数据等，自动产生的大数据包括传感器数据等。

---

① 马费成. 数字时代不能没有"中国记忆"［J］. 信息资源管理学报，2014，4（2）：2.

第四种分类。在大数据处理过程中，会针对不同温度带的数据采用不同的解决方案，根据数据的应用价值和使用频率，分为热数据、温数据和冷数据。热数据是被频繁访问的数据，存储在快速存储器中；温数据是被访问频率相对较低的数据，存储在相对较慢的存储器中；冷数据是极少被访问的数据，被存储在最慢的存储器中。

第五种分类。专注于大数据分析的全球性软件公司 Teradata 国际集团总裁赫尔曼·威摩（Hermann Wimmer）认为大数据主要包含三大块：一是传统的数据，例如企业原来的交易系统、网络系统以及 ERP 系统等数据仓库；二是传感器生成的数据；三是社交媒体上的数据①。

第六种分类。《中国大数据技术与产业发展白皮书（2013）》根据 MapReduce 产生数据的应用系统分类，将大数据的来源归纳为四个方面：管理信息系统，包括事务处理系统、办公自动化系统，其数据通常是结构化的；Web 信息系统，包括互联网上的各种信息系统，比如社交网站、搜索引擎等，其数据大多是半结构化或无结构的；物理信息系统，指关于各种物理对象和物理过程的信息系统，如实时监控、传感器数据等；科学实验系统，主要来自科研和学术领域。

以上列举了对大数据的六种分类。上述分类又可以划分成两种基本类型，第一种是全面的分类标准，要求能涵盖所有的大数据类型，前四种分类均属于此模式；第二种是从实用主义出发，只涵盖目前主流的大数据，后两种分类属于第二种模式，这种分法对实际工作更有指导意义。

著名咨询公司 Gartner 认为互联网、物联网、社交网是大数据的主要来源，这三个方面的数据构成了大数据的主要内容。本书从实际应用的角度出发，对当前有利用价值和利用可能的大数据来源进行了梳理和归纳，如表1-3所示。

---

① 芮娜. 当制造遇上大数据 [J/OL]. [2019-07-15]. 世界经理人, http://www.ceconline.com/it/ma/8800073338/01/? pa_art_7.

表 1-3   常见的大数据来源

所属领域	数据
互联网	Email,IM 即时通信,社交网络（微博），用户的浏览点击记录、消费记录、跳转轨迹、好友关系、购买记录、支付情况、评论、点赞记录、外出行踪等
物联网	移动设备、终端中的商品、个人位置、传感器采集的数据
智慧城市	交通治安摄像头数据，公众交通出行数据
电子政务	经济运行数据、身份证、各种行政审批、学籍登记
制造业	企业内部 Intranet 上的数据、企业间 EDI 的数据
通信	全球四大卫星导航系统，手机通话、短信，呼叫中心
金融	逐笔交易数据和逐秒交易数据
医疗	手写病历、电子病历、医疗处方、各种仪器的数据
生物信息	人类基因组计划、人类脑计划
科学观察	天文望远镜、卫星云图、物理学实验、数字长江等

1.3 大数据环境的技术维度

大数据处理的生命周期包括采集、存储、查询、计算、分析与挖掘、应用等环节，其中以存储、计算、分析与挖掘三个方面的技术最为核心，以下就这三个方面对大数据环境的技术维度进行剖析。

1.3.1 大数据存储

大数据模态多样、数据类型复杂，传统的关系型数据库难以面对所有的大数据类型。非关系型数据库成为大数据存储的主流技术，以应对高并发读写、海量数据高效率存储和访问、高扩展性和高可用性的需求。

NoSQL（Not Only SQL）是非关系型数据库存储的广义代表，它不需要固定的表结构，通常也不存在连接操作，在大量数据存取上具备关系型数据库无法比拟的性能优势。

NoSQL 数据库根据存储模式不同可分为文档式存储、列式存储、键值式存储、对象式存储、图式存储、XML 式存储等，各类模式及其代表性系统如表 1-4 所示。

表 1-4　　　　　　　　　大数据存储技术及其代表性系统

存储类型	典型系统	系 统 特 性
文档式存储	MongoDB	介于关系数据库和非关系数据库之间的开源产品，功能丰富，是最像关系数据库的非关系数据库，是 DB Engines 数据库排行榜中排名第一的 NoSQL 数据库（共 2 款 NoSQL 数据库进入前十）
	Couchbase	数据存储方式类似 Lucene 的 Index 文件格式，可以把存储系统分布到 n 台物理节点上，并协调和同步节点间的数据读写一致性
键值式存储	Bigtable	Google 自行开发的具有一定容错能力和可扩展性的数据库，是 NoSQL 的源头
	Dynamo	Amazon 开发的键值式存储平台，具有良好的可用性和扩展性，读写访问中 99.9%的响应时间在 300ms 内
	Voldemort	一个分布式键值存储系统，是 Dynamo 数据库的开源版本
	Redis	整个数据库加载在内存当中进行操作，定期通过异步操作把数据库数据 flush 到硬盘上进行保存，每秒可以处理超过 10 万次读写操作
	Gemfire	内存中的分布式数据库，用户包括中国的铁路订票系统 12306 网站等

续表

存储类型	典型系统	系 统 特 性
键值式存储	Flare	支持 scale 能力，它在网络服务端之前添加了一个 Node Server，用来管理后端的多个服务器节点，因此可以动态添加数据库服务节点、删除服务器节点
	Tokyo Cabinet	主要用于日本最大的 SNS 网站 mixi. jp，除了支持 Key-Value 存储以外，还支持 Hashtable 数据类型，支持基于列的条件查询、分页查询和排序功能
列式存储	Hbase	Apache 开发，支持 Hadoop 2. x，用户包括 Facebook 等
	Cassendra	Facebook 开发的开源分布式 NoSQL 数据库系统，是由一堆数据库节点共同构成的一个分布式网络服务
	Hypertable	一个开源、高性能、可伸缩的数据库，它采用与 Google Bigtable 相似的模型
对象式存储	db4O	一个开源的纯面向对象数据库引擎
	Versant	适用于应用环境中包含复杂对象模型的数据库
图式存储	Neo4j	基于 JAVA 的开源图数据库
	FlockDB	一个存储图数据的分布式数据库，支持在线数据迁移，可以对包含数百万条目的查询结果进行分页、对超大规模邻接矩阵进行查询
	InfoGrid	网页图形数据库
	InfiniteGraph	Objectivity 公司推出的商用、分布式、可伸缩的图数据库，拥有高级高速缓存和高性能查询服务器
	HyperGraphDB	基于 BerkeleyDB 的开源图数据库

文档式存储可以对某些字段建立索引，实现关系数据库的某些功能，可以满足海量存储和访问的需求。典型应用场景是各类 Web 应用中的海量数据存储和良好的查询性能，但并发读写能力不强。其代表性系统是 MongoDB，当数据量达到 50GB 以上的时候，MongoDB 数据库的访问速度是 MySQL 的

10 倍以上。

与文档式存储相比，键值式存储的主要特点是简单、易部署、可以通过 key 快速查询到其 value。键值式存储会使用包含特定键和指针的哈希表，具有极高的并发读写性能，其典型的应用场景是处理大量数据的高访问负载。代表性的系统包括 BigTable、Redis 等，其中，Redis 还属于内存数据库，是一种将全部内容存放在内存而非外部存储器中的数据库。表 1-4 没有列出的适用于大数据环境的键值式存储系统还有 LevelDB、Scalaris、HyperDex、BerkeleyDB、Apache Accumulo①。

在列式存储中，数据被按列存储，每一列由一个线索来处理，每次查询只访问查询涉及的列，以降低系统输入输出的压力，实现查询的并发处理。典型应用场景是分布式的文件系统，是可以满足高可扩展性和可用性的面向分布式计算的数据库。代表性系统包括 Hbase、Cassendra、Hypertable、Riak 等，其中，Hbase 和 Cassendra 采用的是列式存储模式，但有时也被作为键值式存储的代表，原因是在列式存储模式中，键仍然存在，只不过是指向了多个列。

图式存储使用灵活的图形模型，并且能够扩展到多个服务器上，有 REST 式的数据接口或者查询 API。典型应用场景是社交网络和各类推荐系统，代表性的系统包括 Neo4J、FlockDB、InfoGrid、InfiniteGraph 等。

上述的几种存储模式并不是完全对立的关系，相互之间存在一定的交叉。

NoSQL 系统通过对事务语义的放松达到系统的可扩展性，但如果应用需要保证一致性，就需要 NewSQL 系统来同时保证可扩展性和事务一致性，NewSQL 系统分为通用数据库和内存数据库两类，前一类系统的典型代表有 Spanner，NuoDB 等，后一类系统的典型代表有 SQLFire 和 VoltDB。

---

① ITeye. 大数据时代的 9 大 Key-Value 存储数据库 [EB/OL]. [2019-07-15]. http://www.iteye.com/news/27628.

1.3.2　大数据计算

计算思维的普及和深化，带来了一系列计算模式的变革，典型的大数据计算模式与典型系统如表 1-5 所示。

表 1-5　　　　　　　　　　大数据计算模式与典型系统

大数据计算模式	典型系统	系 统 特 性
查询分析计算	Hive	Facebook 开发的基于 Hadoop 的数据仓库工具，可以将 SQL 语句转换为 MapReduce 任务进行运行，适合数据仓库的统计分析
	Dremel	Google 开发的 Web 数据级别交互式数据实时计算系统，可以让用户在 2~3 秒内迅速完成 PB 级别数据的查询
	Impala	Cloudera 在受到 Google 的 Dremel 启发下开发的实时交互 SQL 大数据查询工具
	Shark	准实时的 SQL 查询引擎，是"运行在 Spark 上的 Hive"，可以无缝对接 HIVE Queries
	Hana	提供高性能的数据查询功能，用户可以直接对大量实时业务数据进行查询和分析，而不需要对业务数据进行建模、聚合等
	Percolator	基于增量计算克服大数据查询中的冗余问题
	Drill	低延迟的分布式海量数据（涵盖结构化、半结构化以及嵌套数据）交互式查询引擎
批处理计算	Hadoop MapReduce	一个分布式系统基础架构
	Spark	继 Hadoop 之后的新一代大数据分布式处理框架，由 UC Berkeley 的 Matei Zaharia 主导开发

续表

大数据计算 模式	典型系统	系 统 特 性
流式计算	Scribe	Facebook 开源的分布式日志搜集系统
	Flume	Cloudera 提供的一个高可用的、高可靠的、分布式的海量日志采集、聚合和传输的系统
	Storm	Twitter 提供的一个免费、开源的分布式实时计算系统，它可以简单、高效、可靠地处理大量的流数据
	S4	主要面向高数据率和大数据量的流式处理
	Spark Steaming	适用于大规模流式数据处理，将流式计算分解成一系列短小的批处理作业
图计算	Pregel	一个用于分布式图计算的计算框架，主要用于图遍历、最短路径、PageRank 计算等
	Giraph	迭代式图处理系统，架构在 Hadoop 之上，提供了图处理接口，专门处理大数据的图问题
	Trinity	微软公司的图形数据库及图形化计算平台，以分布式内存云为设施基础
	PowerGraph	PowerGraph 将基于 vertex 的图计算抽象成一个通用的计算模型，是 CMU 的 GraphLab 衍生出来的，目前性能最快的图数据处理系统之一
	GraphX	一个分布式图处理框架，基于 Spark 平台提供对图计算和图挖掘的接口

大数据计算模式可以有多个划分标准，根据数据获取方式不同，可分为批处理计算与流式计算；根据数据处理类型不同，可分为查询分析计算和数据挖掘分析计算；根据响应速度不同，可分为实时、准实时与非实时计算，或联机计算与线下计算。

大数据查询分析计算的典型系统与上文介绍的大数据存储系统有一定重合，大多是基于数据库的查询分析计算，比如表 1-4 中的 Hbase、Cassendra、

Redis 等大数据存储系统，都提供查询分析计算的功能。其他典型的系统还包括 Hive、Dremel、Impala、Shark、Hana、Percolator、Drill 等，其中，FaceBook 的 Hive 项目是建立在 Hadoop 上的数据仓库基础构架，Shark 属于 Apache Spark，Dremel、Impala、Hana 分别由 Google、Cloudera、SAP 公司开发。

　　大数据批处理计算属于非实时和线下计算，往往需要基于集群的分布式存储与并行计算体系结构，代表性的系统是 Hadoop MapReduce 和 Spark。MapReduce 主要通过 Map 和 Reduce 两个抽象的操作描述现实世界的具体任务，并提供一个并行计算框架，将任务自动分布到一个由普通机器组成的超大机群上并发执行①，基于 MapReduce 模式的 Hadoop 擅长数据批处理，但在即时查询的场景下显得力不从心。Spark 也是批处理系统（同时也采用了迭代计算和内存计算的模式），在性能方面优于 Hadoop MapReduce，但在易用性和普及程度上不及 Hadoop MapReduce。

　　在流式计算中，由于无法确定数据到来的时刻和顺序，因此在很多场景下不再对流式数据进行存储，而是在内存中直接对流式数据进行实时计算。2010 年 Yahoo 推出的 S4 流式计算系统和 2011 年 Twitter 推出的 Storm 流式计算系统，极大地推动了大数据流式计算技术的发展和应用。② 其他有代表性的流式计算系统包括 Scribe、Flume、Spark Steaming 等。

　　大数据中的图计算非常适用于社交网络、Web 链接关系图等图数据的处理，可以弥补 MapReduce 在图数据处理方面的不足，这些图数据规模很大，常常达到数十亿的顶点和上万亿的边数。针对大型图的计算，目前通用的软件主要分为基于遍历算法的图数据库、以图顶点为中心的消息传递批处理的并行引擎两类，前者的相关产品包括 Neo4J、OrientDB、DEX 和 InfiniteGraph

---

① 宫夏屹，李伯虎，柴旭东，谷牧．大数据平台技术综述 ［J］．系统仿真学报，2014（3）：489-496.

② 孙大为，张广艳，郑纬民．大数据流式计算：关键技术及系统实例 ［J］．软件学报，2014，25（4）：839-862.

等，后者的相关产品包括 Hama、Golden Orb、Giraph 和 Pregel 等①。其中，Pregel、Giraph、Trinity 分别由 Google、Facebook 和 Microsoft 开发。其他的图计算系统还包括 GraphChi、PowerGraph 等。

内存计算目前成为提高大数据处理性能的主要手段。大数据批处理计算系统的代表 Spark 正是立足于内存计算，从多迭代批量处理出发，兼收并蓄数据仓库、流处理和图计算等多种计算范式的典范，并且正在逐步走向商用，与 Hadoop 融合共存。Hana（High-Performance Analytic Appliance）也是内存计算的代表，提供高性能的数据查询功能，用户可以直接对大量实时业务数据进行查询和分析，而不需要对业务数据进行建模、聚合等②。

1.3.3 大数据分析与挖掘

大数据分析与挖掘是一个交叉领域，它涉及信息检索、人工智能、机器学习、概率论以及数据的相关知识与技术。目前，大数据挖掘与神经计算、深度学习、语义计算以及人工智能等其他相关技术的结合，已经成为热点。

由于大数据的海量、冗余、异构等复杂特点，当前大数据挖掘面临着诸多挑战。一方面，挑战来自大数据的 4V 特征，比如数据的价值密度稀疏，大数据中包含大量噪声和冗余数据，数据清洗和预处理的难度大，再比如在小样本上有效的算法在大数据挖掘中的有效性问题等；另一方面，大数据挖掘要产生价值必须强调不同数据集之间的关联挖掘，而数据的开放互通和关联构建面临巨大的障碍。在不考虑这些障碍的情况下，大数据挖掘与分析的顺利进行还必须有两个基础：①底层数据必须以数字化的形式存在，即数据的创建、存储及用来与数据交互的接口都是数字化、自动化的；②从数据到科学家以及再从科学家返回到数据的过程必须自动化，也即整个输入输出的过程必须自动化。

复杂、大规模的数据分析和挖掘是未来的发展趋势，比如更细粒度的仿

① 邵春昌. 基于图理论的信息网络模型研究［D］. 中央民族大学，2016.

② Franz Färber, Sang Kyun Cha, Jürgen Primsch, et al. SAP HANA database：Data management for modern business applications［J］. Acm Sigmod Record, 2011, 40（4）：45-51.

真、时间序列分析、大规模图分析和大规模社会计算等，对计算模式提出了更高的要求。①

目前应用比较广泛的大数据分析与挖掘系统如表 1-6 所示。

表 1-6　　　　　　　　　　　　**大数据分析与挖掘系统**

大数据分析与挖掘系统	特　　性
WEKA	适用于单机的大数据预处理、挖掘和分析
PMML	适用于医疗和疾病预测中大数据的挖掘、分析
Mahout	基于 Hadoop 的分布式数据挖掘开源项目
Dryad	通过集群处理大规模的数据挖掘，特别适用于有向无环图的数据流
Pregel	基于可扩展的图处理计算模型，适用于挖掘社交图谱等图数据
InfoSphere BigInsights	IBM 推出的用于储存和分析大数据的软件平台
Azkaban	LinkedIn 的作业流平台，支持任何 Hadoop 版本，以及 Teradata、mysql、voldemort 等非 Hadoop 平台

1.4　大数据环境的价值与应用维度

1.4.1　大数据与科学研究范式创新

大数据环境催生的数据密集型科学带来了研究范式的创新与变革。澳大利亚的平方公里阵列射电望远镜项目、欧洲粒子中心的大型强子对撞机、天文学领域的泛 STARRS 天体望远镜阵列等科学仪器，每天都会产生几个千万亿字节（PB）的数据。《大数据时代》一书认为天文学是信息爆炸的起源，

---

① CCF 大数据专家委员会．中国大数据技术与产业发展白皮书［R］.北京：中国计算机学会，2013.

22

该书给出了进一步的数据支撑：2000 年斯隆数字巡天（Sloan Digital Sky Survey）项目启动的时候，位于美国新墨西哥州的望远镜在短短几周内收集到的数据，已经比天文学历史上总共收集的数据还要多，到了 2010 年，信息档案已经高达 1.4×2^{42} 字节①。

再以天文学为例，美国航空航天局（NASA）向公众开放了天文望远镜观测的历史数据资料，促成了一类新型天文学家的诞生，他们不必再仰望天空，只需要在笔记本电脑上使用一定的工具就可以寻找下一个类似地球的行星，比如全民科学组织 Zooniverse 研发的名为 Planet Hunters 的工具。这表明天文学正产生一种以大数据为根基的分支，在对历史科学实验数据进行挖掘和分析的基础上建立新的理论。这是大数据环境下科学研究范式的重要特征之一。

人们把大数据环境下基于数据密集型科学的研究范式称为"第四范式"，这是科学研究范式演变过程的第四个阶段。这四个阶段分别是：第一阶段是以实验观察为主描述自然现象，以伽利略、哥白尼、开普勒等人的研究为代表；第二阶段是利用模型和归纳进行理论研究，以微积分和经典力学为代表；第三阶段以数学模拟和仿真为主的计算科学研究，以量子力学和混沌理论的发展为代表；第四阶段是在大数据环境下，数据密集型科学从计算科学中分离出来，成为科学研究的第四范式。

第四范式的提出代表着数据科学的兴起和发展，这将深刻改变人类探索世界的思维和方法。天体信息学、生物信息学、遗传工程学、社会学等都会在数据学科的发展中受益。中国科学院院士、美国普林斯顿大学教授鄂维南强调："数据科学将达到与自然科学分庭抗礼的地位。数据科学主要包括两个方面：用数据的方法来研究科学和用科学的方法来研究数据。前者包括生物信息学、天体信息学、数字地球等领域，后者包括统计学、机器学习、数据挖掘、数据库等领域。这些学科都是数据科学的重要组成部分。但只有把

---

① ［英］维克托·迈尔-舍恩伯格，肯尼思·库克耶. 大数据时代［M］. 盛杨燕，周涛，译. 杭州：浙江人民出版社，2013：10.

它们有机地放在一起，才能形成整个数据科学的全貌"①。

第四范式将理论、实验和计算仿真统一起来，由仪器收集或仿真计算产生数据、由软件处理数据、由计算机存储信息和知识、科学家通过数据管理和统计方法分析数据和文档，整个科学研究周期包含数据采集、数据整理、数据分析和数据可视化四个部分。②

1.4.2 大数据与商业模式创新

从价值与应用的角度，大数据的几个内容维度分别对应了不同的商业机会。Garnter 在 2013 年指出，来自"人的网络"的数据可以提升"客户为中心"力度，在"改善客户体验和社区"方面蕴含着巨大价值；来自"物的网络"的数据可以连接实体（物理）与数字世界，在"增加运营效率、提供创新性移动方案"方面蕴含着巨大价值；来自"数据网络"的数据可以连通信息孤岛，在"分析行为、群体、欺诈和生命周期的规律"方面蕴含着巨大价值。

通过大数据实现商业模式创新的案例很多，Walmart 是其中一个典型代表。Walmart 在商业推理方面，不是采用传统的假设、建模、数据分析的方法，而是通过历史的事件来优化未来的活动，这是从观察分析模式转化成利用历史数据进行综合性分析模式的典型。

Google 搜索结果页面的排序算法通过收集并综合之前的点击流和链接数据来预测未来用户希望看的东西，而不仅仅是基于传统的 PageRank 算法③。这一思路在很多大型购物网站的商品推荐中应用得非常广泛，它们没有深究为什么要向用户推荐另一个商品组合，而是关注用户历史记录、网络行为反

---

① 赵国栋，易欢欢，康万军，鄂维南. 大数据时代的历史机遇——产业改革与数据科学［M］. 北京：清华大学出版社，2013.

② Tony Hey，Stewart Tansley，Kristin Tolle. 第四范式：数据密集型科学发现［M］. 潘教峰，张晓林，等译. 北京：科学出版社，2012：1.

③ 大数据 BigData. 大数据将改变人类解决问题的方式［EB/OL］.［2019-07-15］. http：//blog. sina. com. cn/s/blog_aa22433d0101s4yt. html.

映出来的偏好本身。Amazon 的个性化推荐系统为它创造了 1/3 的销售额，而这个推荐系统对相关关系本身的关注也远多于对相关关系背后原因的关注。

除了单个企业商业模式创新的案例以外，还有大数据与"云物移智"的结合①，"云物移智"分别是云计算、物联网、移动互联网、人工智能，大数据将继续与这些热点领域深度交叉融合，产生更大的商业和社会价值。

1.4.3 大数据与公共服务创新

"开放数据宪章"鼓励世界各国、各地区应分享开放数据的技术和经验，保证数据的采集、标准和发布过程的透明，以便通过开放数据加强民主制度建设和更好的政策制定。同时，政府应标准化数据集的元数据，尽可能以开放的格式、尽可能多地发布数据，并且应该尽量免费，不以任何注册登记等理由设置访问数据的障碍，使得所有人都能够获取和利用。②

多个国家在通过政府大数据公开改善公共治理方面做了大量努力。比如美国前总统奥巴马提出利用大数据技术和政府数据开放运动，创建一个前所未有的开放政府。他于 2009 年签署了总统备忘案《透明和开放的政府》，在 2012 年发布了《大数据的研究和发展计划》，都是为了利用大数据改善进行公共服务创新的举措，截至 2020 年 8 月，美国已经在其数据开放门户 Data. gov 上发布了 210 924 个数据集。英国在 World Wide Web Foundation 的 2015 Open Data Barometer 上声称自己在政府公开数据的质量与数量上处于领先地位，截至 2015 年 1 月，英国的数据开放门户 Data. gov. uk 包含了将近 20 000 个已发布数据集和超过 4000 个待发布的数据集③。

---

① CCF 大数据专家委员会. 2015 年大数据发展趋势预测 [J]. 中国计算机学会通讯，2015，11（1）：48-52.

② 洪京一. 从 G8 开放数据宪章看国外开放政府数据的新进展 [J]. 世界电信，2014（Z1）：55-60.

③ Daniel Castro, Travis Korte. Open Data in the G8: A review of progress on the open data charter [R]. Center for Data Innovation. March 17, 2015.

目前，各国开放的数据集包括：企业登记等公司数据，犯罪统计等安全领域数据，气象、农业、林业渔业和狩猎等地球观测数据，学校名单、学校表现等教育数据，污染程度、能源消耗等能源与环境数据，国家预算、地方预算、交易费用等财政数据，地形、国家地图等地理空间数据，粮食安全、土地等全球发展数据，处方、电子病历等健康数据，基因组等科学与研究数据，人口普查、基础设施建设等统计数据，住房、医疗保险和失业救济等社会保障数据，公共交通等交通运输数据。

这些开放的数据集极大地促进了政府公共服务的创新。2011 年，日本福岛核泄漏事件中，日本在网站 atmc.jp 上开放了国家核监管局的数据，实时展示国家各地辐射量的等级及变化，各级政府部门利用这些数据计划提供紧急响应服务。2014 年，美国医疗保险和医疗补助中心公布了索赔数据集，这其中包括了公众保险在医生层面的支出，记者可以依此分析发现潜在的欺诈性交易及收取不成比例费用的医生，进而减少政府腐败。

第 2 章   大数据环境与知识组织

2.1   知识组织在大数据环境中应发挥的作用

海量、异构、动态变化的数据使得知识组织的任务变得更为复杂，具体体现在数据本身的复杂性、计算的复杂性和信息系统的复杂性等方面。① 这也是大数据处理任务面临的普遍问题，有赖于大数据存储、大数据计算、大数据挖掘与分析等基础性技术的突破和迭代。从知识组织的角度来说，我们并不期望它解决大数据的所有问题，但至少应该在数据的分类、描述、约减、评估、交换共享等方面发挥重要作用。

总的来说，知识组织应该在以下几个方面发挥作用。

（1）大数据资源的分类

分类是人们认识事物、区分事物以及分析问题的基本方法，也是人类思维的基本形式。作为知识组织的基础性方法，分类法用分类号来表达各种概念，将各种概念按学科性质进行分类和系统排列，将知识按照学科门类加以

---

① 李国杰. 对大数据的再认识 [J]. 大数据，2015，1（1）：1-9.

集中，便于用户浏览检索①②。分类法最初用于图书馆文献信息资源的分类排架、建立分类检索系统，在网络环境下又衍生出网络主题分类目录、各类网站的自编分类体系、大众分类法等形式。

在大数据环境下，分类的方法应该发挥更重要的作用，以电子商务大数据为例，在数据生成的过程中，信息就是按照一定的门类（比如网站自编的商品分类体系）被采集的。当前，还需要建立多维度的大数据分类（分级）体系，比如根据大数据序化的程度进行分级，分为序化程度高、序化程度一般、序化程度低三种层级的大数据，选择判断出当前急需进行序化、能够进行序化的大数据类型。针对序化程度高的数据，研究重心在于整合和互联；针对序化程度低的数据，研究重心在于描述和揭示。

在知识组织的研究和实践中，必须根据不同的大数据类型采取相应的策略，并决定数据描述和揭示的详细程度以及深入程度。比如根据数据处理方式，大数据可分为适合于批处理的大数据与适合于流式计算的大数据，知识组织应主要着眼于可存储、可进行批处理的大数据类型。根据处理响应时间，大数据可分为需要实时/准实时计算的大数据与非实时计算的大数据，再根据响应时间的要求不同，知识组织介入的方式应有所区别。根据数据价值、数据分布状况、数据类型等指标决定知识组织的深度，对于价值密度极其稀疏的大数据，往往只需要进行浅层的组织与序化；对于分布式存储的数据，重点要实现数据划分和互操作；对于流式数据，则需要在数据生成之前，就建立好数据描述和表示的标准。

（2）大数据资源的记录与描述

知识组织通过对原始信息资源的特征进行分析、选择和记录③，提供信息资源的概要内容信息，实现信息资源的描述，其典型成果包括机读目录

---

① 司莉．信息组织原理与方法［M］．武汉：武汉大学出版社，2010：11-18.
② 马张华．信息组织［M］．北京：清华大学出版社，2011：78-110.
③ 叶继元．信息组织［M］．北京：电子工业出版社，2010：5-6, 18-26, 170.

MARC、图书在版编目 CIP、都柏林核心元素集等元数据，记录与描述的详细和深入程度则根据不同元数据的格式而不同。

大数据经过记录和描述后，能够揭示其包含的精华和主要内容，比如可以为大数据建立数据档案，记录其内容、条件、格式、产生时间、长度、使用限制条件等，为大数据交易、大数据挖掘与分析提供参考。

（3）大数据资源的浓缩与约减

记录与描述也是对信息资源进行浓缩的过程，通过把一次信息转化为二次信息，将纷繁复杂的信息资源约减成简单的替代记录，比如文摘、题录、目录、书目、元数据等。知识组织操作的直接对象往往是这些替代记录，而非信息资源本身。

知识组织可以对大数据进行一定程度的抽象表示，建立大数据资源的替代记录，实现大数据资源的浓缩与约减。

（4）大数据资源的定位、选择、评估与管理

通过信息描述建立的元数据，还具有对信息资源进行定位、选择、评估和管理的功能。元数据通过对信息资源位置信息的描述，方便信息资源的定位与获取；通过对信息资源的名称、年代、格式、版本、使用情况等属性的描述，使用户在无须浏览信息对象本身的情况下，就能够了解和认识信息对象，对信息资源的使用价值和重要性进行判断，作为存取和利用的参考。元数据还包括制作信息、权利管理、转换方式、保存责任等内容，以支持对信息资源的管理以及长期保存。

元数据在大数据环境中仍然发挥着定位、选择、评估与管理的功能。一方面，网络数据是大数据的重要来源渠道，网络数据的生成、采集和存储，本来就依赖于元数据的控制；另一方面，在存储和分析大数据的过程中，由于大数据来源、数据类型的多样性，各种元数据不再是单独发挥作用，而是作为一个集群，协同发挥作用。

大数据环境下，提供数据交易、数据分析场所和基本工具的平台商，提供数据集的原始数据商，提供应用和服务的开发者等各类主体共同构成了大数据生态系统，在这个生态系统中，需要频繁地对大数据资源进行定位、选择、评估和管理，这有赖于建立面向大数据的元数据。

（5）大数据资源的交换与共享

知识组织建立的各种词表、人名表、地名表、术语表、领域本体在信息资源的交换和共享、信息系统互操作、跨库检索等方面发挥着重要作用①②。以医疗领域为例，用于规范医疗数据库和信息系统信息交换与共享的知识组织成果包括：医学标题词表（MeSH）、国际疾病分类法（ICD）、系统医学术语集（SNOMED）、观测标识符逻辑命名与编码系统（LOINC）、一体化医学术语系统（UMLS），等等。

大数据通过互联和共享，可以产生更大的价值，比如我国提出要通过建设数据统一共享交换平台，推进国家人口基础信息库、法人单位信息资源库、自然资源和空间地理基础信息库等国家基础数据资源，并与金税、金关、金财、金审等信息系统跨部门、跨区域共享③，其后台必须要依靠叙词表等知识组织成果对信息的交换与共享进行规范和控制。

2.2　大数据环境下知识组织研究的不足

知识组织一词最早由美国著名分类学家布利斯提出，起初就是指对文献的分类、标引、编目、文摘、索引等一系列整序活动。随着时代的发展和技术的进步，知识组织的对象从传统的文献扩展到所有蕴含知识的载体

---

① 司莉. 信息组织原理与方法［M］. 武汉：武汉大学出版社，2010：11-18.

② 马张华. 信息组织［M］. 北京：清华大学出版社，2011：78-110.

③ 国务院. 促进大数据发展行动纲要［EB/OL］.［2019-07-15］. http：//www. zyczs. gov. cn/html/xzfg/2018/9/1536891571437. html.

形式，包括文献、数据库和因特网中的信息资源。根据美国知识组织协会的定义，知识组织泛指图书馆、数据库和网络等所有形式的知识的组织，即对数据、信息、知识的描述、标引、分类和整序都属于知识组织的研究范畴。

大数据环境下的知识组织研究现状可以归纳如下。

（1）对大数据环境下的基础科学问题，尤其是对知识组织的关注不够

大数据是当前科学研究的重要方向。但目前的讨论集中在商业智能、数据挖掘等方面，其推动力量主要来自企业界，对大数据的知识组织等基础问题的关注不够。而知识组织恰好是大数据资源发挥作用、成为战略资产的重要保障，是当前环境下应对信息资源井喷式增长的有力武器。

（2）语义标注成为知识描述的主流方法，但缺乏大数据的视野

目前，编目等面向图书馆信息资源的描述方法已经不能适应当前的技术环境，元数据这一互联网环境早期诞生的描述方法由于缺乏灵活性等问题，也显得力不从心。对数字信息资源进行语义化的描述是当前的主流研究方向，语义标注是主要的描述手段。但从研究现状来看，由于缺少寻找与发现本体知识库的方法路径，目前都是使用 DBpedia、Geonames 等少数几个成熟的本体知识库进行语义标注，即根据专家判断，直接指定用于标注的本体知识库，导致很多语义资源没有发挥应有的作用，没有在大数据的视野下看待语义标注的问题。

（3）知识关联的识别与计算是大数据环境下知识整合的主要障碍

从研究文献的数量上看，知识整合方面的研究成果丰硕，尤其是近几年在"知识聚合"等主题的基金项目的支持下，产生了一些较高水平的研究成

果，研究视角也都聚焦到知识内容层面，从知识单元的粒度开展知识整合的研究。但在大数据环境下，海量异构数据带来的是超高维的知识空间，给知识单元之间的知识关联计算带来了巨大的挑战，制约着知识整合的深入研究。

（4）基于知识组织的应用与服务正在走向纵深，但用户需求建模与个性化服务提供仍然有很大的研究空间

用户需求的发现和建模是提供知识服务的前提，是知识服务中的研究重点和热点，目前的进展主要集中在基于本体的用户需求建模、基于本体的用户兴趣建模、基于用户实时搜索行为捕获的本体构建等方面，也有研究提到使用链接数据驱动的用户建模方法，利用同一用户在不同的注册应用中的联系，构建统一的用户模型。知识服务其他方面的研究还包括个性化推荐等内容。这些研究表明，知识服务的研究正在走向纵深，但用户需求建模与个性化服务提供仍然有很大的研究空间。

2.3　大数据环境对知识组织的要求和挑战

（1）要求知识组织提高自动化和智能化水平

大数据环境下，数据、信息、知识的体量急剧膨胀。随之而来的是知识描述、组织、整合和序化难度的不断加大，同时，提高知识组织的效率变得更加迫切。在这种情况下，只有提高知识组织的自动化和智能化水平，才能应对大数据时代带来的挑战。

幸运的是，在大数据环境下，大部分数据（大约98%）是以数字方式存储的或已经被数字化，这与2000年左右数字化存储的数据量占数据总量的25%相比，有了巨大的飞跃，IDC（国际数据公司）将这种场景称为数字宇宙。底层数据以数字化的形式存在，为提高知识组织的智能化水平提供了前

提和保障。

同时，数字宇宙的规模正在迅速扩大，IDC 发布的第六期数字宇宙研究报告显示，数字宇宙的规模将每两年翻一番。这种数据膨胀的速度，就要求大数据组织需要借助自动化或弱人工参与的人工智能等方式进行，要求计算机理解数据中包含的语义内容，这又对知识组织提出了语义化的要求。

（2）要求使用语义化的手段和工具进行知识标引或标注

知识标引作为知识组织的重要手段，在大数据环境下，其作用方式发生了较大的变化。文献组织阶段，使用目录卡片进行文献的索引和组织；网络信息组织阶段，使用关键词法对文档的全文进行索引，每一个词都能成为检索点；大数据环境中，数据的类型丰富多样，包括文本、音频、视频、动画、点击流等多种形式，关键词标引的方法已难以适应。语义网的提出为这个问题提供了很好的解决思路：为数据、信息资源加入语义，有利于计算机更好地理解、处理和查找数据，更有利于实现异构数据之间的互联以及整合。

（3）要求知识组织建立面向大数据的描述标准和规则

在文献组织阶段，MARC、FRBR、DTD 是文献信息资源描述的标准；在网络信息组织阶段，Dublin Core 等元数据是网络信息资源描述的标准；在知识组织阶段，RDF、OWL 等形式化语言使得数据可以被机器读取并理解。大数据环境下，无论是数据类型还是数据载体，其表现形式正变得更加多样化。"80%有价值的信息是以文本的形式存在的"等观点被大数据环境彻底打破，越来越多的大数据来源于科学观察中的实验数据、生命科学中的基因组数据、物联网中的传感器数据、互联网中的社交媒体数据，等等。以社交媒体数据为例，Facebook 对某一主题进行搜索时，需要在超过 50TB 的数据中迅速找到相关内容，其中，图片、视频占用了主要的存储容量，数据显示，每分钟 Facebook 用户主页状态更新数超过 29 万，图片上传量接近 14 万张，按照这个速度计算，只需 15 分钟，Facebook 图片上传量就相当于纽约公共图片档案馆中的图片总量①。

这一方面需要有上层的统一的描述标准和规范来保证数据描述和组织的一致性，另一方面，需要建立面向领域和具体场景的信息描述标准，并保证不同描述标准之间的关联性。大数据具有明显的领域依赖特征，其数据场景、数据类型、数据载体、数据结构和模式复杂多样，建立跨领域和跨数据类型的统一描述标准、实现不同领域大数据描述标准的关联和互操作存在较大困难。

（4）要求知识组织实现数据的互联和整合

大数据计算的关键，是关联计算，而数字宇宙中的一切信息都是互联的，但这种关联很难被识别出来并加以利用②。知识组织的任务之一就是实现数据、信息、知识的连接。

知识组织在异构信息资源的互联和整合方面，曾经有很好的传统和表现，在异构信息系统整合的技术框架中占有重要地位。以 Z39.50（一种信息检索应用服务定义和协议规范）为例，它是由美国国会图书馆等机构为解决书目信息检索系统之间的通信问题而开发，国际标准化组织于 1996 年将其采纳为国际标准，定名为 ISO 23950③。Z39.50 通过建立一个抽象、通用的用户视图，实现数据描述格式、访问方式各不相同的信息系统的开放互联。

为大数据建立关联的难度非常大，海量异构数据带来的是超高维的知识空间，给知识单元之间的知识关联计算带来了巨大的挑战。对同一类大数据

---

① 张华平，高凯，黄河燕，赵燕平. 大数据搜索与挖掘 [M]. 北京：科学出版社，2014.

② Teradata. How graph analytics can connect you to what's next in big data [EB/OL]. [2019-07-15]. http://www.forbes.com/sites/teradata/2014/11/19/how-graph-analytics-can-connect-you-to-whats-next-in-big-data/.

③ 叶继元. 信息组织 [M]. 北京：电子工业出版社，2010：399.

而言，其内部存在各种各样的关联，但这些关联很难被提取，即使是关系数据库中的数据，也很难进行关联。对不同类型大数据而言，通过互相连接可以形成大型异构信息网，尽管互联以后的大数据中的冗余和噪声会更大，但这个大型异构信息网本身又可以弥补单类大数据中数据缺失带来的损失，交叉核对数据的不一致性，进一步验证数据间的可信关系①。

除了技术方面的障碍以外，数据互联在制度和机制上面临重重的阻力。跨领域、跨行业的数据仍然是一个个信息孤岛，数据共享存在大量壁垒，跨领域和行业的数据关联成为无源之水。甚至有专家指出，对于网络大数据而言，任何一个网站的数据都是人们互联网行为数据的很小的一个子集，无论这个子集多么全面，分析多么深入，都是子集，不是全集，看起来的全样本恰恰是残缺数据②。

解决这些问题，需要从国家层面建立鼓励数据共享的机制，以政府公开政务数据为示范，逐步引导全社会形成数据共享的氛围，同时，要建立大数据共享、传递、流转和交易的平台。目前，这些方面都有许多进展和突破，将为数据互联和共享提供新的发展契机，比如科技部已经牵头成立了气象、地震、农林、行业、人口与健康、地理等多个领域的数据共享平台，贵阳成立了全国第一个大数据交易所，等等。

2.4 大数据环境下知识组织的发展趋势和任务

（1）依托大数据技术，提高知识组织的自动化水平和效率

《中国大数据技术与产业发展白皮书》认为，大数据的发展带来了三个

---

① CCF 大数据专家委员会. 中国大数据技术与产业发展白皮书 [R]. 北京：中国计算机学会，2013.

② 刘德寰. 对大数据的九点思考 [EB/OL]. [2019-07-15]. http：//www. itongji. cn/article/051R0N2013. html.

方面的积极影响，一是提高了"数据意识"，二是解决现有计算机系统和软件不能应对急剧增长、种类繁多的数据这一挑战性问题，三是推动 Hadoop、Spark 等大数据处理新方法更广泛地应用，实现从传统的数据处理向大数据处理的过渡①。这些方面为知识组织的发展提供了巨大的机遇。

对于知识组织来说，大数据环境掀起了新的数字基础设施建设浪潮，大数据方法、技术、工具得到了发展，这为知识组织的深化提供了技术支撑。知识组织涉及知识表示、知识标引、知识整合和知识序化等一系列需要自动化处理的环节，大数据技术的海量数据存储和高效计算能力，将有助于实现大规模数据组织的自动化和智能化。

具体来说，第一，大数据处理的需求催生出新型的计算模式，有利于知识整合与序化。比如查询分析计算模式可用于结构化数据的整合与序化，图计算模式可应用于社交媒体中的知识整合，等等。第二，同数据挖掘一样，知识标引、信息标引需要运用大量自然语言处理、机器学习、计算语言学的知识和技术，大数据分析与挖掘技术有利于深度的知识标引。第三，大数据可视化技术进一步丰富了知识组织的表达和展示方式。长期以来，可视化是知识组织成果展示的重要渠道和方式，大数据环境使人们对可视化的需求呈现爆发式增长，催生了一系列新的可视化工具、技术和方法，这些用于展示数据挖掘结果的可视化方式，同样适用于展示知识组织的结果。

（2）借助存量语义资源，实现知识组织的语义化和智能化

语义化和智能化是知识组织重要的发展方向，无论是语义网的提出，还是关联数据、知识图谱的蓬勃发展，都是在朝着语义化和智能化的方向迈进。对于大数据来说，可以通过知识组织的方法、工具对大数据进行一定程度的浅层语义化，进而通过实体的关联对各类大数据进行连接、整合，比如在统一的框架内对文本、图片、视频进行语义标注。

---

① CCF 大数据专家委员会. 中国大数据技术与产业发展白皮书 [R]. 北京：中国计算机学会，2013.

目前存在着庞大的存量语义资源，可以用来对大数据进行语义标注，并把语义标注作为对大数据进行语义化描述和揭示的一种重要途径。存量语义资源是指已经使用 RDF、OWL 等形式化语言描述和表示了的知识库，比如关联开放数据中的数据集、基因本体等各领域的本体库、DBpedia 等通用知识库等。表 2-1 列出了常见的一些存量语义资源。

表 2-1   常见的存量语义资源

项目	开发者	简介	容量	网址
DBpedia	莱比锡大学、柏林自由大学	从维基百科里抽取结构化信息，并以关联数据技术发布到网上	458 万个实体，1 445 000 个人名，735 000 个地点，411 000 个作品，241 000 个组织，251 000 个物种 6000 种疾病，125 种语言版本，30 亿个 RDF 三元组	http：// wiki. dbpedia. org/
Open CYC	Cycorp 公司	CYC 的网络公开版本，世界上最大最完整的通用知识库和常识推理引擎	239 000 个概念，19 000 个地名，26 000 个组织，22 000 个谓词，28 000 个商业相关的实体，12 700 个人名，2 093 000 个 RDF 三元组	http：// www. opencyc. org/
Google Base	——	用户自行创建网络数据库，用户可以把自己的各种类型的数据以一定的格式输入 Google Base	——	http：// en. wikipedia. org/ wiki/Google_Base

续表

项目	开发者	简介	容量	网址
YAGO	德国马克斯·普朗克计算机科学研究所	一个巨大的语义知识库，其信息来源于维基百科、Wordnet 和 Geonames	超过 1 000 万个实体（比如人名、组织、城市等），1 亿 2 千万个关于这些实体的事实	http：//www. mpi-inf. mpg. de/departments/databases-and-information-systems/research/yago-naga/yago/
Freebase	美国软件公司 Metaweb	一个由元数据组成的大型合作在线知识库，内容主要来自其社区成员的贡献	1 200 万个实体	http：//free-base. com/
Wikidata	维基媒体基金会	由人和机器阅读和编辑的自由链接数据库	13 911 422 个内容页面	http：// www. wikidata. org/ wiki/Wikidata：Main_Page

　　关联开放数据、知识图谱、语义网的快速发展，为更大范围内语义资源的获取和利用提供了可能。需要强调的是，存量语义资源是一个动态的概念，随着时间的推移在不断地扩充，在不断地加入增量。

　　要利用存量语义资源，必须对可用的存量语义资源进行清查与摸底，掌握现有存量语义资源的数量、种类和分布，并对存量语义资源进行集成，关联开放数据①和中文开放知识图谱②在这方面已经取得了较大的进展。同时，由于大数据涉及的领域广泛、数据类型多样，难以直接为大数据标注指定相应的知识库，所以，还要研究存量语义资源的发现与更新机制、算法和模

---

　　①　The Linking Open Data Community. The linking open data cloud diagram ［EB/OL］. ［2019-03-20］. http：//lod-cloud. net/

　　②　CKAN 联盟. 中文开放知识图谱 ［EB/OL］. ［2019-07-15］. http：//openkg. cn/.

型，研究大数据与存量语义资源中知识库进行匹配的方法，等等。

（3）面向大数据源头，建立新型的数据表示方式与体系

目前，已经建成的针对大数据捕获与收集、特征表示与抽取相关标准有 ISO/IEC9075、ISO/IEC13294、ISO/IEC19763，等等①。我国正在建设的国家政府数据统一开放平台中也包含了大量的标准和规范。

对于大数据资源的描述，可以分为两个场景来讨论。

第一个场景是在数据产生之前，如果在数据生成或者采集时，就为数据赋予必要的元数据或标识，会大大减轻数据识别、分类、约减、关联等过程中的困难。进一步说，如果能建立统一的数据表示体系或模型，使数据表示方式独立于数据生成的领域或主体，可以使得数据在生成或采集阶段就具备了互联和整合的基础。

当然，这将面临数据生成者、数据采集者的阻力，因为上述过程会给他们带来困难，造成巨大的时间消耗，同时这种巨大消耗的受益者往往不是这些数据生成者或采集者。因此，如果要建立数据生成阶段的标识制度，必须构建合理的评价和奖励机制，引导、鼓励数据生成者和采集者在数据生成的源头统一表示方式、实现数据口径标准化。

第二个场景是在数据产生之后，对于已经以某种形式被存储下来的数据，如何建立一套描述该数据的元数据显得尤为重要。同时，在大数据的生命周期或处理流程的不同阶段，需要针对性强的具体描述标准。

由于大数据涉及的领域众多，应该从互联网、金融、健康等当前主流的、利用最广泛的领域入手，进行示范，逐步形成一个被广泛理解和接受的元数据标准。都柏林核心元数据发展和设计时遵循的简单易用性、可扩展性等原则可用来指导大数据环境下的元数据建设，FGDC、GILS、VAR Core 等专门领域元数据的建设经验也可以提供参考。

---

① 何克清，王翀. 大数据表示与服务的语义互操作方法及其标准 [J]. 信息技术与标准化，2013（10）：10-13.

（4）在数据开放环境下，致力于数据信息知识的互联和整合

大数据环境激发了数据开放意识，无论是国家层面还是行业层面，都在逐步推进大规模的数据开放，这为数据信息知识的互联提供了必要前提，可以不断激发各类创新应用从而实现价值增值。

从世界范围来看，联合国教科文组织制定了《保存数字化遗产宪章》和《数字文化遗产保护指导方针》，实施了"世界记忆"项目；美国国会通过立法保障"国家数字信息基础设施及保存计划"的实施，国会图书馆开展了"美国记忆"项目；欧盟制定了《数字保存项目和政策合作的行动方案》[1]。2013年6月，八国领导人在第39届G8峰会上签署了G8开放数据宪章，推动政府更好地向公众开放数据，并且挖掘政府拥有的公共数据的潜力。与信息公开不同，政府开放数据以机器可读格式为主，这是大数据处理与分析的前提。根据开放知识基金会的数据，截至2020年6月，全球至少已经有94个国家和地区加入政府数据开放运动的行列，并且可以在开放知识基金会查询到这些国家的开放数据指数[2]。

从国家层面来看，我国已经把政府数据开放共享作为大数据战略实施的首要任务[3]，通过推动政府部门数据共享和公共数据资源开放，促进社会事业数据融合和资源整合，提升政府整体数据分析能力，为有效处理复杂社会问题提供新的手段。国务院发布的《促进大数据发展行动纲要》提出要推进各领域数据的汇聚整合和关联分析，发改委在2016年1月发布的《组织实施促进大数据发展重大工程的通知》中把建立统一的公共数据共享开放平台作为重要方向，等等。

---

[1]　马费成. 数字时代不能没有"中国记忆"[J]. 信息资源管理学报，2014（2）：116.

[2]　Open Knowledge Foundation. Tracking the state of government open data [EB/OL]. [2020-06-01]. http：//index. okfn. org/.

[3]　国务院. 促进大数据发展行动纲要 [EB/OL]. [2019-07-15]. http：//www. zyczs. gov. cn/html/xzfg/2018/9/1536891571437. html.

从行业层面来看，中关村在 2014 年 2 月成立了大数据交易产业联盟，将以推动数据资源开放、交易流通、应用为宗旨，建立可信的数据交易平台，形成数据隐私保护等方面行业自律，协助打造完善、健康、有序的数据交易产业链条。2015 年 4 月 14 日，贵阳大数据交易所正式挂牌运营，腾讯计算机系统有限公司、京东云平台、阿里巴巴、苏宁易购、国美在线、中金数据系统有限公司、广东省数字广东研究院等 100 多家企业与机构参与了数据的对接与交易①。上海大数据交易所、浙江大数据交易中心等数据交易平台也纷纷成立。

在这种数据开放的环境下，数据的互联和整合成为知识组织的核心任务。

①　新华网. 全国首个大数据交易所在贵阳挂牌运营［EB/OL］.　［2019-07-15］. http：//news. xinhuanet. com/tech/2015-04/15/c_1114975783. htm.

第3章 大数据环境下知识组织的
优先领域及研究思路

本书前 2 章从四个维度揭示了大数据环境的特点，进而提炼出了大数据环境对知识组织的要求和挑战，在此基础上又提出了知识组织的发展趋势和任务。明确了发展趋势和任务之后，亟须识别出知识组织研究的优先领域，以有效、及时地回应大数据环境的要求。以下指出了三个方面的优先领域，并在深入总结研究现状的基础上，尝试提出每个优先研究领域的研究思路。

3.1 知识序化

3.1.1 知识序化的研究现状

知识序化是指根据知识本身的特点、属性和原则，运用各种工具和方法，使知识有序化、系统化，从而有利于知识的存储与检索、利用与服务，以满足人们知识需求的活动过程。

在知识序化机制中，通常要采取他组织和自组织协同的方式，虽然两者序化过程和驱动因素存在一定差别，但并不互相排斥，而是在协同过程中相辅相成，共同发挥各自优势以实现知识序化和结构化。其中，自组织理论是研究自组织现象、规律的学说的集合，形成了一个理论群，包括普利高津创立的"耗散结构"理论、哈肯创立的"协同学"理论、托姆创立的"突变论"数学理论、艾根创立的"超循环"理论以及曼德布罗特创立的分形理论和以洛伦兹为代表的科学家创立的"混沌"理论。这些理论分别描述了自组织产生的条件、动力、演化路径、结合途径、结构方法和演化图景①。

　　知识序化的方法基础有语言学、逻辑学和知识分类学等。知识序化的语言学基础即建立符号系统，有语词、词汇、语法等共同特征，形成一个便于检索的序化信息集合。

　　目前，知识序化一般通过知识聚类、知识因子序化、知识关联网络化等方式来实现。从符号学的理论来说，各种符号系统所能表达的知识有语法知识、语义知识和语用知识，它们也对应着知识序化的三种基本类型②。语法知识序化法，包括号码法、物名法、专门代码、引证关系法、时序法、地序法等；语义知识序化法，主要包括分类法和主题法；语用知识序化法，包括权值序化法、逻辑序化法等。同时，知识序化还可以分为外部特征的序化和内容特征的序化，外部特征的序化包括传统分类法与分众分类法；内容特征的序化则要复杂很多，需要涉及文本处理、语义分析、语义挖掘等技术③。

　　基于关联数据的知识序化与控制是当前的研究热点，即从知识所属领域的实体对象关联关系中提取大量的新知识，并对其进行分析与综合，形成新的知识关联，从而生产出更高层次上的综合的知识产品④。其他的知

---

① 马费成. 网络信息序化原理——Web2. 0 机制 ［M］. 北京：科学出版社，2012.

② 尚克聪. 信息组织论要 ［J］. 图书情报工作，1998 （11）：3-6.

③ Hjorland B. User-based and cognitive approaches to knowledge organization：A theoretical analysis of the research literature ［J］. Knowledge Organization, 2013 （40）：11-27.

④ 施强，蒋永福. 论图书馆知识序化——近期国内相关研究述略 ［J］. 图书馆理论与实践，2006 （4）：35-36.

识序化方法还有：Marchand-Maillet 和 Hofreiter[1] 研究提出了面向决策过程的多维度知识序化方法，Liu 等学者[2]提出了一个基于领域本体、知识索引和数据资源的三层映射模型来实现对产品数据和知识的序化、组织与管理。

知识序化背后的原理有很多，最典型的是有序性原理。有序性原理是情报学六个基本原理之一，情报的有序性结构既来自情报创造过程的机理，也来自知识体系自身的自组织功能。前者是主观知识结构的有序过程，后者是客观知识系统的有序结构。20 世纪 70 年代中期，布鲁克斯曾提出描述情报作用的基本方程式[3]，布鲁克斯的基本方程不仅适用于主观知识结构，同时也适应于客观知识结构[4]。无论是主观知识结构还是客观知识结构，都是开放系统，它与外界处于不断的知识、情报（还包括物质、能量）交换过程中，可以形成类似于普里高津提出的"耗散结构"。即一个开放系统处于原理平衡态的非线性区时，一旦系统的某个参量的变化达到一定阈值，通过涨落，系统可能发生突变，即非平衡相变，由原来的无序混乱状态转变到一种时间、空间或功能有序的新的状态[5]。

3.1.2　大数据环境下知识序化的研究思路

知识组织的目的就是序化。明确序化的基本理论，可以用以指导整个知

---

[1]　Marchand-Maillet S, Hofreiter B. Multi-dimensional information ordering to support decision-making processes [C]. Business Informatics (CBI), 2013 IEEE 15th Conference on IEEE, 2013：85-92.

[2]　Liu J H, et al. A domain ontology-based knowledge organization model for complex product design [J]. Advanced Materials Research, 2011 (311)：272-275.

[3]　马费成. 科学情报的基本属性与情报学原理 [J]. 图书馆论坛, 2002, 22 (5)：15-18.

[4]　Brookes B C. Theory of the Bradford law [J]. Journal of Documentation, 1977, 33 (3)：5-13.

[5]　马费成. 论情报学的基本原理及理论体系构建 [J]. 情报学报, 2007, 26 (1)：3-13.

识组织的研究。而从内容层面进行知识整合是知识组织的高级阶段，也是满足用户知识需求、实现知识服务的重要基础和保证。不同类型大数据包含的知识单元各具特点，同一类型大数据包含的知识单元也具有不同的切面和维度，对不同切面和维度的知识单元进行组织，可以得到不同的组合、满足个性化的用户知识需求。

可以从复杂系统理论、知识结构以及有序性原理入手，研究知识序化的基本原理和思想；通过回顾分类法、主题法等知识组织与序化方法发展的关键节点和科学脉络，绘制分类法、主题法的成长路线图；依据知识组织方法的成长路线图，结合大数据环境的特征和新技术环境下用户对知识序化的需求，分析、判断传统知识组织方法在大数据环境下的适应性和发展趋势，探讨大数据环境下可能存在的知识序化的路径，找出传统知识组织方法应用于大数据环境的困难和关键技术问题，并据此设计大数据环境下知识组织和序化的整体框架。

3.2　知识描述

3.2.1　知识描述的研究现状

知识描述的主要研究内容包括编目、元数据、本体等，其中，编目主要针对传统的文献信息资源的知识描述，元数据主要指网络信息资源的描述数据并用于网络信息资源的组织，本体是对领域知识的形式规范描述并用于语义知识组织。

语义化描述是知识描述的发展趋势，利用已有的本体知识库对数字信息资源进行语义标注是知识描述的主要实现形式。随着关联数据项目的推进，越来越多的本体知识库向公众开放，获取本体知识库更加便利。可以利用关联数据等存量语义资源对大数据进行语义标注，进而实现语义化的知识描述。

语义标注是对数字资源进行语义化描述和揭示的重要方法，是当前国内外知识描述与揭示的研究热点。语义标注主要是利用已经存在的本体中的概念、术语及语义关系揭示和表达数字资源的语义，使用计算机可理解的属性来描述资源。对数字资源进行标注是实现知识描述的具体过程，实现了语义标注，就实现了深层次的知识描述[①]。

语义标注适用于各种数据类型，包括文档[②]、图像[③④⑤⑥]、音频[⑦⑧]、视频[⑨⑩]、

① 王晓光，徐雷，李纲. 敦煌壁画数字图像语义描述方法研究 [J]. 中国图书馆学报，2014，40（209）：50-59.

② Bartsch A, Bunk B, Haddad I, et al. GeneReporter—sequence-based document retrieval and annotation[J]. Bioinformatics, 2011, 27(7)：1034-1035.

③ Mayfield J, Finin T. Information retrieval on the Semantic Web：Integrating inference and retrieval[C]. Proceedings：SIGIR Workshop on the Semantic Web, 2003.

④ Su J H, Chou C L, Lin C Y, et al. Effective semantic annotation by image-to-concept distribution model[J]. Multimedia, IEEE Transactions on, 2011, 13(3)：530-538.

⑤ Bratasanu D, Nedelcu I, Datcu M. Bridging the semantic gap for satellite image annotation and automatic mapping applications[J]. Selected Topics in Applied Earth Observations and Remote Sensing, IEEE Journal of, 2011, 4(1)：193-204.

⑥ Yang Y, Wu F, Nie F, et al. Web and personal image annotation by mining label correlation with relaxed visual graph embedding[J]. Image Processing, IEEE Transactions on, 2012, 21(3)：1339-1351.

⑦ Coviello E, Chan AB, Lanckriet G. Time series models for semantic music annotation[J]. Audio, Speech, and Language Processing, IEEE Transactions on, 2011, 19(5)：1343-1359.

⑧ Rahman F, Siddiqi J. Semantic annotation of digital music [J]. Journal of Computer and System Sciences, 2012, 78(4)：1219-1231.

⑨ Ballan L, Bertini M, Bimbo A D, et al. Video annotation and retrieval using ontologies and rule learning[J]. IEEE MultiMedia, 2010, 17(4)：80-88.

⑩ Khurana K, Chandak M B. Study of various video annotation techniques [J]. International Journal of Advanced Research in Computer and Communication Engineering, 2013, 2(1).

多媒体①②、基因组③④等几乎所有的数字信息资源。

语义标注的方法主要有以下三类：人工标注、自动标注、人工辅助标注⑤。国内外许多大学与研究机构研究和开发了面向网页内容的语义标注工具和语义标注平台。截至目前，W3C 官方网站中列出了 17 种语义标注工具：AutoMeta、DBin、GoNTogle、IkeWiki、KiWi、KnowWE、Piggy Bank、PoolParty、QuASAR（Verification tool）、Sapience、Semantic annotator、Semantic MediaWiki、S cont.、SMW +、SOBOLEO、SPARQL-RW、SPARQL2XQuery、Text2Onto。典型的语义标注平台有：GATE、KIM、MnM、SHOE、SMORE、Melita、AeroDAML 等。语义标注中被广泛使用的知识库包括 Google Base、KIM Knowledge Base、CYC、WordNet、DBpedia、GeoNames 等。

在研究进展方面，美国国家生物医学本体中心（NCBO）建立了用于访问和共享医学本体的门户 BioPortal，提供一种集成在线本体库的语义标注体系，BioPortal 主要依托网络本体资源门户聚集相关领域本体，再以多本体为基础进行语义标注，目前包括生物医学各领域本体 318 个⑥。常平梅等⑦利

① Yang S J H, Zhang J, Su A Y S, et al. A collaborative multimedia annotation tool for enhancing knowledge sharing in CSCL[J]. Interactive Learning Environments, 2011, 19(1)：45-62.

② Cataldi M, Damiano R, Lombardo V, et al. Lexical mediation for ontology-based Annotation of Multimedia[J]. New Trends of Research in Ontologies and Lexical Resources. Springer Berlin Heidelberg, 2013：113-134.

③ Tripathi S, Christie K R, Balakrishnan R, et al. Gene ontology annotation of sequence-specific DNA binding transcription factors：Setting the stage for a large-scale curation effort[J]. Database：the journal of biological databases and curation, 2013.

④ Blake J A, Chan J, Kishore R, et al. Gene ontology annotations and resources[J]. Nucleic Acids Research, 2013, 41(D1)：D530-D535.

⑤ 程显毅, 等. 中文信息抽取原理及应用 [M]. 北京：科学出版社, 2010.

⑥ Noy N F, Shah N H, Whetzel P L, et al. BioPortal：Ontologies and integrated data resources at the click of a mouse [J]. Nucleic Acids Research, 2009, 37 (S2)：W170-W173.

⑦ 常平梅, 李冠宇, 张俊. 基于本体集成的语义标注模型设计 [J]. 计算机工程与设计, 2010, 31 (5)：1125-1129.

用顶级本体进行知识整合，但其关注的重点在于本体的整合，并没有基于整合知识库的语义标注的应用。米杨等①以顶级本体作为本体工程的技术核心，通过顶级本体统控领域本体整合、本体语义标注等手段，利用 Protégé、GATE 等工具整合中文鼻部炎症疾病知识本体和国家基本药物知识本体，实现以整合本体标注电子病历信息资源，并保存为 XML 形式语义标注库，该研究还对顶级本体统控的整合本体语义标注模式进行了实证研究，标注后的资源可在语义检索阶段匹配本体元素，进而实现知识发现等语义应用。

不同类型的数字信息资源其结构特征、内容特征有着很大的区别，面向特定网络资源，研究者们纷纷提出了不同的、有针对性的语义标注方法。早期的研究主要集中在对网络中的文本信息进行标注②③④，近年来的研究则把重点转向了多样化的网络资源。在视频的语义标注方面，Ballan，Bertini 和 Bimbo 等⑤通过语义概念分类器和本体进行查询式同义词扩展和概念专门化，实现了对视频的标注和检索，该方法首先利用概念分类器对待标注对象进行分类，分类完成后利用本体建立起和其他概念之间的关联并达到消歧的目的。在音乐的语义标注方面，Rahman 和 Siddiqi⑥认为在音乐制作人对

① 米杨，曹锦丹. 顶级本体统控的多本体语义标注实证研究 [J]. 现代图书情报技术，2012（9）：36-41.

② Pazienza M, Stellato A. An environment for semi-automatic annotation of ontological knowledge with linguistic content [C]. Proceedings：The 3rd European Semantic Web Conference. Budva：Montenegro, 2006：442-456.

③ Tang J, Hong M, Li J, et al. Tree-structured Conditional Random Fields for Semantic Annotation [M]. The Semantic Web-ISWC 2006, Springer Berlin Heidelberg, 2006：640-653.

④ Jonquet C, Shah N, Youn C, et al. NCBO annotator：Semantic annotation of biomedical data [C]. Proceedings：International Semantic Web Conference, Poster and Demo session, 2009.

⑤ Ballan L, Bertini M, Bimbo A D, et al. Video annotation and retrieval using ontologies and rule learning [J]. IEEE MultiMedia, 2010, 17（4）：80-88.

⑥ Rahman F, Siddiqi J. Semantic annotation of digital music [J]. Journal of Computer and System Sciences, 2012, 78（4）：1219-1231.

MPEG-7 的描述（声学元数据）的基础上构建的轻量级本体能够有效地对音乐进行语义标注，基于此，他们构建出一种能够帮助揭示音乐资源的主客观内容特征的本体——mpeg-7Music 来支持音乐网络资源的语义标注。在图像的语义标注方面，Yang，Wu 和 Nie 等①提出一种融合标签相关性挖掘和视觉相似性挖掘的图像标注框架，即首先根据图像的视觉特征构建一个图像模型，然后利用标签分类器对图像进行标注，该标签分类器由结构相似且拥有共同标签的图像集和嵌入到标签预测矩阵的视觉图像集训练而来。在多媒体语义标注方面，Cataldi，Damiano 和 Lombardo 等②提出一种基于大规模常识本体的多媒体语义标注方法，该方法以自然语言词汇为接口，融合多种大规模常识本体，通过 Meaning Negotiation 的语义选择机制对多媒体对象进行语义标注，作者还将这一方法应用到叙事型多媒体标注中，并提出了相应的评价方法。

3.2.2 大数据环境下知识描述的研究思路

研究实现大数据环境下的知识描述，研究思路可以遵循"清查与发现—匹配与映射—标注与描述"的路线，即清查和发现存量语义资源，把发现的存量语义资源与待描述的大数据进行匹配和映射，选择相应的存量语义资源对拟描述的大数据进行语义标注，实现对大数据的知识描述。可采用的研究方法包括：调查法、算法设计、知识库构建、语义标注等。

存量语义资源本身就是一种大数据，是指已经建成的本体、关联开放数

---

① Yang Y, Wu F, Nie F, et al. Web and personal image annotation by mining label correlation with relaxed visual graph embedding [J]. Image Processing, IEEE Transactions on, 2012, 21（3）：1339-1351.

② Cataldi M, Damiano R, Lombardo V, et al. Lexical Mediation for Ontology-based Annotation of Multimedia [M]. New Trends of Research in Ontologies and Lexical Resources. Springer Berlin Heidelberg, 2013：113-134.

据中的数据集等已经使用 RDF、OWL 语言进行描述和表示了的本体知识库，关联开放数据的飞速发展，为更大范围内存量语义资源的获取和利用提供了可能。存量语义资源是一个动态的概念，随着时间的推移在不断地扩充，使用存量语义资源对大数据进行语义标注的过程，就是对大数据进行语义化描述和揭示的过程。

要利用存量语义资源，必须对可用于大数据语义化描述的存量语义资源进行清查与摸底，掌握现有存量语义资源的数量、种类和分布。同时，由于大数据涉及的领域广泛、数据类型多样，难以直接为大数据指定本体知识库，加上本体知识库也在不断地更新和升级，所以，要研究为大数据寻找相应本体库的匹配和映射方法。另外，存量语义资源中包含大量的外文本体知识库，比如 Linking Open Data 中的关联开放词表（Linked Open Vocabularies）多是以英语为描述语言，如何利用外文的本体知识库对中文大数据进行标注，也是有待解决的关键问题。

研究思路如图 3-1 所示，并具体表述如下：

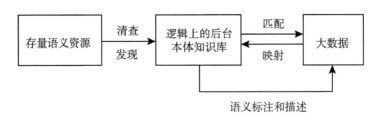

图 3-1　"大数据环境下的知识描述"研究思路

存量语义资源的清查与发现。具体的思路是：一方面，对可以用于大数据进行语义化描述的存量语义资源进行清查，一是调查现有的本体库、本体知识库资源；二是调查关联开放数据资源，比如 DBpedia 等；三是调查除了关联开放数据，还有哪些被语义化描述了的开放数据。基于这些调查，形成一个对大数据进行语义化描述的后台语义资源库（逻辑上的后台本体知识库）。另一方面，借鉴语义网服务发现的方法，设计一个知识库的发现与更新机制、算法和模型，实现对存量语义资源的实时更新和动态维护。

大数据与存量语义资源中知识库的映射和匹配。具体的思路是：第一，研究大数据资源与知识库的关联识别，运用自然语言处理、知识单元抽取、关联识别等技术，实现大数据资源与知识库外部特征和内容特征的初步识别与匹配；第二，综合现有的基于语言学特征的方法、基于结构特征的方法、基于外部资源的方法，设计先进适用的对大数据与知识库进行匹配的机制与算法；第三，研究匹配过程中的其他难点，比如存量语义资源中知识库的评价与质量控制、多个知识库的冲突与集成等问题。其中，一个关键问题是要解决利用外文的知识库与中文的大数据进行匹配的问题，即匹配过程中跨语言的问题。

使用存量语义资源中的知识库对大数据进行语义标注。具体的思路是：把存量语义资源作为逻辑上的后台知识库，针对文本、图片、视频等多样的数据类型，整合 DBpedia Spotlight、ConnectME、Annomation 等语义标注工具，研究提出利用存量语义资源对大数据进行语义标注的方法、模型和具体的技术路线，并尝试把针对多种数据类型的标注方案进行集成，提出一个整体的解决方案。其中，一个关键问题是要解决如何利用外文的存量语义资源对中文大数据资源进行标注。值得一提的是，由于存量语义资源的有限性，不可能对大数据资源中的所有内容进行标注，但存量语义资源又是动态更新的，且保持着较快的增长速度，因此，需要设计一个动态匹配机制，一旦有了新的适用的语义资源，可以对大数据资源进行再次标注。利用存量语义资源进行语义标注的思路如图 3-2 所示。

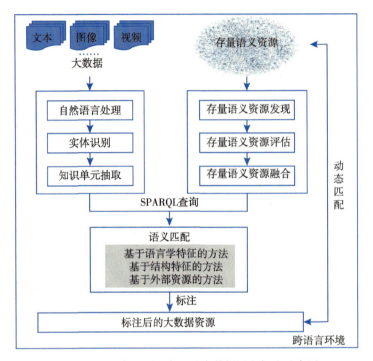

图 3-2 基于存量语义资源的大数据语义标注示意图

3.3 知识整合

3.3.1 知识整合的研究现状

在当前的数字环境下，知识整合的粒度由文件级、句子级缩小至知识单元级，更加重视语义、概念关系，因此，面向内容、知识单元层面的知识整合是当前的研究热点。

目前被广泛讨论的知识单元主要分为两类：文献知识单元和概念知识单元，其他知识单元都是在这些基础上的组合或延伸①。以文献单元为基础的

① 文庭孝，罗贤春，刘晓英，等. 知识单元研究述评［J］. 中国图书馆学报，2011，37（5）：75-86.

研究试图通过定量方法寻找科学活动的内在规律和准规律，并为更有效率地开展科研提供指导①，目前以引文分析和主题计量分析为主，但这种研究具有很大的局限性，很难实现对知识内容本身的有效管理。以概念单元为基础的研究，以英国情报学家Brookes②提出的认知地图（Cognitive Map）及其后续研究为代表，通过对文献内容进行知识分析和组织，找到人们在知识创造过程中相互影响及联系的节点，从而深入揭示知识的有机结构③。知识地图被认为是优化信息资源组织的有效方法，但鉴于现在的一些新兴技术已经可以对知识单元的特性进行标引，目前的难点在于从知识单元内容的描述延伸到对于其逻辑关系的揭示④，进而考察知识结构的变化。

不难看出，知识单元的抽取和知识单元之间的关联揭示与计算是知识整合中最关键的研究问题。

在知识单元抽取方面，机器学习和自然语言分析两大思路各自得到较大发展，并且在相互融合、相互借鉴中受益。在基于机器学习的知识抽取方面，出现以自适应信息抽取、开放信息抽取为代表的新思路，并且有向自动本体学习方向发展的趋势⑤；在基于自然语言分析的知识抽取方面，基于模式标注、语义标注的方法得到广泛关注和进一步完善，并且有向基于Ontology的信息抽取方向发展的趋势⑥。情报学中处理的语料大多数是科技文献，是有针对性的。科技文献之中的知识是围绕着领域内特定的概念来组

① 梁战平. 情报学若干问题辨析 [J]. 情报理论与实践, 2003, 26（3）：193-198.

② Brooks B C. The foundations of information science：Part IV. Information science：the changing paradigm [J]. Journal of Information Science, 1981（2）：3-12.

③ 马费成. 在数字环境下实现知识的组织和提供 [J]. 郑州大学学报（哲学社会科学版），2005, 38（4）.

④ 马费成. 在数字环境下实现知识的组织和提供 [J]. 郑州大学学报（哲学社会科学版），2005, 38（4）.

⑤ 张智雄，吴振新，刘建华，等. 当前知识抽取的主要技术方法解析 [J]. 现代图书情报技术，2008, 8.

⑥ Wimalasuriya D C, Dou D. Ontology-based information extraction：An introduction and a survey of current approaches [J]. Journal of Information Science, 2010, 36（3）：306-323.

织的，发现专业领域内的术语，并建立术语之间的相关关系，是复杂知识获取的基础①。因此，命名实体识别和实体关系抽取是两类非常重要的应用。命名实体识别是从文本中自动识别出具有特定意义的实体，主要包括人名、地名、机构名、专有名词等。Rizzo 和 Troncy ②提出了一个命名实体识别和歧义消除框架（NERD），这个框架结合了网上几个常见的命名实体提取器，旨在对命名实体识别工具及网络服务进行评价和比较。Lučanský，Šimko 和 Bieliková③ 提出了一个关键词抽取方法，通过对文档中 HTML 标签的分析实现了自动术语识别算法，用于处理纯文本书档。Pérez 和 Rizzo④ 利用两种不同的自动术语识别方法来从一个包含 2600 万法律术语的语料库中自动抽取术语。实体关系抽取是发现文本中两个实体之间语义关系的一种活动，通常被看作一个分类问题。Nie，Shen 和 Kou 等学者⑤提出一个在网络环境下基于语义模式匹配的关系抽取模型，它由频繁模式抽取、基于密度的模式聚类和基于语义相似度的模式匹配组成。Guo，Zhao 和 Yu 等学者⑥提出了一种在旅游领域基于条件随机域和规则的语义标签实体关系的抽取方法。

---

①　张智雄. "知识抽取的理论和方法研究" 专辑序 [J]. 数据分析与知识发现，2008（8）：1-1.

②　Rizzo G, Troncy R. NERD: A framework for unifying named entity recognition and disambiguation extraction tools [C]. Proceedings: the Demonstrations at the 13th Conference of the European Chapter of the Association for Computational Linguistics, 2012: 73-76.

③　Lučanský M, Šimko M, Bieliková M. Enhancing automatic term recognition algorithms with HTML tags processing [C]. Proceedings: the 12th International Conference on Computer Systems and Technologies, 2011: 173-178.

④　Pérez M J M, Rizzo C R. Automatic access to legal terminology applying two different automatic term recognition methods [J]. Procedia-Social and Behavioral Sciences, 2013（95）: 455-463.

⑤　Nie T, Shen D, Kou Y, et al. An entity relation extraction model based on semantic pattern matching [C]. Proceedings: Web Information Systems and Applications Conference（WISA）, 2011 Eighth. IEEE, 2011: 7-12.

⑥　Guo J, Zhao J, Yu Z, et al. Research on semantic label extraction of domain entity relation based on the CRF and rules [J]. Web Technologies and Applications, 2012（7234）: 154-162.

　　在知识单元之间的关联揭示与计算方面，主流的方法是通过相似性计算的方法揭示知识单元之间的关联，经典的相似性计算方法包括：内积法、戴斯系数法、夹角余弦法、杰卡德法、重合系数法、基于距离的相似性计算等，其中，基于距离的相似性计算方法又分为闵氏距离、欧几里得距离、切比雪夫距离等，后期又衍生出基于角度-距离①②、基于角度-角度③、基于距离-距离④等一系列的相似性计算方法。

　　为了能更快更准确地计算出相似度，学者们在传统相似度研究算法的基础上，结合具体的问题和情境做了大量的研究。以词汇知识单元的关联计算为例，关联计算的方法大概可分为三类：基于语料库的方法、基于词典的方法、基于维基百科的方法等。基于语料库的方法是从事先建立的语料库中获取词汇在上下文中与其他词汇的共现关系，这些上下文中的词汇可以反映出词汇本身的含义，进而通过共现词汇来计算词汇的相似度。基于词典的方法主要根据词典中词汇的上下位关系、同义关系和反义关系进行词汇相似度计算。基于词典的方法进一步可分为三大类：基于路径的方法、基于信息量的方法和基于特征的方法⑤。目前常用的英文语义词典有 Roget's、WordNet 等，中文语义词典有《同义词词林》、《知网》（HowNet）、《中文概念词典》等。以基于 WordNet 的相似性算法为例，Pilehvar 等将词的特征项定义为以词汇为起点在 WordNet 3.0 中进行随机游走产生的多项分布，该方法可以计算从词汇到句子到文档不同层次的语义相似度。基于维基百科的相似度计算是以

　　① Zhang J, Korfhage R R. A distance and angle similarity measure method [J]. Journal of the American Society for Information Science, 1999, 50 (9): 772-778.

　　② Zhang J, Korfhage R R. DARE: (Distance and Angle Retrieval Environment): A tale of the two measures [J]. Journal of the American Society for Information Science, 1999, 50 (9): 779-787.

　　③ Zhang J. The characteristic analysis of the DARE visual space [J]. Information Retrieval, 2001, 4 (1): 61-78.

　　④ Zhang J, Rasmussen E M. Developing a new similarity measure from two different perspectives [J]. Information Processing & Management, 2001, 37 (2): 279-294.

　　⑤ 刘萍, 陈烨. 词汇相似度研究进展综述 [J]. 现代图书情报技术, 2012, 28 (7): 82-89.

维基百科为背景信息，利用维基百科中的词汇语义解释、关联网络以及上下位关系来计算词汇相似度，显性语义分析法①、维基游走法②、时间语义分析法③是具有代表性的算法，以显性语义分析法（Explicit Semantic Analysis，ESA）为例，通过机器学习建立语义翻译器，将自然语言文本片段或词汇映射到一系列加权的维基百科概念上，即用加权的维基百科概念向量表示文本片段或词，然后计算向量的夹角余弦值得到词汇的相似度④。

这些方法都面临着一个共同的难题，就是海量知识单元带来的"维数灾难"。因为海量的知识单元构成了高维的知识空间，在高维的知识空间中，存在严重的"维数灾难"问题，即使用传统的相似性、距离等方法计算出的知识关联也非常相近，难以区分，进而造成了知识单元聚类、分类困难等问题，并直接导致知识整合、知识组织在实施中的困难。该问题的核心是大数据环境下知识关联的识别、计算与揭示。因此，知识整合的关键技术问题是知识单元的抽取和知识单元之间关联的识别与计算。

3.3.2　大数据环境下知识整合的研究思路

研究知识整合的思路可以遵循"知识序化理论—知识单元抽取—知识单元的关联识别—知识整合"的路线，即基于知识序化的基本原理和思路，通过知识单元的抽取和关联计算实现知识整合，进而实现内容层面上的知识组织与序化。可采用的研究方法包括：归纳与综合、数据建模、算

---

① Gabrilovich E, Markovitch S. Computing semantic relatedness using wikipedia-based explicit semantic analysis [C]. Proceedings: the 20th International Joint Conference on Artificial Intelligence (IJCAI), 2007, 7: 1606-1611.

② Yeh E, Ramage D, Manning C D, et al. WikiWalk: Random walks on Wikipedia for semantic relatedness [C]. Proceedings: the 2009 Workshop on Graph-based Methods for Natural Language Processing. Association for Computational Linguistics, 2009: 41-49.

③ Radinsky K, Agichtein E, Gabrilovich E, et al. A word at a time: Computing word relatedness using temporal semantic analysis [C]. Proceedings: the 20th international conference on World wide web. ACM, 2011: 337-346.

④ 刘萍, 陈烨. 词汇相似度研究进展综述 [J]. 现代图书情报技术, 2012, 28 (7): 82-89.

法设计等。

　　知识单元的分类与抽取。可以通过问卷调研、专家访谈的方式，遴选出我国经济社会发展中涌现的典型的大数据类型，采用比较和分类的方法，建立多维度的大数据分类（分级）体系，比如根据大数据序化的程度进行分级，分为序化程度高、序化程度一般、序化程度低的大数据；根据遴选和分类的结果，选择判断出当前急需进行序化、能够进行序化的大数据类型，分析这些典型大数据中存在哪些类型的知识单元，各类知识单元的特征；借鉴、参考情报学的基本定律，研究大数据环境下知识单元的集中与离散规律、增长与老化规律、扩散与转化规律；结合人工智能、机器学习和自然语言处理中信息抽取的技术和方法，对适应信息抽取（Adaptive IE）、开放信息抽取（Open IE）等方法进行发展和改造，研究分布式数据、实时数据中知识单元抽取的关键技术，提出新的、适用的知识单元抽取模型和方法，使其能应对大数据"多样性""动态性""低价值密度"的特征。

　　知识单元的关联识别与计算。可以采用文献调研和专家访谈的方法，总结、梳理现有的知识关联计算方法，分别对其在大数据环境下的适用性进行分析和评价，指出存在的问题和难点；通过研究高维知识空间、稀疏性矩阵对知识关联计算的影响，从原理层面揭示矩阵运算与知识关联计算之间的关系；针对目前关联计算方法存在的问题，基于矩阵运算与知识关联的关系，一方面提出对现有的关联计算方法进行优化和改进的思路，提高现有算法的效率，另一方面研究提出新的知识单元关联计算模型和方法，并进行验证，用于改进传统的相似性、距离等关联的表示与计算方法，为知识单元的整合提供支撑。

第4章　大数据环境下的知识组织技术

随着大数据时代的到来，网络信息资源呈指数增长，万维网成为一个巨大的数据储藏库，但传统的 Web 内容组织结构松散，难以进行智能处理和应用，给大数据环境下的知识组织带来了很大的挑战。同时，用户对知识服务的需求和期望值越来越高，准确有效地定位相关知识成为网络用户的迫切需求。因此，根据新环境下知识组织的原则①，需要从新的视角探索既符合网络信息资源发展变化新特点，又适应用户认知需求的知识组织方法②，从更深层次上揭示人类知识的整体性和关联性③。

4.1　语义网

语义网的重点是将知识信息表示为计算机能够理解和处理的形式，使网络能够在人与计算机之间、计算机与计算机之间以无偏差的方式传递信息。语义网借助语义本体技术对信息资源进行结构化的描述，使得计算机可以理解其中的信息，有利于知识的组织与服务。

语义网信息组织结构模型共分七层，自下而上分别是编码定位层、XML

---

① 王知津，王璇，马婧．论知识组织的十大原则［J］．国家图书馆学刊，2012，21（4）：3-11.

② 索传军．网络信息资源组织研究的新视角［J］．图书情报工作，2013，57（7）：5-12.

③ 钟翠娇．网络信息语义组织及检索研究［J］．图书馆学研究，2010（17）：68-71，75.

结构层、资源描述层、本体层、逻辑层、证明层和信任层。各层之间相互联系，通过自下而上的逐层拓展形成了一个功能逐渐增强的体系①，为语义网知识组织提供了基本的框架结构模型。资源编码和定位层（Unicode 和 URI）是整个语义网知识组织的基础，其中 Unicode 处理字符编码，URI 负责资源标识，编码定位层解决了网络资源的定位和跨地区字符编码的标准格式问题。XML 结构层（XML+NS+XMLschema）负责从语法上表示数据的内容和结构，通过使用标准的置标语言将网络信息的表现形式、数据结构和信息内容相分离②。资源描述层（RDF+RDFschema）简称为 RDF（s），用来描述网络上的信息资源及其之间关系的标准框架模型。本体词汇层（ontology vocabulary）是关于领域知识的共同理解与描述的基础，是解决语义层次上信息共享和交换的基础。逻辑层（Logic）目标是在底下四层的基础上加入用于逻辑推理的规则。证明层（Proof）在语义网知识组织中用于支持智能代理之间建立信任关系的证明交换。信任层（Trust）用于建立语义网知识组织中涉及的各种信任关系。

目前，语义网中语法层和资源描述层的问题已经得到基本解决，首先，本体仍然是语义网研究的热点，问题主要集中在本体进化、本体标注、基于本体的信息挖掘或数据聚集，以及基于本体的规则描述方面③。其次，借助语义网实现深层次的知识组织与知识服务还需要解决语义描述、信任机制、多语言本体、安全与隐私等问题。

4.2　关联数据

4.2.1　关联数据概述

关联数据（Linked Data）是 W3C 推荐的一种最佳实践，用来在语义网

①　孔邵颖. 语义网中关键技术发展形势的探讨［J］. 科技传播, 2012（1）: 206, 213.
②　孔邵颖. 语义网中关键技术发展形势的探讨［J］. 科技传播, 2012（1）: 206, 213.
③　钱斌. 基于语义网的舆情监控系统的设计与实现［D］. 兰州大学, 2016.

中使用 URI 和 RDF 发布、分享、链接各类数据、信息和知识，发布和部署
实例数据和类数据，从而可以通过 HTTP 协议解释并获取这些数据，同时强
调数据的互相关联、相互联系以及由于人机理解的语义环境①。

（1）关联数据的发展历程

作为轻量级的语义网，关联数据的提出和发展建立在语义网的基础之
上，与语义网的发展是密不可分的。图 4-1②总结了语义网和关联数据发展
过程中的主要历史事件。

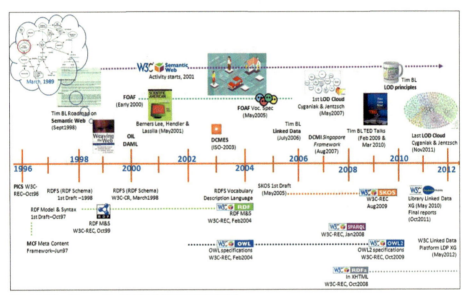

Figure 1. Evolution of the semantic web into linked data (image by E. Méndez)

图 4-1　从语义网到关联数据的变革

2006 年，万维网的发明者、互联网之父 Tim Berners-Lee，首次提出关联

---

①　W3C. Linked Data［EB/OL］.［2019-07-15］. https：//www. w3. org/wiki/LinkedData.

②　Méndez E, Greenberg J. Linked data for open vocabularies and HIVE's global
framework［J］. El Profesional de la Información, 2012, 21（3）：236-244.

数据的概念，他提出通过关联数据技术构建语义万维网，并说明了构建的具体规则和步骤①；2007 年，Chris Bizer 与 Richard Cyganiak 提交关联数据开放项目的申请，开发和构建第一个关联数据的网络，即关联开放数据云图的雏形②；2009 年在 TED 大会上，Tim Berners-Lee 谈到下一代网络 Web 3.0，关联数据是互联网发展趋势，万维网将从文件互联网走向数据互联网。他认为网络上的一切数据都是可以关联到一起的，并号召政府部门和个人将自己的数据发布到网上，这样关联之后的数据将衍生出更多的价值③；2010 年，关联开放数据项目不断深入，Tim Berners-Lee 提出关联开放数据的原则④。

（2）关联数据的基本原则

原则一：使用 URI 作为任何事物的标识名称（use URIs as names for things）。这里的"任何事物"是指信息资源，即在传统网络中能找到的所有资源，如网页、图片、音频、视频等其他媒体文件。而存在于网络之外的真实对象，如人、有形产品、蛋白质等，都是非信息资源，不在关联数据的描述对象之内。

原则二：使用 HTTP URI 使任何人都可以访问这些标识名称（use HTTP URIs so that people can look up those names）。其中，涉及 HTTP 提供的内容协商机制，通过这个机制，客户端可以从服务器端获得需要的内容。HTTP 客户端的每个请求都包含一个显示请求范围和要求的标题，服务器会检查标题并作出适当的响应。如果标题表明客户端需要 HTML，那么服务器会生成一

① Tim Berners-Lee. Linked Data ［EB/OL］. ［2019-07-15］. http：//www.w3.org/DesignIssues/LinkedData.html? utm_source=tuicool.

② Linking Open Data ［EB/OL］. ［2019-07-15］. http：//www.w3.org/wiki/SweoIG/TaskForces/CommunityProjects/LinkingOpenData.

③ Tim Berners-Lee. The Next Web ［EB/OL］. ［2019-07-15］. http：//www.ted.com/talks/tim_berners_lee_on_the_next_web.

④ Tim Berners-Lee. Linked Data ［EB/OL］. ［2019-07-15］. http：//www.w3.org/DesignIssues/LinkedData.html.

个 HTML 表示形式的返回，如果客户端需要 RDF，那么服务器会生成一个
RDF 表示形式的返回①。

原则三：当有人访问某个标识名称时，提供有用的信息（When someone
looks up a name, provide useful information）。访问标志名就是访问 URIs，即参
引 URIs。参引 URIs 是指在万维网上查找 URI，并获取资源的相关信息的
过程。

原则四：尽可能提供相关的 URI，以使人们可以发现更多的事物
（Include links to other URIs so that they can discover more things）。关联数据
用 URI 标识数据，用 RDF 描述数据，RDF 文件中包含由 URI 标识的其他
的数据资源，因为参引 URIs 时，可以从这些 RDF 文件中发现更多的相关
URIs。要尽可能提供相关的 URI，就需要将信息资源与其他数据源发布的
外部数据资源链接，使不同的信息孤岛连成一个网络。从技术上讲就是在
信息资源之间形成 RDF 链接，而主体和客体分别来自不同数据源的 RDF
三元组。

前两条原则是为了建立规范化命名机制和调用内容对象的机制，第三条
原则要求用结构化、规范化的方式来描述内容对象，第四条原则要求建立内
容对象与其他内容对象的关联，以支持从内容对象出发对相关内容对象的关
联检索。这些原则并没有对内容对象的内部组织机制、系统调用接口、关联
解析机制等提出具体要求，因此人们可以使用多种方式来实现关联检索，这
使得关联数据成为一种普适的、轻量的、低成本的数据关联机制。这组原则
及其实现要求奠定了关联数据的整体技术体系。②

4.2.2　关联数据的构建与发布流程

关于如何发布关联数据目前还没有指南性的文档，但有许多参考资料，

---

① 娄秀明. 用关联数据技术实现网络知识组织系统的研究［D］. 华东师范大学，2010.
② 沈志宏，张晓林. 关联数据及其应用现状综述［J］. 数据分析与知识发现，2010，26
（11）.

如 How to Publish Linked Data on the Web①、Deploying Linked Data②,以及一些使用 URI 的推荐方法,如 W3C 的工作草案 Cool URIs for the Semantic Web③。

其中,How to Publish Linked Data on the Web 里提到发布关联数据的方式因资源内容特征、类型而异,例如,如果数据量较小(几百条 RDF 三元组或者更少),可以直接采用静态 RDF 文件(静态发布);如果数据量很大,需要将数据放入 RDF 库中,选择服务器作为关联数据服务的前端;如果数据的更新频率较快,需要引入更新机制,或者在请求数据时根据原始数据在线生成 RDF(动态发布)④。

How to Publish Linked Data on the Web 将这些关联数据发布方式分为四大类:发布静态 RDF 文件、发布关系型数据库、发布其他类型的数据、利用现有的应用程序或 Web APIs。

(1) 发布静态 RDF 文件

这种方式通过生成静态的 RDF 文件并将其上传到 Web 服务器上,完成关联数据发布,是最简单的关联数据发布方式之一⑤。这种方式适用于以下两种类型的数据:手动创建的 RDF 文件,或从只输入文件的软件中生成的 RDF 文件。

需要注意的是许多 Web 服务器配置在生成 RDF/XML 文件时无法返回正

---

①　Heath T, Hausenblas M, Bizer C, et al. How to Publish Linked Data on the Web [C]. Proceedings of the 7th International Semantic Web Conference (ISWC 2008), Karlsruhe: Semantic Web Science Association, Karlsruhe: Elsevier, 2008.

②　Openlink Software. Deploying Linked Data [EB/OL]. [2019-07-15]. http://virtuoso. openlinksw. com/dataspace/doc/dav/wiki/Main/VirtDeployingLinkedDataGuide.

③　W3C. Cool URIs for the Semantic Web [EB/OL]. [2019-07-15]. http://www.w3. org/TR/cooluris/.

④　沈志宏,刘筱敏,郭学兵,等. 关联数据发布流程与关键问题研究——以科技文献、科学数据发布为例 [J]. 中国图书馆学报, 2013, 39 (2): 53-62.

⑤　娄秀明. 用关联数据技术实现网络知识组织系统的研究 [D]. 华东师范大学, 2010.

确的 MIME 类型，关联数据浏览器无法正确识别这类文件。可以使用 cURL tool 或根据文档中提供的方式来判断 Web 服务器是否需要重新配置。

（2）发布关系型数据库

如果想要将关系型数据库发布成关联数据，那么只需构建一个基于现有数据库的关联数据视图。

D2R 服务器是一个将关系型数据库发布为关联数据视图的工具。D2R 服务器依靠数据库图式和目标 RDF 术语之间的声明映射，发布数据库的关联数据视图，并为数据库提供一个 SPARQL 终端（见图 4-2①）。

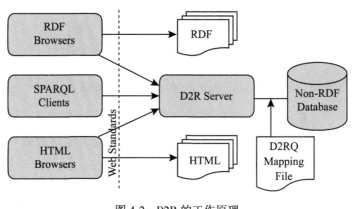

图 4-2　D2R 的工作原理

将关系型数据库发布成关联数据通常包括以下几个步骤：

下载并安装 D2R 服务器；根据目标关系型数据库的模式自动生成 D2RQ 映射；自定义映射，即用常用、易理解的 RDF 词汇代替自动生成的术语；将新的数据源添加到关联数据的 ESW Wiki 数据集列表和 SPARQL 终端列表中，在用户的 FOAF 主页和新数据源之间添加 RDF 链接，方便爬虫发现用户

---

① 娄秀明 . 用关联数据技术实现网络知识组织系统的研究［D］. 华东师范大学，2010.

的数据①。

（3）发布其他类型的数据

如果数据格式为 CSV、Microsoft Excel 或 BibTEX，将其发布为关联数据的方式如下：利用 RDFizing 将数据转化为 RDF；将转换后的数据存储在 RDF 存储器中；为 RDF 存储器配置一个关联数据接口。

以上方式类似于 DBpedia 的发布方式，DBpedia 采用 PHP 脚本从维基百科的网页中提取出结构化数据，将这些数据转化为 RD 格式，并最终存储在提供 SPARQL 终端的 OpenLink Virtuoso 存储器中①。

（4）利用现有的应用程序或 Web APIs

在万维网中，大量的 Web 应用程序都通过 Web API 对它们的数据进行开放，像 eBay、Amazon、Yahoo 和 Google 等企业都提供了相应的 Web API。不同的 Web APIs 提供不同的查询和检索接口，返回的结果也有不同的格式，包括 XML、JSON 或者 ATOM②。但是可以通过为 Web APIs 分配 HTTP URI 的方式对数据进行统一。

RDF Book Mashup 基于这种方式，成功地实现了将书籍、作者、读者评论和在线书店等相关信息以关联数据的形式在互联网上发布。在 RDF Book Mashup 中，每一本具有 ISBN 码的书都有一个对应的 HTTP URI，一旦图书的 URI 被引用，RDF Book Mashup 就从 Amazon API 和 Google base API 中提取出作者、读者评论、读者消费记录等相关数据，然后利用关联数据封装件

---

① 娄秀明. 用关联数据技术实现网络知识组织系统的研究 ［D］. 华东师范大学，2010.

② 白海燕. 关联数据及 DBpedia 实例分析 ［J］. 数据分析与知识发现，2010（3）：33-39.

将这些数据转化为 RDF 格式返回给客户端①（如图 4-3 所示）。

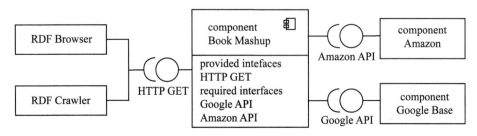

图 4-3 RDF Book Mashup 的工作流程

表 4-1 总结了目前常用的关联数据发布方式及工具。

表 4-1   **关联数据发布方式及其工具**

关联数据发布方式	相应工具
从 RDF 存储器发布关联数据	Pubby、Elda、Tail platform
从关系型数据库发布关联数据	D2R、Triplify、OpenLinkVirtuoso Universal Server
通过 WebAPIs 发布关联数据	RDF Book Mashup
通过服务器脚本发布关联数据	Jena、SparqPlug

关联数据的发布流程可以分解为 6 个关键步骤②：

①数据建模：选取待发布的实体，选择或设计 RDF 词表，定义待发布实体之间的语义关系；

②实体命名：为每个实体赋予一个永久的 URI；

---

①　娄秀明. 用关联数据技术实现网络知识组织系统的研究［D］. 华东师范大学，2010.

②　沈志宏，刘筱敏，郭学兵，等. 关联数据发布流程与关键问题——以科技文献、科学数据发布为例［J］. 中国图书馆学报，2013，39（204）：53-62.

③实体 RDF 化：采用 RDF 来描述每一个实体；

④实体关联化：采用 RDF link 来描述实体之间的关联；

⑤实体发布：配置发布服务器，负责解析每个实体的 URI，并根据内容至上原则返回正确的网页描述和 RDF 描述；

⑥开放查询：配置 SPARQL 服务器，对外开放 SPARQL 语义查询接口。

各步骤的实现目标及每个步骤的阶段性输出如表 4-2：

表 4-2   **关联数据发布的关键步骤**

步骤	阶 段 目 标	阶段性输出
开放查询	使实体的关联结构形式化、规范化	数据模型、RDF 词表
实体命名	使每个实体具有一个"Web 上可访问"的名字	实体命名规范
实体 RDF 化	使实体的描述达到"程序可理解"	实体的语义描述
实体关联化	使数据集具有跨实体发现的能力	
实体发布	使实体的描述达到"Web 上可访问"	实体的 HTTP 访问接口
开放查询	使数据集具有语义查询的能力	数据集的查询接口

4.2.3 关联数据构建与发布涉及的关键技术

关联数据技术是用统一的、标准化的方法对数据、信息、知识进行语义描述、语义标引、语义序化和重组，实现不同数字资源的连接和互操作。

（1）RDF

关联数据用资源描述框架（Resource Description Framework，RDF）描述信息资源。RDF 是一种形式简单但网络架构严格的数据模型。RDF 使用三元组描述信息资源，一个三元组由资源、属性和属性值组成。一个三元组也叫一个陈述，资源、属性和属性值也被称为陈述的主体、谓词和客体。

资源（主体）是可拥有 URI 的任何事物，比如"http：//www.w3school.

com. cn/rdf";

属性（谓词）是拥有名称的资源，比如"author"或"homepage"；

属性值（客体）是某个属性的值，比如"David"或"http：//www. w3school. com. cn"①。

RDF 三元组可以分为两种：文字三元组（Literal Triples）和 RDF 链接（RDF links）。

文字三元组中的资源为文字，如一个字符串、数字、数据对象。它常常用来描述资源的属性，例如，用来描述一个人的名字和出生日期。

RDF 链接表示两个资源之间的链接类型。RDF 链接由三个 URI 组成，主体 URI 和客体 URI 用来识别资源类型，谓词 URI 用来识别资源之间的关系类型。如图 4-4 所示：rc：cygri 是 RDF 的主体，用 URI http：//Richard. cyganiak. de/foaf. rdf#cygri 来标识该主体，foaf：based_near 是谓词，该谓词来自人工词汇集 FOAF，dbpedia：Berlin 是客体，用 URI http：//dbpedia. org/resource/Berlin 来标识②③。图中包含了三个 RDF 三元组，其他两个三元组的解释与上述内容相似。

RDF 链接是数据网络（Web of data）的基础。通过 URI 可以获取信息资源的描述，这些描述通常包括指向其他 URI 的 RDF 链接，这样就形成了数据网络。因此，我们可以通过关联数据浏览器搜索数据网络中的数据，也可以通过搜索引擎机器人爬取数据网络中的数据。

（2）URI

关联数据用统一资源定位符（Uniform Resource Identifier，URI）标识信

---

① W3C. RDF［EB/OL］.［2019-07-15］. https：//www. w3. org/RDF/.

② 娄秀明. 用关联数据技术实现网络知识组织系统的研究［D］. 华东师范大学，2010.

③ 成全，许爽，钟晶晶. 馆藏资源元数据语义描述及关联网络构建模型研究［J］. 情报理论与实践，2015（4）：128-133.

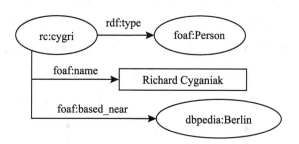

rc：cygri＝http：//Richard. cyganiak. de/foaf. rdf#cygri

dbpedia：Berlin＝http：//dbpedia. org/resource/Berlin

图 4-4　RDF 三元组示意图①

息资源。发布关联数据时，需要选择适当的 URIs 来标识信息资源。W3C 的工作草案 Cool URIs for the Semantic Web 为我们提供了使用 URI 的推荐方法。

　　发布关联数据过程中 URI 的选择应遵循以下原则："保证 URIs 的稳定性和持久性；保证 URIs 的短小、易记；保证 URIs 在自己可控的 HTTP 命名空间里定义；在受技术环境限制时，可以增加一些 URIs 的重写规则；用三种与某一非信息资源有关的 URIs 为结尾，例如使用与 HTML 浏览器相关信息资源的一个标识符（以网页为表示形式），适用于 RDF 浏览器相关信息资源的标识符（以 RDF/XML 为表现形式）；在定义 URIs 时，使用某种形式的主键，以确保每个 URI 都是独一无二的，例如当发布书目关联数据时，用 ISBN 码作为 URI 的一部分，以保证 URIs 的独一无二。"

4.3　知识图谱

4.3.1　知识图谱的概念及特征

　　知识图谱（Knowledge Graph）本质上是一种语义网络，是语义网技术的

───────────

① 　W3C. RDF [EB/OL]. [2019-07-15]. https：//www. w3. org/RDF/.

成果之一。目前随着语义 Web 资源数量激增、大量的 RDF 数据被发布和共享、Linking Open Data（LOD）等项目全面开展，互联网从仅包含网页间超链接的文档万维网向着包含大量描述实体间丰富关联的数据万维网转变①，这为知识的发现获取提供了新的方法和途径。从具有语义性的万维网中抽取出相互关联的事实，并在经过一定处理之后就形成了 Knowledge Graph 这种具有语义性的知识库系统②。

Knowledge Graph 是为了适应新的网络信息环境而产生的一种语义知识组织和服务的方法，通过把用户查询的关键词映射到语义知识库的概念上，使得计算机能够理解人类的语言交流模式，从而更加智能地反馈给用户需要的答案。

知识库是 Knowledge Graph 的核心，其采用某种知识表示方式来存储和管理互相关联的知识片集合③，知识库中必须包含丰富的数据，这些数据的来源有：原有的关系型数据库、关联开放数据中的部分关联数据集、领域本体、用户数据、从半结构化和非结构化数据内容中所抽取出的理论知识、事实数据、启发式知识等。

知识库是服从于本体控制的知识单元的载体，其覆盖了各种概念、实例、属性、关系等要素，并保持高效率地更新，以便随时满足用户的知识需求。以谷歌 Knowledge Graph 为例，它在 2012 年 5 月发布时已包含 5 亿多的对象实体和关于这些实体的超过 35 亿的事实关系，仅仅 6 个月后，实体数量增长到 5.7 亿，事实关系增长到 180 亿，到目前为止，还在不断地更新扩展。

————————

①　赵鑫. 刍议搜索引擎中知识图谱技术 [J]. 辽宁行政学院学报，2014, 16（10）：150-151.

②　Amit Singhal. Introducing the Knowledge Graph：Things, not Strings [EB/OL]. [2019-07-15]. http：//52opencourse. com/186/google-knowledge-graph（知识图谱）.

③　钟秀琴，刘忠，丁盘苹. 基于混合推理的知识库的构建及其应用研究 [J]. 计算机学报，2012, 35（4）：761-766.

4.3.2　面向检索服务的知识图谱构建流程

面向检索服务的 Knowledge Graph 构建流程可总结为 6 个模块，即知识获取、知识融合、知识存储、查询式语义理解、知识检索和可视化展现，见图 4-5。其中知识库的构建是 Knowledge Graph 的核心，知识库中存储的内容需要经过广泛的知识获取以及充分的知识融合，当用户进行查询检索时，用户的自然语言查询式经过语义分析处理后进入检索系统，和知识库中的内容进行匹配，整合后的反馈结果以可视化的形式展现给用户①。

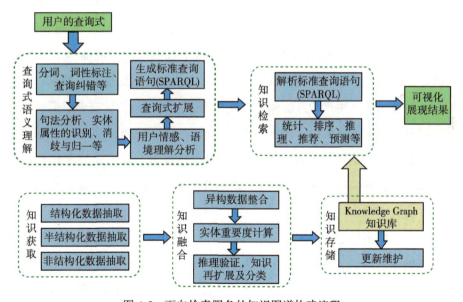

图 4-5　面向检索服务的知识图谱构建流程

（1）知识获取

为了提高知识服务的质量，提供给用户满意的答案，Knowledge Graph 不

---

①　曹倩，赵一鸣. 知识图谱的技术实现流程及相关应用［J］. 情报理论与实践，2015，38（12）：127-132.

仅要包含各个领域的常识性知识，还要及时发现并添加新知识，知识的数量和质量决定了其所能提供的知识服务的广度和深度以及解决问题的能力，因此 Knowledge Graph 的构建需要以高效的知识获取作为支撑。

常识性知识的获取主要来自百科类站点和各种垂直站点的结构化数据，例如从 DBpedia 中抽取某一主题的知识，根据一定的抽取策略提取出领域相关的事实，包括主题下的细分知识以及扩展的相关类别知识等①，与此同时，还要从一些半结构化和非结构化数据中抽取实例和属性来丰富相关实体的描述。

互联网中海量的用户生成内容（UGC）也是 Knowledge Graph 的重要知识来源。可以从用户的查询日志中发现新的实体属性，不断地扩展 Knowledge Graph 中知识的覆盖率。此外，由于 Knowledge Graph 要根据用户的兴趣提供相关的知识推荐，所以用户相关的一些行为数据也要抽取，包括用户的地理信息，用户的身份标识信息、查询时所用语言、查询时间、以往的访问日志数据等。例如，在用户查询过程中可以分析用户的兴趣：根据用户筛选后点击的链接，以及"长点击"与"短点击"情况来判断用户对答案的满意度及感兴趣程度②，从而获得用户行为数据，并从中抽取出相应的实体。

知识获取实现的主要技术包括机器学习、知识挖掘、自然语言处理、基于内在机理的知识发现技术等。在大数据环境下，智能化的数据抽取、提炼与挖掘技术显得尤为重要，大量的知识资源为后续的知识推理融合奠定了坚实的基础。

---

① Thakker D, Lau L, Denaux R, et al. Using DBpedia as a knowledge source for culture-related user modelling questionnaires [C]. Proceedings of the 22nd International Conference on User Modeling, Adaptation, and Personalization (UMAP). Berlin：Springer-Verlag, 2014：207-218.

② Adams T. Google and the future of search：Amit Singhal and the Knowledge Graph [EB/OL]. [2015-02-18]. http：//www.theguardian.com/technology/2013/jan/19/google-search-knowledge-graph-singhal-interview.

(2) 知识融合

由于 Knowledge Graph 的知识来源广，存在知识质量良莠不齐、来自不同数据源的知识重复、知识间的关联不够明确等问题，所以必须要进行知识的融合。知识融合是高层次的知识组织，使来自不同知识源的知识在同一框架规范下进行异构数据整合、实体重要度计算和推理验证①等步骤，达到数据、信息、方法、经验以及人的思想的融合。

异构数据整合要进行数据清洗、实体对齐、属性值决策以及关系的建立等操作。数据清洗包括对拼写错误的数据、相似重复数据、孤立数据、数据时间粒度不一致等问题进行处理②；实体对齐解决来自不同数据源的相同实体中对同一特性的描述、格式等方面不一致的问题，对实体描述方式和格式进行规范统一，例如"籍贯"与"出生地"的表述差别，日期书写格式的不同等；属性值决策主要是针对在同一属性出现不同值的情况下，根据数据来源的数量和可靠度进行抉择，提炼出较为准确的属性值；关系是 Knowledge Graph 中非常重要的知识，任何实体概念都不是孤立的，都处在和周围概念一定的逻辑关系中，例如等同关系、属分关系和相关关系等。从本质上看，Knowledge Graph 建立关系的过程可以简化为相关实体挖掘，即寻找用户类似查询中共现的实体或是在同一个查询中被提到的其他实体，通过对链接的提取统计以及对用户查询日志的分析，发掘查询式的主题分布，把同一主题中的相关实体进行类型验证并建立关联。

实体的重要度主要通过 PageRank 等算法进行计算，实体属性和实体间的关系、不同实体和语义关系的流行程度、抽取的置信度等都会影响实体重要度计算的结果。用户查询式中的实体被识别后，关于该实体的结构化摘要就会展现给用户，当查询涉及多个实体时，就需要选择与查询更相关且更重

---

① 张坤. 面向知识图谱的搜索技术（搜狗）[EB/OL]. [2019-07-15]. http：//www.cipsc.org.cn/kg1/.

② 蒋勋，徐绪堪. 面向知识服务的知识库逻辑结构模型 [J]. 图书与情报，2013（6）：23-31.

要的实体展现出来。例如查询"李娜",同名实体有超过 20 个,就要根据重要度的计算对这些实体进行排序。

(3) 知识存储

Knowledge Graph 中的知识存储在它的知识库中,是一个规模庞大的关联集合。杂乱的信息经过前期的融合与处理,形成了有序、关联可用的知识,按照知识的类别以规范化的形式分类存储在知识库中不同的知识模块里,生成索引,以便在知识检索时更加智能有效地匹配①以及进行知识的深度挖掘。

知识库中知识节点和节点间映射关系的数目是庞大的,并且在不断增长。另外,知识库中的知识与规则要保证及时的更新、纠错与维护,一些知识会长期存储保留,而一些时效较短的知识就要及时删除或修改,知识的变化还会打乱其内部像网络一样的关联关系,这给 Knowledge Graph 的知识存储带来了很大的挑战。

因此,Knowledge Graph 中的知识依赖合适的存储介质和合理的存储方式进行有效存储,既保证知识的可读性和稳定性,又不影响系统运行效率和对数据的操纵管理能力②。知识库中知识的更新修订遵守一定的原则,使得新知识的加入与老知识的更新不会引起知识库结构发生变化,修改后的知识库不应该依赖原始知识库或新公式的语法形式,同时要保持知识表达的充足性和连贯一致性,新知识应该尽可能多地被接受,而尽量多的老知识也应该保持,这样更有利于知识库大量吸收并储备各方面的知识。

总之,Knowledge Graph 的知识存储依赖于海量数据存储技术来管理大规模分布式的数据,以实现海量存储系统大容量、可扩展、高可靠性和高性能的要求。

---

① I Am an Entity: Hacking the Knowledge Graph [EB/OL]. [2015-02-20]. http://moz. com/blog/i-am-an-entity-hacking-the-knowledge-graph.

② 常万军, 任广伟. OWL 本体存储技术研究 [J]. 计算机工程与设计, 2011, 32 (8): 2893-2896.

(4) 查询式的语义理解

用户的查询式一般可分为四种：定义型，如"什么是知识组织"；事实型，如"Knowledge Graph 的出现时间"；肯定否定型，如"Tim Berners-Lee 是万维网之父吗"；意见型，如"如何看待大数据时代"。针对用户不同的查询式问题，经过自然语言处理，可以根据以上类型大致归类，系统分类理解用户的查询式，方便答案的反馈。

Knowledge Graph 中对查询式的语义分析包括以下几个关键步骤：①对查询式进行分词、词性标注和查询纠错。②对句法进行分析，基于一些通用词典和本体库等实现实体识别，同时对实体进行过滤和消歧；基于模式挖掘实现属性识别，对实体属性进行归一处理。因为用户的表达方式不一样，不同用户对实体、属性等都有不同的描述方式，因而对不同的描述进行归一，进而和知识库中的相关知识匹配。③用户情感及语境的理解分析，在不同语境下用户查询式中的实体会有差别，Knowledge Graph 要识别用户的情感，以反馈用户此刻需要的答案。④查询式扩展，明确了查询的确切所指以及用户的信息意图后，加入与其语义相关的其他概念来实施扩展。查询式语义分析后会生成标准查询语句，以 SPARQL 为代表，SPARQL 查询语句是基于模板匹配的一种标准化的格式，可以与知识库中的知识更好地衔接；另外，它还是基于需求重要度排序后的查询语句，反馈的知识结果会展现出优先顺序。

查询式语义理解涉及的相关技术主要包括自然语言处理技术和人工智能等。

(5) 知识检索

知识检索是基于之前的知识组织体系，实现知识关联和概念语义检索的智能化检索方式①。Knowledge Graph 中的知识检索包含两类核心任务：一是

---

① 马文峰，杜小勇. 关于知识组织体系的若干理论问题 [J]. 中国图书馆学报，2007，33（2）：13-17，46.

利用相关性在知识库中找到相应的实体；二是在此基础上根据实体的类别、关系及相关性等信息找到关联的实体①。

用户输入的查询式经过语义分析理解后生成的标准查询语句进入检索系统后被解析，与 Knowledge Graph 知识库中的知识匹配，并进行统计、排序、推理、推荐、预测等工作。系统会基于对查询词表达的概念和语义内涵的深度理解作为搜索依据，同时对该词的同义词、近义词、广义词、狭义词检索，进行概念的扩充，扩大检索，避免漏检；另外，还会进行相关概念的联想检索，做好推荐预测的工作。通过对知识库进行深层次的知识挖掘与提炼后，Knowledge Graph 检索系统为用户反馈出具有重要性排序的准确且完整的知识，并推荐用户可能感兴趣的相关知识。

知识检索阶段涉及信息检索、知识挖掘等关键技术，比如相似性、重要性计算。

(6)　可视化展现

Knowledge Graph 可视化的结果展现提升了用户的使用体验②，它将知识库中的信息转化为更方便用户理解的方式进行呈现，通常整合为简洁明了的内容放在一个信息栏中，使用户可以一目了然地了解到他需要的知识，快速地解决了用户的疑惑；同时提供了更加丰富的富文本信息，除文字外还有图片、列表等更直观的形式，增加了更多的用户交互元素，提升用户体验，如图片浏览、点击试听等，引导用户在短时间内获取到更多的知识。例如，在百度中搜索"十大元帅"，信息栏中既有文字的介绍，还有每一位元帅的照片；搜索"周星驰和吴孟达的电影"，信息栏中整合了所有符合条件的电影结果，还可以按照类型、地区、年代、最新、最热、用户好评等标签缩小搜

①　Blanco R, Cambazoglu B B, MIka P, et al. Entity Recommendations in Web Search [C]. Proceedings of the 12th International Semantic Web Conference (ISWC). Berlin: Springer-Verlag, 2013: 33-48.

②　Zhu A. Knowledge Graph Visualization for understanding ideas [J]. International Journal for Cross-Disciplinary Subjects in Education, 2013, 3 (1): 1392-1396.

索范围，帮助用户快速锁定目标；在搜狗搜索中输入"梁启超儿子的太太的好友"，信息栏中简洁地给出答案：泰戈尔和金岳霖，并配有他们的照片，另外还显示了问题答案的推理说明。

Knowledge Graph 可视化的展现不仅注重答案的精准，注重内容显示粒度上的把握，关注页面中显示的位置、知识模块位置的安排等细节，还考虑了在智能手机和平板电脑等多种设备上显示的效果等问题。需要涉及 Web 客户端技术、可视化技术、人机交互等技术来帮助用户实现高效答案获取和知识学习。

第5章　大数据环境下的用户需求信息组织

准确有效地获取、组织、分析用户需求是个性化知识服务的前提，也是当前知识服务研究的热点。然而，当前的大数据环境对用户需求信息组织提出了巨大的挑战。怎样应对大数据环境带来的要求和挑战，面向知识资源的特点对用户需求信息进行有效的组织，是亟待解决的科学问题。

5.1　用户需求语义网络的提出

5.1.1　用户需求信息组织的研究现状

用户需求信息组织是以用户需求为对象，对用户需求进行描述和揭示的过程。用户需求信息组织主要包括三个方面的内容：用户需求的信息来源、用户需求的学习和模拟、用户需求模型的表示[1]。

用户需求的信息来源是用户需求模型构建的基础和依据，它是用户需求的直接反映。常用且有效的用户需求信息来源有超链接信息[2]、用户提供的

---

①　陈烨，赵一鸣.一种新的用户需求组织方式：需求语义网络 [J]. 图书情报工作，2014，58（17）：125-130，91.

②　Mladenic D. Personal webwatcher：Implementation and design [R]. Technical Report IJS-DP-7472, Department of Intelligent Systems, J. Stefan Institute, Slovenia, 1996.

示例文档①、用户的反馈信息②③以及用户的 Web 浏览和检索记录（用户查询日志)④⑤ 等。

用户需求的学习和模拟是根据类别特征从训练集中学习构建分类器的自动的归纳过程，是用户需求模型构建的重要内容。常用的用户需求学习方法有基于概率的朴素贝叶斯算法⑥⑦、基于相关反馈的 Rocchio 算法⑧以及基于统计学的 K 最邻近节点分类法（K-Nearest-Neighbor，KNN）、支持向量机法（Support Vector Machine，SVM）。

用户需求模型的表示是用户需求信息组织的核心内容。目前主要的表示方法有传统的基于向量的表示方法以及基于本体的表示方法：基于向量的表示方法将用户需求表示成反映不同概念重要程度的向量，在此基础上进行需求向量与资源向量的匹配。这种方法由于在具体的知识服务中表现出不错的

① 林鸿飞，杨元生．用户兴趣模型的表示和更新机制 [J]．计算机研究与发展，2002，39（7)：843-847.

② Asnicar F A, Tasso C. If Web: A prototype of user model-based intelligent agent for document filtering and navigation in the World Wide Web [C]. Proceedings of Workshop Adaptive Systems and User Modeling on the World Wide Web' at 6th International Conference on User Modeling, UM97, Chia Laguna, Sardinia, Italy, 1997: 3-11.

③ Kamba T, Sakagami H, Koseki Y. Anatagonomy: A personalized newspaper on the World Wide Web [J]. International Journal of Human-Computer Studies, 1997, 46 (6): 789-803.

④ 徐振宁，张维明．基于 Ontology 的智能信息检索 [J]．计算机科学，2001，28（6)：21-26.

⑤ Adomavicius G, Tuzhilin A. Using data mining methods to build customer profiles [J]. IEEE Computer, 2001, 34 (2): 74-82.

⑥ Billsus D, Pazzani M. Learning probabilistic user models [C] . Proceedings of the 6th International Conference on User Modeling, Workshop on Machine Learning for User Modeling, Chia Laguna: Springer-Verlag, 1997.

⑦ Domingos P, Pazzani M. On the optimality of the simple bayesian classifier under zero-one loss [J]. Machine Learning, 1997, 29 (2-3): 103-130.

⑧ Rocchio J J. Relevance feedback in information retrieval [C] . The SMART retrieval system—experiments in automated document processing, Upper Saddle Rive: Publisher Prentice-Hall, 1971: 313-323.

效果且计算量较小成为目前最简单可行的用户需求模型表示方法①，但由于缺乏语义信息，在准确性上仍然不尽如人意。基于本体的表示方法利用个性化领域本体，并将以本体形式组织和表示用户需求。这种方法由于引入了领域本体为用户需求模型提供了丰富的背景知识，改善了传统用户需求模型语义信息不足的缺陷。

5.1.2　大数据环境对用户需求信息组织的要求和挑战

大数据环境带来了一场信息社会的变革。在这个环境下，用户需求信息急剧膨胀，用户需求信息的表现形式更加多元化，用户需求信息分布呈现碎片化和稀疏性的特征，用户对个人信息保护的呼声越来越高。这些变化对大数据环境下的用户需求信息组织提出了很多要求②。

（1）提高用户需求信息组织的智能化水平

大数据环境下，随着网络应用的不断深化，用户需求信息的体量急剧膨胀。随之而来的是用户需求信息描述、组织、整合和序化难度的不断加大，同时，提高用户需求信息组织的效率变得更加迫切。在这种情况下，只有提高用户需求信息自动化、智能化处理的水平，才能应对大数据时代带来的挑战。幸运的是，大数据环境中，大部分用户需求信息（大约98%）是以数字方式存贮的或已经被数字化，这为提高用户需求信息组织的智能化水平提供了前提和保障。

（2）建立用户需求信息描述的标准和规则

大数据环境下，无论是数据类型还是数据载体，用户需求信息的表现形式正变得更加多样化。用户需求不仅仅体现在文本信息中，也隐含在用户行

---

① 陈翰. 彩云阁：基于用户模型的服务组合平台 [D]. 复旦大学，2012.

② Ma F，Chen Y，Zhao Y. Research on the organization of wser needs information in the big data environment [J]. The Electronic Library，2017，35（1）：36-49.

为中，比如用户浏览网页过程中的查询日志、网页超链接跳转记录、交易数据、用户服务中心的记录、社交网络中的关系数据以及位置信息等。用户需求信息的多样性，就要求有统一的描述标准和规范来保证用户需求信息描述和组织的一致性，提高用户需求信息的互操作性。

（3）促使用户需求信息在一定程度上的互联互通

大数据环境下，需要提高用户需求信息的互联程度。一方面，对分散的用户需求进行集成有利于充分了解用户需求，提供更好的用户体验；另一方面，将有相同或相似需求的用户进行关联，有助于获取相关的、用于提供服务的各项资源，更好地满足用户需求。

（4）加强用户需求信息组织与分析中的个人隐私保护

大数据环境下，当用户发现网络应用程序比自己更了解自己的喜好、朋友圈甚至是日常工作时，他们对个人隐私的泄露感到前所未有的担心和恐慌。但是，用户往往又期望得到个性化的服务。在这种矛盾下，一方面，用户需要分享个人信息让服务方了解自己的喜好；另一方面，在提供个性化服务的同时，又需要制定严格的通信和控制协议来保护个人隐私。

5.1.3　大数据环境下的用户需求组织：用户需求语义网络

关联数据作为语义网技术在当前技术环境下的具体实现，不仅从语义的角度对数据、信息与知识进行组织，还实现了基于语义的数据、信息和知识关联和共享，并且在不同领域的应用中取得了良好的效果。

需求语义网络（Semantic Web of Need，SWN）是一种利用关联数据技术创建和发布关于用户需求及用户需求之间关系的规范化描述信息，形成以用户需求为节点，以用户需求之间的关系为边的语义化用户需求网络。

需求语义网络将用户需求看成可以采用标准方法规范描述和调用的对象，采用关联数据的描述语言 RDF 作为规范化的描述方法，同时，由于没有任何一种语言能够满足所有信息需求的描述，信息需求的描述结构中将预留可插入任何 RDF 图的扩展点。此外，我们将建立相关的需求语义网络协议进行规范化的用户需求调用，这些协议规定了获取用户需求、连接用户需求以及匹配用户需求的方式。

需求语义网络这种新的用户需求组织方法相较于传统的用户模型，即是在语义层面上对用户需求进行组织，也有较高的实践性和应用性，同时，需求语义网络根据用户需求之间的内在联系将其关联起来，以关联数据的形式发布，能够充分挖掘用户需求与知识资源之间匹配关系，为更精确的知识服务推送奠定了基础。

5.2　用户需求语义网络的模型构建

5.2.1　需求语义网络模型层级

需求语义网络模型由三个层次组成，由下往上依次为数据层、需求信息层、应用层（如图 5-1）。

（1）数据层

它是需求语义网络的信息来源，负责向需求信息层提供用户需求，包括能够提供用户需求的各种应用客户端、用户文档、查询日志等。

（2）需求信息层

这是需求语义网络的核心层，负责利用关联数据技术创建和发布各类用户需求及其之间关系的规范化描述信息，实现用户需求的语义化描述，实现基于用户需求关联的用户需求互联整合和局部共享。

（3）应用层

它是需求语义网络的应用接口，负责从需求信息层抓取用户需求，向基

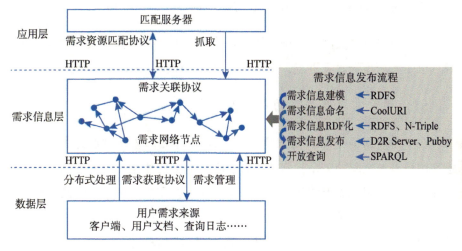

图 5-1　用户需求语义网络模型

于需求语义网络的应用提供用户需求和匹配服务。

　　其中，数据层与需求信息层之间、需求信息层内部以及需求信息层与应用层之间的通信需要分别遵守需求获取协议、需求关联协议和需求资源匹配协议，同时需要共同遵守超文本传输协议（HTTP）等通用协议。而需求信息的发布主要包括 5 个步骤：

　　①需求信息建模：根据用户需求的特点，选择或设计 RDF 词表，定义需求之间的语义关系；

　　②需求信息命名：为用户需求赋予一个永久的 URI；

　　③需求信息 RDF 化：采用 RDF 来描述每一个用户需求；

　　④需求信息发布：配置发布服务器，负责解析每个信息需求组的 URI，并根据内容协商原则返回正确的 RDF 描述；

　　⑤开放查询：配置 SPARQL 服务器，对外开放 SPARQL 语义查询接口①。

　　①　沈志宏，刘筱敏，郭学兵，等．关联数据发布流程与关键问题研究——以科技文献、科学数据发布为例［J］．中国图书馆学报，2013（2）：55-64.

5.2.2　用户需求语义网络模型构建过程

在用户需求语义网络模型具体构建的过程中，还面临着很多难点，这些难点也是下一步的研究重点，其重点和难点可以概括为以下几个关键问题：

（1）用户需求及关系的定义与描述

在构建数据模型时需要根据用户需求的特征，选择或设计 RDF 词表，定义用户需求之间的关系，此外，需求语义网络构建是一个动态的过程，需要在不断学习用户需求的基础上动态地修改、补充描述用户需求及其相关的 RDF 词表和语义关系。在构建数据模型过程中可以在标准化 RDF 词表的基础上根据实际需要进行扩展得到更具适用性的词表，标准化 RDF 词表大部分来自元数据元素集，通常采用 RDF Schema（RDFS）和 OWL（Ontology Web Language）提供的结构进行描述，如 DC（Dublin Core）、SKOS（Simple Knowledge Organization System）、FOAF（Friend of A Friend）、FRBR（Functional Requirements of Bibliographic Records）等。

（2）用户需求的关联与分解

用户需求之间往往存在着某些联系，如相关关系、因果关系等，将存在一定关系的用户需求关联起来能够帮助匹配服务器更快地获取与用户需求相匹配的知识资源，此外，对复杂用户需求进行组织时，需要对其进行分解和简化以确保匹配服务器的工作效率。在用户需求关联与分解方面可以通过构建用户需求训练集，利用用户模型学习方法，如基于概率的朴素贝叶斯算法、基于相关反馈的 Rocchio 算法、基于统计学的 K 最近邻节点分类法、支持向量机等，实现用户需求关联关系的归纳。

（3）各层次之间的协作与交流

为了保证需求语义网络模型中数据层与需求信息层之间、需求信息层内、需求信息层与应用层之间的调用和交流高效、有序地进行，需要设定严格的通信协议，此外，由于需求语义网络以关联数据的方式对用户需求进行关联和发布，所以需要设定严格的权限协议以保护用户的隐私。其中，需求获取协议将主要规定用户需求数据的内容、格式、保密级别等；需求关联协议将主要规定两个需求如何建立连接、如何管理需求以及需求之间如何交换信息，是一种双向客户机—服务器协议；需求资源匹配协议将主要规定匹配服务器如何连接需求和可能的匹配资源，是一种单向客户机—服务器协议。

（4）匹配服务器的延伸与扩展

匹配服务器的主要工作之一是将语义化描述的用户需求与知识资源进行匹配，但是知识资源的存储和表示形式是多种多样的，如以表格形式存储的数据库、以 HTML 形式存储的网页等，匹配服务器需要保持延伸性和扩展性，对用户需求描述信息进行一定的转换，实现与各种不同形式的知识资源的匹配。同时，语义化描述的知识资源正在迅速增加，比如各学科领域的本体库、关联开放数据项目中的海量数据集，在遵循相关协议的基础上，这些知识资源可以直接与用户语义需求网络进行连接和匹配，并且被提供给用户。

5.3　用户需求语义网络的应用

高校图书馆是高校师生获取知识的重要知识来源，面对庞大的图书馆知识库，个性化主动式的知识服务是当前高校图书馆提高知识服务质量的重要方式之一。本书将需求语义网络理论和模型应用到高校图书馆个性化知识服务中，构建基于关联数据的高校图书馆图书需求语义网络模型（如图 5-2）。基于关联数据的高校图书馆图书需求语义网络（简称图书需求网络）构建的核心任务是需求获取和需求信息的建模与发布。

联机公共检索目录（Online Public Access Catalog，OPAC）的开发极大地适应了 Web 2.0 环境下高校图书馆发展的要求，得到了广泛的推广和应用。OPAC 的信息库中蕴含了大量的读者检索记录和借阅信息，这些信息充

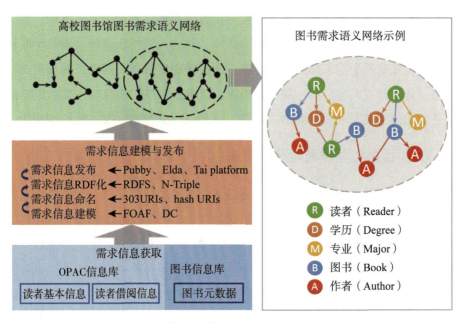

图 5-2　基于关联数据的高校图书馆图书需求语义网络模型

分地揭示了读者对馆藏资源的利用和需求。所以，图书需求语义网络的需求来源主要是 OPAC 系统中的读者基本信息以及读者借阅信息，其中，读者基本信息包括姓名、专业、学历、角色等；读者借阅信息包括图书信息、借阅日期、归还日期等。

（1）需求信息建模

基于传统的资源描述方式（如关系表、元数据等）的读者基本信息、借阅信息和图书信息无法充分揭示读者之间、图书之间、用户图书需求之间的语义关系，且不同类型、不同来源的图书资源通常采用不同的元数据规范（如 MARC、DC、Bib-Tex 等）进行描述，所以，如果在现有的本体方案、元数据描述基础上构建图书需求语义网络，即用 RDF 语言来描述用户图书需求信息，能够揭示和挖掘图书需求中的语义信息，如相同或相关专业的读者、相同或相关作者的图书、相同或相关的图书需求，进而在统一的描述框架中实现基于语义的个性化图书服务。

图书需求语义网络中的节点即为 RDF 语言中的主体和客体，可以是读者、学历、专业、图书、作者等（如图 5-2 中"图书需求语义网络示例"所示）。在进行需求信息建模时，可以借鉴现有的本体来组织用户图书需求信息，如借鉴 FOAF 本体中的 foaf：Person 子类机器相关属性①，借鉴 DC 中的核心元素描述图书信息，对于特定领域的图书，可以根据需要在核心元素的基础上进行扩充，定义新属性或添加子属性②。

（2）需求信息命名

在关联数据中，利用 URI 命名数据对象，关联数据中的 URI 地址不能直接被 HTTP 协议引用。对于关联数据中的数据对象，W3C 提供了两种数据对象命名、访问机制：303 URIs 和 hash URIs③。303 URIs 方法采用带有分隔符"/"的 Slash URI 标识符命名关联数据中的数据对象，如将数据对象读者（Reader）命名为 <hppt：//hostname/ontology/core/reader>；Hash URIs 方法采用带有分隔符"#"的 URI 标识符命名关联数据中的数据对象，如将数据对象读者（Reader）命名为 <hppt：//hostname/ontology/core#reader>。Hash URIs 方法适用于较小的 RDF 词表，而相对较大的 RDF 词表一般采用 303 URIs 方法命名关联数据中的数据对象。

（3）需求信息 RDF 化

需求信息 RDF 化的一项重要工作是建立 RDF 链接，即在各数据集之间

---

① Brickley D, Miller L. FOAF Vocabulary Specification 0. 99 ［EB/OL］. ［2019-07-15］. http：//xmlns. com/foaf/spec/20140114. html.

② The Dublin Core Metadata Initiative. Dublin Core Metadata Element Set, Version 1. 1 ［EB/OL］. ［2019-07-15］. http：//dublincore. org/documents/dces/.

③ Sauermann L, Cyganiak R. Cool URIs for the Semantic Web—W3C Interest Group Note 03 December 2008 ［EB/OL］. ［2019-07-15］. http：//www. w3. org/TR/2008/NOTE-cooluris-20081203/.

建立 RDF 链接。链接类型包括数据层面的链接和语义层面的链接。数据层面的链接指的是相同资源间的链接，即将指向同一资源的不同 URI 地址进行连接；而语义层面的链接指的是主体和客体（资源和属性值）之间的链接，即将具有语义关系（如从属关系、相关关系）的资源进行连接①。图书需求信息 RDF 化的过程中主要涉及建立语义层面的链接，而链接的建立主要基于读者借阅信息和图书元数据。

（4）需求信息发布

图书需求数据的发布采用从 RDF 存储器发布关联数据的方式，可选取 Pubby、Elda、Tail platform 等关联数据发布工具。Pubby 为 RDF 数据资源提供了一个关联数据交互界面，支持从 SPARQL 终端到关联数据的 Java 应用程序开发。

5.4　用户需求语义网络对大数据环境的回应

大数据环境对用户需求信息组织提出了四个方面的要求和挑战：提高用户需求信息组织的智能化水平、建立用户需求信息描述的标准和规则、促使用户需求信息在一定程度上的互联互通、加强用户需求信息组织与分析中的个人隐私保护。以下从这四个方面分析用户需求语义网络对大数据环境要求和挑战的回应。

（1）用户需求语义网络将为智能化的用户需求信息处理提供基础和保障

用户需求语义网络将使用户需求及需求之间的关系能够同时被人和机器

---

① 欧石燕. 面向关联数据的语义数字图书馆资源描述与组织框架设计与实现 ［J］. 中国图书馆学报, 2012, 38（6）：58-71.

理解，为大规模用户需求数据的处理提供了基础和条件。用户需求网络以关联数据的方式发布用户需求，以统一的形式化语言描述需求，使得用户需求信息实现了一定程度的语义化，为大规模的自动化处理奠定了基础。

（2）用户需求语义网络采用 RDF 作为需求信息描述的统一规范

用户需求语义网络使用 RDF 语言描述用户需求信息，这种轻量级的语义信息描述方式更具实践价值和实用性。借助于文本处理技术、简单的数据挖掘技术，用户需求信息 RDF 化的过程在很大程度上可以实现自动化。此外，RDF 没有严格的结构要求，使得利用关联数据技术来描述和揭示用户需求中的语义信息在一定程度上克服了领域本体目前仍面临的人工作业繁重、结构规则差异等缺点。

（3）用户需求语义网络可以建立用户需求信息之间的关联

用户需求语义网络利用关联数据技术，即使用 RDF 语言将用户需求信息组织成由三元组（资源、属性和属性值）构成的网络，进而可以描述和揭示了用户需求之间的关联，如从属关系、相关关系等。将存在一定关系的用户需求关联起来，能够帮助匹配服务器更快地获取与用户需求相匹配的知识资源。

（4）用户需求语义网络通过设置多种协议保护用户个人隐私

用户需求语义网络将通过三个方面的协议保护用户个人隐私，这些协议包括但不限于：用户需求获取协议，将主要规定用户需求数据的内容、格式、保密级别等；用户需求关联协议，将主要规定两个需求如何建立连接、如何管理需求以及需求之间如何交换信息；需求资源匹配协议，将主要规定匹配服务器如何连接需求和可能的匹配资源。

基于关联数据的用户需求语义网络很好地回应了大数据环境提出的要求和挑战。

应用与服务篇

第6章　基于知识组织系统的应用与服务

6.1　知识组织系统的产生与发展

知识组织系统（Knowledge Organization System，KOS）也称知识组织体系，是用于知识组织的各类规范和方法的统称，是获取、利用知识的重要手段，是对各种人类知识结构进行表达和有效组织阐述的语义工具的统称①。

知识组织系统按照语义关系结构的强弱和对自然语言控制程度的不同，分为词汇列表、分类与归类、关系组织②。在数字环境下，重视语义、概念关系的关系组织模式成为研究的热点。关系组织模式强调表现概念之间的各种关系，对概念关系的揭示更复杂、更细致，除传统词表中的等同、等级、相关关系外，还可以有整部、蕴含、因果等语义关系，以及一定的规则和推理，主要包括：叙词表（Thesauri）、概念地图（Concept Map)③④、语义网

---

① 曾蕾. 网络环境下的知识组织系统——编者的话［J］. 现代图书情报技术，2004（1）：2-3.

② Hill L, Buchel O, Janee G, 等. 在数字图书馆结构中融入知识组织系统［J］. 现代图书情报技术，2004（1）：4-8.

③ 马费成，郝金星. 概念地图在知识表示和知识评价中的应用（I）——概念地图的基本内涵［J］. 中国图书馆学报，2006，32（3）：5-9.

④ 马费成，郝金星. 概念地图在知识表示和知识评价中的应用（Ⅱ）——概念地图作为知识评价的工具及其研究框架［J］. 中国图书馆学报，2006，32（4）：22-27.

络（Semantic network）①、实用分类法（又称本体）等②。为了给用户提供
简洁、统一的工具来发现各种异质的传统信息资源，同时对网络化、互相连
接的新型数字信息资源进行很好的内容揭示，知识组织系统向着内容的知识
单元化、方法的集成化、主体的多样化、技术的智能化发展③，也使得网络
知识组织系统（NKOS）成为研究热点。面对这样的需求，上述工具也在不
断演进、融合，并且更好地实现异构异质知识组织系统之间的互操作④⑤，
如：美国的一体化医学语言系统（UMLS）⑥、英国高级叙词表项目
（HILT）⑦、欧盟 Renardus 项目⑧、中国的"国家图书馆知识组织标准规
范"⑨。

知识组织系统的主要研究包括知识组织系统的互操作、知识组织系统的
可视化展示等内容。在互操作方面，ISO 发布了名为"叙词表及与其他词表

---

① Lambiotte J G, Dansereau D F, Cross D R, et al. Multirelational semantic maps ［J］.
Educational Psychology Review, 1989, 1 (4)：331-367.

② 李育嫦. 网络数字环境下知识组织体系的发展现状及未来趋势 ［J］. 情报资料
工作, 2009 (02)：45-48.

③ 胡昌平, 张敏. 数字信息资源组织的现代发展 ［A］//信息资源管理研究进展.
武汉：武汉大学出版社, 2010：1-32.

④ Zeng M L, Chan L M. Trends and issues in establishing interoperability among
knowledge organization systems ［J］. Journal of the American Society for Information Science and
Technology, 2004, 55 (5)：377-395.

⑤ 司莉. 知识组织系统的互操作及其实现 ［J］. 现代图书情报技术, 2007 (3)：29-
34.

⑥ U. S. National Library of Medicine. Unified Medical Language System ［EB/OL］.
［2019-07-15］. http：//www. nlm. nih. gov/research/umls/.

⑦ HILT-High Level Thesaurus Project ［EB/OL］. ［2019-07-15］. http：//hilt. cdlr.
strath. ac. uk/.

⑧ UKOLN. Metadata Renardus：Academic Subject Gateway Service Europe ［EB/OL］.
［2019-07-15］. http：//www. ukoln. ac. uk/metadata/renardus.

⑨ 王军, 卜书庆. 网络环境下知识组织规范研究与设计 ［J］. 中国图书馆学报,
2012, 38 (3)：39-45.

的互操作"的 ISO 25964 标准①，包括 ISO 25964-1②（面向信息检索的叙词表）和 ISO 25964-2（与其他词表的互操作）两部分。ISO 25964-1 的主要内容包括叙词表的开发、维护，以及叙词表中数据交换的格式和协议，ISO 25964-2 的主要内容包括词表的介绍以及不同类型词表之间的互操作。Christine 探讨了支持 24 种语言的欧盟多语种叙词表（EuroVoc）与其他叙词表的互操作问题③，Zeng 和 Žumer 研究了 KOS 注册系统④，Manguinhas 和 Borbinha 研究了元数据注册系统之间的集成与互操作⑤；在可视化方面，Lin⑥ 指出词表的概念展示（Meaningful Concept Display，MCD）将成为一个为 KOS 应用服务的开发框架，Buzydlowski，Cassel 和 Lin⑦ 研究了多个词表的概念展示（Meaningful Concept Display，MCD）与概念可视化，对树形层级结构的界面展示和关联地图的界面展示进行了比较，并探究了一种将两者

---

① Tudhope D, Koch T, Heery R. Terminology services and technology ［EB/OL］. ［2019-07-15］http：//www. wkoln. ac. uk/terminology/JISC-review2006. html.

② Clarke S, Smedt J. ISO 25964-1 a new standard for development of thesauri and exchange of thesaurus data ［EB/OL］. ［2019-07-15］. NKOS Workshop at ECDL2011. https：//www. comp. glam. ac. uk/pages/research/hypermedia/nkos/nkos2011/presentations/DextreClarke_DeSmedt_ISO25964. pdf.

③ Christine L S. Interoperability and collaborative thesaurus management between EU multilingual thesauri ［EB/OL］. ［2019-07-15］. NKOS Workshop at TPDL2013. https：//www. comp. glam. ac. uk/pages/research/hypermedia/nkos/nkos2013/content/NKOS2013_christine. pdf.

④ Zeng M L, Žumer M. A metadata application profile for KOS vocabulary registries ［EB/OL］. ［2019-07-15］. ISKO UK biennial conference, 2013-06-08, London. http：//www. iskouk. org/conf2013/papers/ZengPaper. pdf.

⑤ Manguinhas H, Borbinha J. Integrating knowledge organization systems registries with metadata registries ［C］. Proceedings：The 9th European NKOS Workshop at the 14th ECDL Conference, Glasgow, Scotland. 2010.

⑥ Lin X. Meaningful Concept Displays：The First Step ［EB/OL］. ［2019-07-15］. NKOS Workshop at TPDL2012. https：//www. comp. glam. ac. uk/pages/research/hypermedia/nkos/nkos2012/presentations/MCD. NKOS2012. Lin. pdf.

⑦ Buzydlowski J, Cassel L, Lin X. Visualization of candidate terms for classification of papers ［EB/OL］. ［2019-07-15］. NKOS Workshop at TPDL2013. https：//www. comp. glam. ac. uk/pages/research/hypermedia/nkos/nkos2013/content/NKOS2013_buzydlowski. pdf.

结合起来的展示方式。

知识组织系统在优化用户检索查询式、提高查询结果质量、增强用户浏览体验、理解用户个性化需求等方面有着重大的作用，其应用有：基于 KOS 的推荐系统①②、基于 KOS 的查询扩展及优化③、基于 KOS 的社会化标注、基于 KOS 的文本分析和趋势预测④，等等。

为了在语义网框架下简明地表示和使用各类简单概念系统，W3C 于 2005 年发布了简明知识组织系统（SKOS）表述语言标准草案⑤。作为受控词表乃至概念框架表示的推荐标准，SKOS 主要用于表示各种较为简单的网络知识组织系统（NKOS），如叙词表、分类法、主题词表、术语表等其他类型的概念框架⑥。目前已经采纳 SKOS 描述的词表有：欧盟开发的通用多语种环境词表（GEMET）、大英档案词表（UKAT）、联合国粮农组织词表（AGROVOC）等⑦。

国际上有学者倡议将各种词表以 SKOS 语言描述⑧，用关联数据的技术

①　Lüke T, Hoek W van, Schaer P, et al. Creation of custom KOS-based recommendation systems［EB/OL］.［2019-07-15］. NKOS Workshop at TPDL2012. https：//www. comp. glam. ac. uk/pages/research/hypermedia/nkos/nkos2012/presentations/NKOS-2012_lueke. pptx.

②　Mayr P, Mutschke P, Schaer P, et al. Search term recommendation and non-textual ranking evaluated［EB/OL］.［2019-07-15］. NKOS Workshop at ECDL2010. https：//www. comp. glam. ac. uk/pages/research/hypermedia/nkos/nkos2010/presentations/mayr. pdf.

③　Mayr P, Lüke T, Schaer P. Demo：Demonstrating a framework for KOS-based recommendations systems［EB/OL］.［2019-07-15］. NKOS Workshop at TPDL2013.

④　Hlava M. Using KOS as a basis for text analytics and trend forecasting［EB/OL］.［2019-07-15］. https：//www. comp. glam. ac. uk/pages/research/hypermedia/nkos/nkos2010/presentations/hlava. pdf.

⑤　王军，张丽. 网络知识组织系统的研究现状和发展趋势［J］. 中国图书馆学报，2008，34（1）.

⑥　王一丁，王军. 网络知识组织系统表示语言：SKOS［J］. 大学图书馆学报，2007（4）：30-35.

⑦　王军，张丽. 网络知识组织系统的研究现状和发展趋势［J］. 中国图书馆学报，2008（1）：65-69.

⑧　Putkey T, Jose S. Using SKOS to express faceted classification on the semantic Web［EB/OL］.［2019-07-15］. http：//webpages. uidaho. edu/~mbolin/putkey. pdf.

在网上发布，这也代表了当前 KOS 的发展趋势，即在开放关联数据（LOD）环境中创建开放关联词表（LOV，Linked Open Vocabularies），从而促进词表的开放、重用、共享和互操作①②。此外，基于 RDF 的 SKOS Core 词表可以和其他语义 Web 知识组织体系结合起来表达更丰富的内容③。

6.2 知识组织系统中的服务工具：以词表和本体为例④

KOS 是各类知识组织工具的统称，包括人名表、地名表、术语表、分类表、主题词表、语义网络、本体等。KOS 的更新与扩充是当前国际上图书情报学研究的重点课题，将为基于 KOS 的服务创新提供更多的工具。其中，以词表和本体的发展最为迅速，在实践中的应用最为广泛，所以，本书选择词表和本体这两种具有代表性的知识组织工具作为分析的重点。

6.2.1 词表的更新与扩充

近年来，无论是在科研服务领域，还是在能源、地质学、气象等工程应用领域，词表的建设和改造工作一直都在持续进行。

中国科学技术信息研究所（以下简称中信所）组织全国的情报检索语言专家开展了《汉语主题词表》（以下简称《汉表》）的修订改造工作。《汉表》是我国第一部大型综合性叙词表，目前正朝着数字化、网络化、语义化、标准化、互操作化和可视化等趋势发展。

---

① Lara M L G D. Documentary languages and knowledge organization systems in the context of the semantic web [J]. Transinformação, 2013, 25 (2)：145-150.

② Méndez E, Greenberg J. Linked data for open vocabularies and HIVE's global framework [J]. El profesional de la información, 2012, 21 (3)：236-244.

③ Miles A, Matthews B, Wilson M, 等. SKOSCore：简约知识组织网络表述语言 [J]. 现代图书情报技术, 2006 (01)：3-9.

④ 马费成, 姜愿, 赵一鸣. 服务视角下的知识组织系统研究新进展 [J]. 情报杂志, 2015, 34 (7)：165-172, 152.

新型《汉表》在表现形态、编制方式、功能定位上都发生了根本性的变化。它从一个包含叙词和非叙词的单一词表，转变为包括基础词库、核心词库、叙词词库等在内的知识组织系统，采用 RDF、OWL 或 SKOS 机器语言表达概念关系，构造了"基础词库—范畴体系—概念关系网络"三级联动机制，将大规模语义相似度计算、共现聚类、可视化等自动处理技术与领域专家知识相结合，并允许用户参与词表的编制与维护过程，实现其在知识揭示、知识导航、知识学习、智能检索等方面的应用①。除了《汉表》在网络环境下的改造，《中国分类主题词表》（以下简称《中分表》）Web 版、《中国图书馆分类法》（第 5 版）Web 版也相继发布。

超级科技词表是国家"十二五"科技支撑计划项目"面向外文科技文献信息的知识组织体系建设与应用示范"的重点内容，它是一个融合词表、术语表、叙词表等各种知识组织素材的词网络，由基础词库、规范概念集和范畴体系三个层次构成，它预计收录来自理、工、农、医领域的科技术语不少于 500 万条，科技概念规范名称 80 万条，这些概念可以作为本体构建的基础②。目前已登记的词表总量为 1 834 部，已入库的词表为 951 部，收集的素材词总量为 12 008 558 个，当前主要工作是将素材词转化到基础词库、对概念进行同义归并等③。

在能源和交通运输领域，为了应对科技信息资源管理和深度内容分析的需求，中信所立足已有的主题词表，吸收本体的思想，建成了新能源汽车领域词系统，它是汉语科技词系统的典型示范和成功实践④。新能源汽车领域

---

①　曾建勋，常春，吴雯娜，等．网络环境下新型《汉语主题词表》的构建［J］．中国图书馆学报，2011（4）：43-49.

②　孙坦，刘峥．面向外文科技文献信息的知识组织体系建设思路［J］．图书与情报，2013（1）：2-7.

③　常春．英文超级科技词表的编制及与《汉语主题词表》的映射［EB/OL］．［2019-07-15］. http：//168. 160. 16. 186/conference/dome_ch/2013_1/downloads/2013 知识组织与知识链接报告会 PPT/知识组织与知识链接会议常春-中信所．pdf.

④　朱礼军，乔晓东，张运良．汉语科技词系统建设实践——以新能源汽车领域为例［J］．情报学报，2010，29（4）：723-731.

词系统包含 55 958 条词条，其中包含核心词 6117 条，关系实例 57164 个，属性实例 18 309 个，类目实例 5 656 个①。中信所目前正致力于新一代工业生物技术、智能材料与结构技术、清洁能源、重大自然灾害监测与防御四个重点领域科技词系统的建设。

在地质学领域，Ma 等②开发了一个基于 SKOS（Simple Knowledge Organization System，简单知识组织系统）的地质年代表多语言叙词表，以消除在线地质图中地质年代表记录之间的语言障碍，使得该领域内知识的语义结构更加丰富，提高了语义网环境下在线地质图的互操作性，同时也为地球科学其他领域内叙词表的构建提供了参考和激励。另外，他还开发一个受控词表来实现不同采矿项目中矿产勘探地理数据的语义互操作③。

在气象领域，由于数据量的爆炸式增长和数值模式的高度复杂性，有必要开发一个气候模型元数据系统来支持数据的存储、获取、重用以及质量控制等。为此，Moine 等④构建了 METAFOR 受控词表，它包括两部分：模型受控词表，对整个气候模型链中产生的数据进行统一描述；模拟和实验受控词表，对气候模拟实验进行规范化表述。

6.2.2　本体的更新与扩充

随着语义网的发展和知识共享需求的驱动，本体已成为一种新型的不可

---

① 张运良. 汉语科技词系统的建设和改进 ［EB/OL］. ［2019-07-15］. http：// 168. 160. 16. 186/conference/dome_ch/2012/downloads/pdf 发言稿/张运良_汉语科技词系统的建设和改进 . pdf.

② Ma X, Carranza E J M, Wu C, et al. A SKOS-based multilingual thesaurus of geological time scale for interoperability of online geological maps ［J］. Computers & Geosciences, 2011, 37（10）：1602-1615.

③ Ma X, Wu C, Carranza E J M, et al. Development of a controlled vocabulary for semantic interoperability of mineral exploration geodata for mining projects ［J］. Computers & Geosciences, 2010, 36（12）：1512-1522.

④ Moine M P, Valcke S, Lawrence B N, et al. Development and exploitation of a controlled vocabulary in support of climate modelling ［J］. Geoscientific Model Development Discussions, 2013, 6（2）：2967-3001.

或缺的知识组织系统。目前国内外各个领域都相继开发了不同规模的本体系统，如生物医学、电子商务、金融、地理、法律等，其中，生物医学领域是本体开发和应用中最前沿最活跃的领域之一，已经建立了诸如解剖学基础模型本体（FMA）、基因本体（GO）、蛋白质本体（PRO）、细胞本体（CO）、疾病本体（DO）等常用的本体资源，用于描述解剖结构、生物表现型、生物分子、科研信息、临床医学信息等。

生物医学领域常见的本体库有 BioPortal①、OBO Foundry②、OLS（the Ontology Lookup Service）③ 等。其中，BioPortal 是由美国国家生物医学本体中心（National Center for Biomedical Ontology，NCBO）研发的生物医学类本体和术语资源的门户网站，旨在为研究开发人员和临床医生提供本体资源的一站式访问。它包含了 500 多个生物医学本体，并提供了一系列的功能服务，比如本体的浏览、可视化展示、导航和查询。此外，它还允许注册用户发布、评论本体和术语并与其他用户进行交流。

除了生物医学领域，其他领域的本体和本体库也在不断更新和扩充中，如世界上最大的多领域知识本体 DBpedia、OpenCyc 和 Ontohub④ 等，极大地丰富了知识组织系统的内容，从而为基于 KOS 的服务创新提供了基础和保障。

6.3　知识组织系统的服务手段：以可视化为例

KOS 可视化是其提供服务的重要手段。它用图形可视化工具方式显示知识组织系统的结构，为用户动态直观多维地揭示概念之间的关系，方便用户

---

① BioPortal [EB/OL]. [2019-07-15]. http：//bioportal. bioontology. org/.

② The OBO Foundry [EB/OL]. [2019-07-15]. http：//www. obofoundry. org/.

③ The Ontology Lookup Service [EB/OL]. [2019-07-15]. http：//www. ebi. ac. uk/ontology-lookup/.

④ Ontohub [EB/OL]. [2019-07-15]. https：//ontohub. org/.

快速、准确地理解和获取信息并挖掘（发现）其中隐含的知识，从而在信息检索、知识发现等领域提供高效便捷的服务。

6.3.1 KOS 可视化方法

KOS 可视化的常用方法包括：缩进树（Indented List）、节点树（Node-link and tree）、可缩放展示（Zoomable）、焦点加上下文（Focus + context）和 3D 展示等①。但是，这些借助于节点和边的图形可视化方法针对的是概念之间的关系，而对于概念本身语义的可视化展示研究甚少。因此，有学者提出了一种新的基于认知框架的本体可视化方法②，其中的认知框架是根据人类对视觉信息的感知规则形成的，有利于用户更好地理解概念的含义。

但是，这些可视化方法却很难适应大数据环境的要求，必须要借助新的技术和工具，对本体可视化方法进行创新。Soylu 等③基于 OBDA（Ontology-Based DataAccess，基于本体的数据获取）框架，初步实现了 OptiqueVQS（Optique 可视化检索系统），并在大数据的影响下逐步改进和完善，提供对本体及其元数据的交互式可视化支持。OBDA 方法在一定程度上解决了由于大数据的三个 V（Volume、Velocity、Variety）特点而导致的难以获取问题④。

---

① Swaminathan V, Sivakumar R. Comprehensive ontology cognitive assisted visualization tools-A survey [J]. Journal of Theoretical and Applied Information Technology, 2012, 41 (1): 75-81.

② Lomov P, Shishaev M. Technology of Ontology Visualization Based on Cognitive Frames for Graphical User Interface [C]. Proceedings of the 4th International Conference on Knowledge Engineering and the Semantic Web. Petersburg, Russia, 2013: 54-68.

③ Soylu A, Giese M, Jimenez-Ruiz E, et al. OptiqueVQS: Towards an ontology-based visual query system for big data [C]. Proceedings of the Fifth International Conference on Management of Emergent Digital EcoSystems. New York: ACM, 2013: 119-126.

④ Giese M, Calvanese D, Haase P, et al. Scalable end-user access to big data [J]. Big Data Computing, 2013: 205-245.

Kim 等学者①②利用 Hadoop 实现了 RDF 本体和 DBpedia 本体的可视化，这个可视化系统由数据服务器、可视化服务器和客户端 3 个部分组成，如图 6-1所示。数据服务器进行大数据的预处理，可视化服务器处理上一步的输出结果并进行可视化，转换为网页标准格式，最后通过浏览器提供给用户所需的可视化结果。这为以后 KOS 的可视化在大数据环境下的理论研究与实践奠定了基础，同时也促进了更加智能的数据可视化工具和技术的发展与创新。

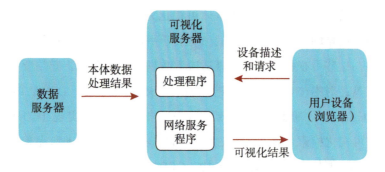

图 6-1　面向大数据的本体可视化系统

6.3.2　KOS 可视化工具

目前，KOS 可视化的常用工具包括：基于思维导图的词表可视化软件（如 PersonalBrain）、主题图工具（如 OKS Samplers）、本体开发工具（如 Protégé）、通用可视化工具（如 Prefuse）等。

---

① Kim S, Park S, Ha Y. Scalable visualization of DBpedia ontology using hadoop ［J］. Active Media Technology，2013，8210：301-306.

② Park S H, Ha Y G. Visualization of resource description framework ontology using Hadoop ［C］. Proceedings of the 7th International Conference on Innovative Mobile and Internet Services in Ubiquitous Computing（IMIS）. Taiwai：IEEE，2013：228-231.

近年来，相比于叙词表可视化工具，本体的可视化工具发展得更为成熟①，数量更多，大致可以分为两类②，一类是基于 Protégé 的可视化插件，如 OWLViz、TGViz、OntoViz 等，它们提供垂直树、水平树、辐射型、喷泉型等多种 KOS 可视化形式；另一类是独立于本体领域的通用可视化工具，如 Prefuse、VTK（Visualization ToolKit）等，它们拥有更加强大的可视化功能和扩展接口，支持缩放、焦点+上下文、三维展示等多种灵活的可视化展示方式。但是这些可视化工具对中文显示的支持力度有限，易用性不强。

针对上述问题，国内有学者提出了相应的解决方案，并设计了专门的 KOS 可视化工具。比如王雯等③提出了一种新的适用于叙词表词间关系可视化的逻辑模型，曾新红等④针对中文叙词表本体的结构特征，基于信息可视化领域中的力导向算法提出群组布局算法，并结合动画演示技术实现了一个普遍适用于中文 NKOS、更贴近普通网络用户需求的可视化软件。

如何选择适用的 KOS 可视化工具提供服务，是亟待解决的重要问题，很多学者提出：有必要建立一个评价标准来对 KOS 可视化工具进行分析和比较。比如 Guo 和 Chan⑤ 对 3 个常用的本体可视化工具 OWLViz、Jambalaya、OntoSphere 和一个新的具有 3D 展示效果与支持动态知识可视化的工具 Onto3DViz 进行了分析和比较，并设计了一套评价体系，包括概念的层级展示、概念的检索、过滤、编辑、可视化方式的种类、空间布局、可缩放、动态知识可视化、3D 等 14 个评价指标。

① Ramakrishnan S, Vijayan A. A study on development of cognitive support features in recent ontology visualization tools [J]. Artificial Intelligence Review, 2014, 41 (4): 595-623.

② 董慧，王超. 本体应用可视化研究 [J]. 情报理论与实践, 2009 (12): 116-120.

③ 王雯，徐焕良. 基于本体驱动的叙词表词间关系可视化系统的研究与实现 [J]. 图书情报工作, 2009, 53 (10): 121-125.

④ 曾新红，蔡庆河，曾汉龙，等. 中文叙词表本体可视化群组布局算法研究与实现 [J]. 现代图书情报技术, 2012 (10): 8-15.

⑤ Guo S S, Chan C W. A Comparison and analysis of some ontology visualization tools [C]. Proceedings of the 23rd International Conference on Software Engineering & Knowledge Engineering. Miami: Knowledge Systems Institute Graduate School, 2011: 357-362.

6.3.3 KOS 可视化的发展方向

从最初纽约 Thinkmap 公司开发的 Visual Thesaurus（可视化词典）①，美国国会图书馆标题表的可视化软件②，为 WordNet 开发的 Visuwords（在线虚拟化视觉词库）③ 等词间关系的可视化，到近年来西班牙格拉纳达大学开发的环境科学领域本体 EcoLexicon④ 所提供的概念结构和关系的可视化，再到众多领域本体可视化构建的兴起⑤，KOS 的可视化作为一种服务手段，正在逐步发展和不断创新。

近年来，越来越多的 KOS 通过关联数据技术实现了互通互联，但是关联数据只是为 KOS 映射提供了一种语法层面上的解决方案，要实现 KOS 在语义层面上的映射，则需要对当前的相关技术和方法进行改革和创新。同时，交互性、集成性的技术环境也给 KOS 映射带来新的挑战和要求。

在这种背景下，MCD（Meaningful Concept Display，有意义的概念展示）的设想得到推崇。作为一个为 KOS 应用服务的开发框架，MCD 旨在可视化概念展示方面达到 3 个目标：Meaningful（有意义）、Useful（有用）、Beautiful（美观）。

MCD 涉及 KOS、关联数据、信息可视化、信息检索等多个领域，其可视化界面提供了术语、概念、文档和其他信息对象的等级、相关等语义关系的展示，有利于用户对复杂知识的理解和新知识的发现，在协助用户进行主动性学习和探索性学习、增强用户浏览体验、优化用户检索查询式、提高查询结果质量、理解用户个性化需求、智能检索方面有重大意义和作用。

自从 2012 年在数字图书馆理论与实践国际会议（TPDL）的 NKOS 分会

---

① Visual Thesaurus [EB/OL]. [2019-07-15]. http：//www. visualthesaurus. com/.

② Library of Congress Subject Headings [EB/OL]. [2019-07-15]. http：//id. loc. gov/authorities/subjects. html.

③ Visuwords [EB/OL]. [2019-07-15]. http：//www. visuwords. com/.

④ EcoLexicon [EB/OL]. [2019-07-15]. http：//ecolexicon. ugr. es/en/.

⑤ 李光达，常春，张峻峰，等. 领域本体可视化构建研究 [J]. 情报杂志，2013，32（9）：171-174.

上被提出①，MCD 就一直备受关注与热议。在 2014 年 TPDL 的 NKOS 分会上，Lin 等②通过用户检索式到艺术和建筑叙词表（AAT）的映射、AAT 词汇到 ARTstor 数字图书馆索引词的映射，演示了 MCD 检索原型系统的运行过程，实现了用户检索词的扩展和检索结果的可视化展示，为 MCD 的实践应用提供了典型示范。这个原型系统的创新点包括：促进了非 KOS 术语和 KOS 术语之间的映射，展示了 KOS 的结构和映射结果，激励用户与系统不断交互从而提高查全率和查准率，实现了用 KOS 术语检索馆藏资源的新方法③。目前，美国博物馆和图书馆服务研究所（IMLS）资助了一个 MCD 方面的研究项目，试图通过利用 KOS 和 LOD 中的知识资本，提高图书馆、博物馆、档案馆在智能检索和社会化标注方面的服务水平。

MCD 成为 KOS 可视化的新模式、新构想，代表了 KOS 可视化的一个发展方向。

6.4 知识组织系统的服务内容

基于 KOS 的服务内容包括：自动标引与分类、术语消歧、查询扩展与推荐、编目和元数据创建、资源导航、信息抽取、自动翻译、语义推理等，这些服务内容体现了 KOS 在各种工作任务中的功能与作用。2010 年以来，基于 KOS 的服务在以下几个方面取得了较大的进展。

① Lin X. Meaningful Concept Displays：The First Step［EB/OL］. ［2019-07-15］. https：//www. comp. glam. ac. uk/pages/research/hypermedia/nkos/nkos2012/presentations/MCD. NKOS2012. Lin. pdf.

② Lin X, Ahn J W, Soergel D. Meaningful Concept Displays for KOS Mapping［EB/OL］. ［2019-07-15］. https：//at-web1. comp. glam. ac. uk/pages/research/hypermedia/nkos/nkos2014/content/NKOS2014-abstract-lin-ahn-soergel. pdf

③ Zeng M L, Žumer M, O'Neill E T, et al. Panel：Maximizing the usage of value vocabularies in the linked data ecosystem［J］. Proceedings of the American Society for Information Science and Technology, 2013, 50（1）：1-2.

6.4.1 基于 KOS 的自动标引与分类

KOS 作为信息加工自动化的支撑,其结构化的概念层次和语义关系在自动标引、自动分类等任务中有重要作用。

在自动标引方面,"基于《中分表》知识组织系统的自动标引服务系统"的构建是目前具有代表性的研究之一,它是"基于《中分表》的一体化网络知识服务系统"的组成部分,是"知识组织系统构建与知识服务研究"项目的主要成果之一。该平台面向机器用户开展数字资源、网络资源的自动标引服务①。

在自动分类方面,有学者提出基于 SUMO 和 WordNet 本体集成的文本分类模型,该模型利用 WordNet 同义词集与 SUMO 本体概念之间的映射关系,将文档-词向量空间中的词条映射成本体中相应的概念,形成文档-概念向量空间进行文本自动分类②。Bleik 等③把生物医学领域文本书档中的词与受控词表中的概念进行映射和匹配,并利用概念语义关系构造概念图,然后使用图形核函数计算图之间的相似性,从而实现文本分类。Joorabchi 和 Mahdi④研究和设计了一种新的概念匹配方法(Concept Matching-based Approach,CMA),基于图书馆中的受控词表 DDC 和 FAST,对科学数字图书馆和数据库中的文献进行自动分类和主题标引。

----

① 卜书庆. "中国分类主题一体化的网络化的知识组织系统"[EB/OL].[2019-07-15]. http://168.160.16.186/conference/dome_ch/2012/downloads/pdf 发言稿/卜书庆_"中国分类主题一体化的网络化的知识组织系统".pdf.

② 胡泽文,王效岳,白如江. 基于 SUMO 和 WordNet 本体集成的文本分类模型研究[J]. 现代图书情报技术,2011,27(1):31-38.

③ Bleik S, Mishra M, Huan J, et al. Text categorization of biomedical data sets using graph kernels and a controlled vocabulary[J]. Computational Biology and Bioinformatics,2013,10(5):1211-1217.

④ Joorabchi A E, Mahdi A. Classification of scientific publications according to library controlled vocabularies:A new concept matching-based approach[J]. Library Hi Tech,2013,31(4):725-747.

6.4.2　基于 KOS 的术语消歧

KOS 在特定领域的知识表示方面也取得了一些新进展。Haghighi 等为了实现医疗应急管理中的基于案例推理的智能决策支持，描述了大规模集会领域本体（Domain Ontology for Mass Gatherings）的构建和评价的过程，从而解决了医疗急救人员之间因术语不一致而导致的交流困难问题，同时也为其他复杂问题领域中所涉及的智能决策支持与知识管理提供理论和实践上的指导①。Tena 等基于交互设计模式和用例叙述的分析以及专家委员会的验证为跨学科的 Web 开发团队构建一个单语言的 Web 用户任务受控词表，促使用户案例表述标准化，术语统一无歧义，从而指导用户界面设计②。

6.4.3　基于 KOS 的查询扩展与推荐

在查询扩展与推荐方面，KOS 主要通过与搜索引擎、数字图书馆等信息检索系统、后台数据库资源的匹配和集成，帮助用户获取检索词的同义词、相关术语或上下位词，实现查询扩展和推荐。

由于医学领域的受控词表等 KOS 起步较早，发展较为成熟，所以近年来这方面的服务研究大多集中在医学领域。Thesprasith 和 Jaruskulchai③ 使用医学主题词表 MeSH 对联机医学文献分析和检索系统（MEDLINE）中的每个文

---

① Haghighi P D, Burstein F, Zaslavsky A, et al. Development and evaluation of ontology for intelligent decision support in medical emergency management for mass gatherings [J]. Decision Support Systems, 2013, 54（2）: 1192-1204.

② Tena S, Díez D, Díaz P, et al. Standardizing the narrative of use cases: A controlled vocabulary of web user tasks [J]. Information and Software Technology, 2013, 55（9）: 1580-1589.

③ Thesprasith O, Jaruskulchai C. Query expansion using medical subject headings terms in the biomedical documents [J]. Intelligent Information and Database Systems, 2014, 8397: 93-102.

档进行手工标引，有助于实现检索词扩展和提高检索效率。Martinez 等①基于一体化医学语言系统（UMLS）超级叙词表提出了一种自动查询扩展的方法，改善了电子病历的检索效果。白海燕等②不仅研究了 UMLS 在扩展检索方面的应用，还分析和归纳了它在语义检索、问答式检索方面的功能设计、实现方法与实际效果，以期为基于集成式知识组织系统的智能检索应用的场景，在功能设计、技术开发和实现中提供借鉴和参考。

除了医学领域，Hienert 等③在社会科学领域的信息门户网站 Sowiport 上进行检索词推荐服务的研究，评价和比较了 3 种基本的检索词推荐方式：基于用户检索词（根据查询日志和词的使用词频），基于 Sowiport 术语服务中的术语，基于社会科学领域叙词表中的词汇；并提出了一种将叙词表和检索词推荐系统中的词汇相结合的方式，有助于用户检索式的生成和交互式查询扩展的实现。

6.5　知识组织系统的服务项目

国外目前能够在线访问并提供 KOS 服务的典型术语服务系统包括：OCLC 术语服务、UMLS 术语服务、FAO 术语注册与术语服务系统等，它们开发时间虽然较早，但仍在不断更新中。国内也有部分学者致力于术语服务系统的构建，例如：基于《中分表》主题词规范数据的术语服务原型系统、基于本体的医学术语服务系统等。

---

① Martinez D, Otegi A, Soroa A, et al. Improving search over electronic health records using UMLS-based query expansion through random walks [J]. Journal of biomedical informatics, 2014, 51: 100-106.

② 白海燕，王莉，梁冰. UMLS 及其在智能检索中的应用 [J]. 现代图书情报术，2012（4）：1-9.

③ Hienert D, Schaer P, Schaible J, et al. A novel combined term suggestion service for domain-specific digital libraries [C] //Research and Advanced Technology for Digital Libraries. Berlin Heidelberg: Springer, 2011: 192-203.

目前，除了传统的术语服务系统，还涌现出很多创新性的基于 KOS 的服务项目，比较著名的有 HIVE（Helping Interdisciplinary Vocabulary Engineering，跨学科辅助词表工程）等。

6.5.1 国外的知识组织系统服务项目

为了应对 KOS 创建和维护成本高、互操作难和实用性低的挑战，美国博物馆和图书馆服务研究所（IMLS）资助北卡罗来纳大学教堂山分校信息与图书馆科学学院元数据研究中心开展 HIVE 项目，美国国会图书馆、美国地质调查局、美国盖蒂研究所提供跨学科的词表。该项目旨在从多个采用 SKOS 编码的受控词表中抽取叙词来实现元数据的自动生成，即选取最合适的概念对资源内容进行标注。其最终目标是改善受控词表在数字环境下的访问和使用情况。

HIVE 模型①如图 6-2 所示，它可以被形象地比喻为一只蜜蜂去花丛（多个词表）中寻找花粉（用于描述资源内容的概念），然后将有价值的花粉（相关的概念）带回到蜂巢（词表服务器），蜜蜂的活动轨迹代表了 HIVE 的实现路径。

HIVE 的主要任务和计划包括：①通过自动标引技术，提供一个低成本的自动生成主题元数据的方法；②构建一个基于 SKOS 的多词表互操作服务器；③构建一个实用性系统来辅助资源编目人员和资源作者创建主题元数据；④成立关于 SKOS 和 HIVE 模型的工作小组；⑤评测 HIVE 的有效性和实用性。为了完成这些任务，HIVE 系统包含 3 个模块：①HIVE Core，实现系统的主要功能，如元数据自动抽取、主题探测、概念检索；②HIVE Web，提供一个友好的用户界面来浏览和查询词表；③HIVE REST，提供一个面向机器的接口与第三方软件进行集成。

---

① Greenberg J, Losee R, Agüera J R P, et al. HIVE: Helping interdisciplinary vocabulary engineering [J]. Bulletin of the American Society for Information Science and Technology, 2011, 37 (4): 23-26.

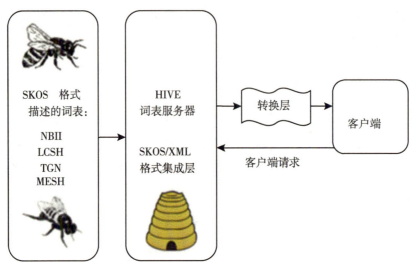

图 6-2　HIVE 模型

为了解决其他语言受控词表的集成问题，西班牙马德里卡洛斯三世大学图书馆及信息科学系、西班牙国家图书馆和北卡罗来纳大学教堂山分校元数据研究中心联合发起了 HIVE-ES 项目，它是对 HIVE 项目的扩展，以应对西班牙语国家所面临同样的 KOS 挑战，从而使得 HIVE 具有了全球化视角。

其他具有代表性的项目还包括：

PoolParty① 是位于奥地利的 Semantic Web 公司开发的一个基于 Web 的叙词表管理工具，它有基本、高级和企业 3 个版本，其作用分别是：支持基于 SKOS 的叙词表的创建与编辑；将叙词表中的概念在网络上发布为关联数据，同时供用户访问词表内容；实现基于叙词表的各种语义网应用，例如：文档标注标签的自动推荐，输入标签时的自动提示，相似文档推荐，语义搜

————————

① PoolParty thesaurus manager user guide ［EB/OL］. ［2019-07-15］. https：// grips. semantic-web. at/download/attachments/21890292/PPT-UserGuide. pdf? vers.

索等①。

TaaS（Terminology as a Service）项目②由欧盟第七框架计划资助，其目的是：即时访问最新的术语，多语言术语的获取与共享，术语资源重用的解决方案。此项目将建立一个可持续发展的云端平台，提供的核心术语服务有：采用最先进的术语提取技术从用户上传的文档中实现单语言术语的自动抽取；译文的自动识别和获取；允许用户自动获取术语的处理工具；术语共享和重用等。

ESCO（European Skills，Competences and Occupations）项目③由欧盟委员会于 2010 年启动，它是"欧盟 2020 战略"计划的一部分，旨在为欧盟劳动力市场所需的技能或能力、资格、职业提供一个标准化的多语言的叙词库和分类体系，通过对简历与招聘信息的翻译和编码，促进了欧盟就业市场的透明化。ESCO 第一个版本（ESCO v0）已于 2013 年 10 月发布，包含了 4761 个职业，大约 5000 个技能和资格证书，每个概念都有多种语言，总计共达 25 万多个词汇，每个用户都可以通过 ESCO 门户网站免费获取这些信息。

6.5.2 国内的知识组织系统服务项目

中国国家"十二五"科技支撑计划项目"面向外文科技文献信息的知识组织体系建设与应用示范"于 2011 年 7 月启动，由国家科技图书文献中心牵头组织实施，提出构建以内容建设为核心，加工协作和开放服务平台为依托，以自动处理智能检索和知识服务应用为基础的知识组织体系建设和示范应用。项目的核心是构建科技知识组织体系，从而实现国家科技文献信息战略资源的有效组织、深度揭示和知识关联，提供知识检索服务，推进基于国家科技文献信息战略资源的知识发现、知识挖掘和知识计算应用示范，整

---

① 欧石燕. 国外术语注册与术语服务综述 [J]. 中国图书馆学报，2014，40（5）：110-126.

② TaaS [EB/OL]. [2019-07-15]. http：//www.taas-project.eu/.

③ ESCO [EB/OL]. [2019-07-15]. https：//ec.europa.eu/esco/home.

体提升我国科技文献信息机构的知识服务能力①。

受到国家社科基金项目"中文知识组织系统形式化语义描述标准体系研究"、国家数字图书馆工程"知识组织标准规范"等项目的资助，深圳大学图书馆 NKOS 研究室②建成了中文叙词表本体共建共享系统（OTCSS）和分类法共享服务系统（CLSS），两者都提供了面向机器、系统或者应用程序的术语服务和关联数据服务，实现了术语或概念的浏览和查询以及相关网络资源之间的互相关联。

6.5.3　比较与评价

对比国内外服务项目可以看出，国外多侧重于应用，涉及的领域较广，服务对象的类型众多，已有许多在线服务系统的实例；而国内多数集中在图书情报领域，主要服务于科研，目标群体大多是科学研究人员。

与《汉表》《中分表》等跨领域综合词表相比，HIVE 提供统一集成式的用户界面，用户可以通过 HIVE 调用不同学科的词表，而不必关心这些词表内部是如何存储、关联和组织的。虽然 FAO、OCLC 等术语注册和服务系统也提供了获取多领域词表的入口，但是会存在词表之间不兼容的问题。

HIVE 目前也存在一些问题，虽然有很多词表被陆续添加到 HIVE 系统中，但它们都是单语言的，因为 HIVE 不支持多语言叙词表的集成。但是由于项目的开放性和共享性，HIVE 为多语言环境下词表的集成提供一个实践基础和典型示范，并揭开了 LOV（Linked Open Vocabularies）在全球范围内普及与发展的序幕。

LOV 是在关联数据技术蓬勃发展的背景下产生的，正在逐步形成全新的知识组织生态系统，并呈现出以下发展趋势：参与者越来越多、知识组织的

---

① 孙坦，刘峥．面向外文科技文献信息的知识组织体系建设思路［J］．图书与情报，2013（1）：2-7.
② 深圳大学图书馆 NKOS 研究室［EB/OL］．［2019-07-15］．http：//nkos. lib. szu. edu. cn.

粒度越来越细、范围越来越广、知识组织工具之间的联系越来越紧密。LOV是实现词表语义化关联化的典型示范，是 NKOS 的最新发展阶段，代表了KOS 发展的新格局，可以为用户提供更高质量、更具个性化的基于 KOS 的服务。关于 LOV 的具体细节将在 7.2.2 节进行详细阐述。

这些新兴的服务项目所具有的共同特征或发展趋势是：第一，采用RDF、SKOS 等语义化描述语言表示 KOS，采用关联数据等技术在网上发布词表等知识组织工具，并且与其他开放数据集中的资源建立关联关系，使其成为 LOD 的一部分，从而拓宽基于 KOS 的服务渠道和领域；第二，既提供基于 Web 的用户界面，又提供面向机器的 API；第三，提供网络共建服务，即用户广泛参与，允许在线修订，实现动态更新；第四，使得各类 KOS 在规范、统一、开放的基本架构下进行社会化、网络化服务，提升服务的深度和效度。

这些项目的应用和实践有利于加强对增长迅速、类型多样、内容复杂、来源不同的各类 KOS 的维护和管理①，极大地丰富了 KOS 的内容，使得基于 KOS 的服务领域得以进一步延伸。

---

① 欧石燕. 国外术语注册与术语服务综述 ［J］. 中国图书馆学报，2014，40（5）：110-126.

第7章 基于关联数据的应用与服务

7.1 关联数据在知识组织中的应用①

7.1.1 基于关联数据的知识描述与揭示

知识的描述与揭示是知识组织的基础环节，对知识资源的内容和特征进行描述和揭示是实现语义化知识组织的基础，而语义标注是知识描述与揭示的主要手段。在知识描述与揭示方面，关联数据被用于进行文本标注、图像标注、视频标注以及地理标注等。

在文本标注方面，利用关联数据集标注文本有利于准确描述文本的含义以及消除歧义，其核心问题在于如何找到与待标注文本相匹配的关联数据集。Delia等②从结构和内容两个方面入手，提出基于关联数据集内部结构的PageRank方法，和基于关联数据集内容描述的 Context Similarity 方法。

---

① 陈烨，赵一鸣，姜又琦. 基于关联数据的知识组织研究述评 [J]. 情报理论与实践，2016，39（2）：139-144.
② Delia R, Blaž F, Dunja M. Automatically annotating text with linked open data [C]. Proceedings：the 4th Linked Data on the Web workshop（LDOW 2011），Hyderabad，India，2011.

PageRank 方法基于数据集中资源之间的关系，将关联数据集表示成图，借鉴 PageRank 算法，根据资源之间的链入、链出得到每个资源的 PageRank 值，选择数值最大的候选资源来标注待标注文本；Context Similarity 方法通过计算表示资源描述内容的向量和表示待标注文本所处语境的向量的夹角余弦值，选择数值最大的候选资源来标注待标注文本。

在图像标注方面，Sonntag 等①利用 LOD 中 DrugBank、Disea-some 和 DBpedia 三个数据集中的信息为医学图像提供注释功能，支持利用扩展信息推断可能的疾病，并根据病症给出相关的药物信息。Dong 等②利用关联数据建立图像标签之间的语义关联，丰富了图像标注的语义。

在视频标注方面，一般是将 LOD 数据集作为标注语言，用关联数据概念标注视频，并以关联数据概念为中介，连接其他相关的网络资源。Hong 等③开发了一种基于关联数据的视频标注工具 Annomation，用户可以通过 Annomation 利用关联数据云进行教育视频语义标注，同时将被标注的视频通过关联数据云与相关的教育视频关联起来，进而从语义层面整合教育视频资源。Nixon 等④提出了一套通过关联数据增加网络视频标注动态性的工具和可扩展的 API 框架 ConnectME，即利用关联数据的概念标注网络视频，并且动态地连接与网页内容相关的标注，在此基础上构建一个灵活丰富的视频播放器。

① Sonntag D, Wennerberg P, Zillner S. Applications of an ontology engineering methodology accessing linked data for dialogue-based medical Image retrieval [C]. Proceedings: the AAAI Spring Symposium "Linked Data meets Articial Intelligence". 2010, 120-125.

② Im D H, Park G D. Linked tag: image annotation using semantic relationships between image tags [J]. Multimedia Tools and Applications, 2014, 74 (7): 2273-2287.

③ Yu H Q, Pedrinaci C, Dietze S, et al. Using linked data to annotate and search educational video resources for supporting distance learning [J]. Learning Technologies, IEEE Transactions on, 2012, 5 (2): 130-142.

④ Nixon L, Bauer M, Bara C. Connected Media Experiences: Interactive video using Linked Data on the Web [C]. Proceedings: Linked Data on the Web (LDOW2013), Rio de Janeiro, Brazil, 2013.

在地图标注方面，Becker 等①开发了一种基于位置的关联数据浏览器 DBpedia Mobile。DBpedia Mobile 能够根据移动设备的 GPS 位置呈现出一张用 DBpedia 数据集标注的周边地图，通过这张周边地图，用户可以查看位置的背景信息和相关的关联数据集。

此外，还有学者将关联数据用于其他网络资源的标注。例如，Mendes 等②开发了基于 DBpedia 的文档自动标注系统——DBpedia Spotlight，DBpedia Spotlight 利用 DBpedia URIs 来对文档进行语义标注，实现了文本书档的在线语义标注和语义消歧。Zhang 等③利用 DBpedia Spotlight 对 Web 服务进行语义标注，提出一种包括 Service Level、Interface Level、Parameter Level、DBpedia Instance 和 DBpedia Ontology 5 个层次的 Web 服务语义标注模型，通过实例匹配、本体匹配实现基于 DBpedia 的 Web 服务语义标注。谢铭等④提出一种面向海量网络资源的关联数据和知识表示的自动语义标注技术，可将资源文档转换为 RDF 数据，链接成关联数据，在关联 RDF 数据基础上构建领域知识本体。

关联数据采用 RDF 语言描述信息资源，即使用三元组（资源、属性和属性值）描述资源之间的相互关系，如从属关系、相关关系等，能够在一定程度上描述和揭示知识之间的相互关系，这是一种语义资源。用关联数据来标注需要描述和揭示的知识资源，一方面由于标注的过程赋予了知识资源语义，可以在一定程度上消除知识资源的语义歧义，有利于更有效地知识组织；另一方面由于用于标注的关联数据集之间是相关关联的，被关联数据标注后的知识资源能够便捷、有效地与其他相关的语义资源、知识资源建立联

---

① Becker C, Bizer C. DBpedia Mobile：A location-enabled linked data browser ［J］. LDOW, 2008, 369.

② Mendes P N, Jakob M, García-Silva A, et al. DBpedia spotlight：Shedding light on the web of documents ［C］. Proceedings：7th International Conference on Semantic Systems. ACM, 2011：1-8.

③ Zhang Z, Chen S, Feng Z. Semantic annotation for web services based on DBpedia ［C］. Proceedings：SOSE. 2013：280-285.

④ 谢铭. 关联数据和知识表示的自动语义标注技术 ［D］. 武汉大学, 2012.

系，有利于提供更全面的知识服务。

7.1.2 基于关联数据的知识单元互联

关联数据最重要的价值在于"关联"，它支持结构化数据的任意关联①，利用关联数据技术可以实现知识单元之间的关联构建，因此，关联数据在知识单元互联中也发挥了重要的作用。

利用关联数据技术实现知识单元互联主要有两种方式。第一种方式是将知识资源转化为 RDF 格式，建立知识单元之间的关联，然后发布成关联数据。例如，利用关联数据技术连接森林火灾记录、植物昆虫标本、森林动态样区、物种名录等开放数据库，建立数据库之间的关联，并以统一的数据模型整合和发布这些生态数据库，便于生态数据的共享和利用②；采用 RDF、SKOS 转换数据格式，用 URI 命名信息单元，构建一个有效的语义关联企业 IT 系统，并发布成关联数据，建立起大型企业信息系统和数据库之间的有序关联，以及与外部开放有益数据之间的关联③；又如，在利用本体融合图书馆领域不同类型、不同来源、不同时期和不同格式的各种书目元数据的基础上，利用关联数据技术实现文献资源与知识组织资源以及其他相关资源的融合，使图书馆内部各种资源构成一个有机联系的统一整体；实现图书馆内部资源与其他外部资源的融合④；以及利用关联数据技术建立农业网站的农产品政策、价格和病虫害防治信息与农业图书、农业期刊之间的关联，整合农业信息资源，构建包括数据层、集成层和应用层的农业网站信息资源和农业

① 白海燕，朱礼军. 关联数据的自动关联构建研究 [J]. 现代图书情报技术，2010，26 (2)：44-49.

② Mai G S, Wang Y H, Hsia Y J, et al. Linked open data of ecology TWC LOGD: A new approach for Ecological Data Sharing [J]. Taiwan J. of Forest Sci, 2011, 26 (4)：417-424.

③ Frischmuth P, Klimck J, Auer S, et al. Linked data in enterprise information integration [EB/OL]. [2019-07-15]. http：//svn. aksw. org/papaers/2012/SWJ_LinkedDataIn Enterprise InformationIntergration/public. pdf.

④ 王薇. 基于关联数据的图书馆数字资源语义融合研究 [D]. 南京大学，2013.

文献信息资源整合模型①。

另一种方式是基于现有的、已经发布成关联数据的知识资源，建立它们之间的关联。例如，利用关联数据技术，将关联数据形式的结构化金融数据形成一个紧密联系的信息系统，提高查询的效率和质量，为发布共享金融信息提供标准通道②；利用关联数据技术连接网络中发布各种公开政府数据的网站，建立数据之间的关联，发布成关联数据，支持 SPARQL 终端的利用③。

从以上研究可以看出，利用关联数据不仅可以融合相同类型的知识单元，还能建立不同类型知识单元之间的各种关联，将分散、独立存在的不同知识单元连接起来，实现知识资源的整体融合。利用关联数据构建知识关联，一方面由于关联数据可以从语义层面将相同、相关的知识资源关联起来，为语义层面的知识资源再组织奠定了基础，能够有效地对某一领域的知识资源进行整理、融合，可以避免知识资源重复建设，提高知识资源利用率；另一方面，由于关联数据将可以获取的相关知识资源链接起来，形成一个偌大的数据网络，知识需求者、知识提供者或是知识服务提供者可以基于这个数据网络，获取或提供更深入、更广泛的相关知识资源，能够有效地扩充知识面，提高知识服务深度、广度和水平。

7.1.3 基于关联数据的知识序化

知识组织的目标是使知识处于有序状态④⑤。传统的知识序化主要采用

---

① 贺玲玉. 基于关联数据的农业信息资源整合研究 [D]. 华中师范大学, 2014.

② O'Riain S, Harth A, Curry E. Linked data driven information system as an enabler for integrating financial data [J]. Information Systems for Global Financial Markets: Emerging Developments and Effects, 2012: 239-269.

③ TWC LOGD. Linking Open Government Data [EB/OL]. [2019-07-15]. http://logd. tw. rpi. edu/.

④ Méndez E, Greenberg J. Linked data for open vocabularies and HIVE's global framework [J]. El profesional de la información, 2012, 21 (3): 236-244.

⑤ Lara M L G D. Documentary languages and knowledge organization systems in the context of the semantic web [J]. Transinformação, 2013, 25 (2): 145-150.

线性的方式，如基于词表、主题词表或分类法的知识组织方式。而基于关联数据的知识组织方式是一种网络化的知识序化方式。关联数据利用 URI 标识数据对象，利用 RDF 描述数据对象，可以将来自不同数据源的各类相互关联的数据对象连接起来，形成网状结构。基于关联数据技术的知识组织将各类知识资源看作数据对象，用 RDF 描述出知识资源之间的相互关系，发布成关联数据，形成一个人机可读的语义化知识网络。

基于关联数据的知识序化研究涉及各类知识资源，其中最为典型的是图书馆知识资源序化。包括国际、国家级书目数据/规范数据陆续开放的关联数据服务，如虚拟国际规范文档（VIAF）、国会图书馆主题词表（LCSH）、德国规范文档（GND）、法国国家图书馆的 RAMEAU 主题标目、OCLC 杜威分类法及国际虚拟权威档、匈牙利国家图书馆的目录和叙词表等；著名词表的关联数据化，如盖蒂艺术和建筑辞典（AAT）、STW 经济学叙词表、社会科学叙词表、GEMET 环境叙词表、Agrovoc 联合国粮农组织叙词表、《纽约时报》主题标目、科学出版物词表等，有学者称这种现象称为"关联开放词表运动"[1][2]。除了图书馆知识资源序化，关联数据还被应用于其他网络知识资源的序化，如关联开放生态数据（LODE）[3]、关联开放政府数据（LOGD）[4]、关联开放企业数据（LED）[5] 等面向领域应用的知识资源关联数据化。

----

① Mai G S, Wang Y H, Hsia Y J, et al. Linked open data of ecology TWC LOGD: A new approach for Ecological Data Sharing [J]. Taiwan J. of Forest Sci, 2011, 26 (4): 417-424.

② TWC LOGD. Linking Open Government Data [EB/OL]. [2019-07-15]. http://logd. tw. rpi. edu/.

③ 3 Round Stones. Linking enterprise data [EB/OL]. [2019-07-15]. http://3roundstones. com/linking-enterprise-data/.

④ W3C. Linked Open Data [EB/OL]. [2019-07-15]. http://www. w3. org/wiki/SweoIG/TaskForces/CommunityProjects/LinkingOpenData.

⑤ The Linking open data community. The Linking Open Data cloud diagram [EB/OL]. [2019-07-15]. http://lod-cloud. net/.

统一的资源描述方式使各领域数据得到规范化的表达；网络状的组织方式使相互关联的数据链接起来，形成知识网络；语义化地描述方式为基于语义的知识资源利用和维护奠定了基础。所以，基于关联数据的知识组织使知识序化的程度更加深入，知识组织的对象的粒度更细，知识资源的结构化和语义化程度更高。

7.1.4 关联数据在知识组织中的应用实例：DBpedia

DBpedia 从 Wikipedia 中抽取结构化的信息，将其发布成机器可理解的形式化描述，即关联数据，并将相关的数据集连接到 Wikipedia 上。

目前，DBpedia 包含超过 130 亿条 RDF 三元组，其中 17 亿来自英文版的 Wikipedia，66 亿来自其他语言版本，48 亿来自 Wikipedia Commons 和 Wikidata，是世界上最大的关联数据集。DBpedia 英文版共描述了 660 万个实体，其中 490 万个实体具有摘要信息，190 万个实体具有地理坐标。共有 550 万个资源被归入到 DBpedia Ontology 中，包括 150 万个人，84 万个地点，49.6 万个作品（包括 13.9 万张音乐专辑，11.1 万部电影和 2 万 1 千个视频游戏），28.6 万个组织（包括 7 万个公司和 5.5 万个教育机构），30.6 万个物种，5.8 万个植物和 6000 个疾病。英文 DBpedia 中的资源总数为 1800 万，除 660 万个资源外，还包括 170 万个 skos 概念（类别），770 万个重定向页面，26.9 万个消歧页面和 170 万个中间节点①。

DBpedia 以关联数据形式组织 Wikipedia 中的知识，成为世界上最大的多领域知识库之一，基于 DBpedia 的应用也不断被开发，使 DBpedia 成为最典型的关联数据应用。基于 DBpedia 的应用主要包括以下几个方面：

（1）改进 Wikipedia 搜索

目前 Wikipedia 只支持基于关键词的搜索，不支持基于自然语言的搜索，

---

① DBpedia. DBpedia version 2016-10 [EB/OL]. [2020-09-23]. https：//wiki. dbpedia. org/develop/datasets/dbpedia-version-2016-10.

即如果用户直接在搜索框中键入"请告诉我 18 世纪以来的意大利音乐家"，Wikipedia 无法对检索式进行解析，返回相关结果。DBpedia 的一个重要应用领域就是支持 Wikipedia 中的复杂查询，为获取 Wikipedia 中的知识资源提供一个新的方式和渠道。表 7-1 是 3 种基于 DBpedia 的 Wikipedia 检索应用。

表 7-1 　　　　　　　　　　基于 DBpedia 的 Wikipedia 检索应用

应用	网址	简介
DBpedia Faceted Search	http：//wiki. dbpedia. org/FacetedSearch	支持 Wikipedia 分面检索
DBpedia Query Builder	http：//querybuilder. dbpedia. org/	提供匹配模式的 DBpedia 查询
OpenLink iSPARQL	http：//dbpedia. org/isparql/	SPARQL 查询图形界面

（2）保持网页数据动态性

Wikipedia 背后有一个庞大的团体来维护 Wikipedia 的动态性。如果用户网页中涉及具有动态性的数据，例如，20 世纪 90 年代以来的德国城市、非洲音乐家，用户可以生成基于 DBpedia 的 SPARQL 查询，使自己的网页内容与 Wikipedia 中的数据保持一致，保证网页数据动态性。DBpedia 支持客户端的 Java 脚本和服务器端的其他脚本语言（如 PHP），用户也可以利用现有的工具 DBpedia Spotlight 自动生成链接，链向相关的 DBpedia 资源。

（3）移动和地理应用

DBpedia 中包含了许多地理位置信息，并且与许多地理数据资源相连接，如 Geonames、US Census、Euro Stat、CIA world fact book。这些数据集包含地理位置的坐标信息，为基于位置的 SPARQL 查询提供了可能。此外，DBpedia 中包含了地点的简短介绍，适用于屏幕较小的移动电话和其他移动终端。又由于目前移动电话和其他移动设备普遍拥有 GPS 定位功能，使得利用 DBpedia 和 DBpedia SPARQL 终端提供基于位置的信息服务成为一项新的应用，DBpedia Mobile 就是一个利用 DBpedia 构建语义地理空间的典型应用。

（4）文档分类、标注和社会化标签

DBpedia 中的每个词条都可以用来标注网页内容。相较于其他主题词表，DBpedia 的优势在于，首先，DBpedia 的每个词条（对应主题词表中的主题）都有丰富、多语言的描述信息；其次，DBpedia 中的条目是随着 Wikipedia 动态更新的。

代表性的应用包括 DBpedia Spotlight 和 Faviki①。其中，Faviki 是一个社会化标签工具，它支持用户用 Wikipedia 词条标注网页内容。

全球最大在线百科 Wikipedia 的关联数据化为关联数据在知识组织中的应用奠定了夯实的基础，为基于关联数据的应用提供了强有力的知识库，是关联数据在知识组织中的最佳实践。未来，DBpedia 将不断完善和发展，而基于 DBpedia 的应用也将不断发展和壮大。

7.2 关联开放数据项目

7.2.1 关联开放数据项目的发展历程

开放数据运动（Linking Open Data）的目的在于让人们自由地获取开放数据。目前互联网中已经有许多可获取的开放数据集，例如 Wikipedia、Wikibooks、Geonames、MusicBrainz、WordNet 等，以及其他根据知识共享协议（Creative Commons）和托利斯协议（Talis Licenses）发布的数据集。

2007 年 1 月，W3C SWEO 启动关联开放数据（Linking Open Data，

---

① Faviki [EB/OL]. [2019-07-15]. http：//www.faviki.com/pages/welcome/.

LOD)① 项目，该项目通过将各种开放数据集在网络上发布成 RDF 形式并以
RDF 形式表示不同数据集中数据条目之间的关联来扩展互联网中的"数据网
络"。同时，项目组将所有以关联数据形式发布的数据连接起来，以关联数
据云图（the LOD Cloud）的方式进行可视化（如图 7-1)②。截至 2019 年 1

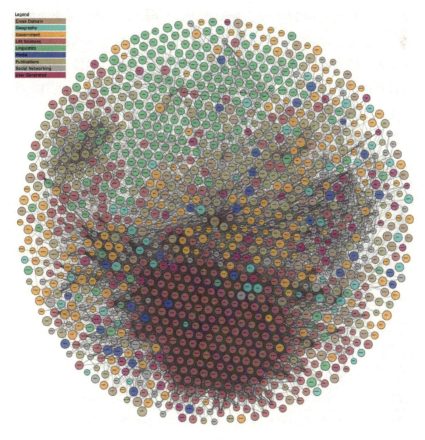

图 7-1　关联数据云图

---

① W3C. Linked Open Data［EB/OL］.［2019-07-15］. http：//www. w3. org/wiki/
SweoIG/TaskForces/CommunityProjects/LinkingOpenData.

② The linking open data community. The linking open data cloud diagram［EB/OL］.
［2019-07-15］. http：//lod-cloud. net/.

月，关联数据云图已收录 1234 个数据集，比 2011 年的 295 个增长了 3.18
倍。数据集涉及的领域也不断扩展，从早期的地理信息、生命科学信息、百
科词条等，发展到目前媒体、出版物、政府信息、地理信息、生命科学、社
交网络、用户生成内容、跨领域信息，几乎无所不包；此外，数据集之间相
互链接，超过 56% 的数据集与至少一个其他数据集连接[1]。

图 7-1 中每个圆圈代表一个关联数据集。圆圈的大小表示数据集的大小，
越大表示数据集包含的条目越多；圆圈的颜色表示数据的领域，图例中从上
往下依次表示跨领域、地理、政府、生命科学、语言学、媒体、出版物、社
会网络以及用户生成内容。云图中的黑色箭头代表数据集之间的连接方式，
单向箭头表示单向连接，双向箭头表示双向连接[2]。

云图中各领域数据集的示例见表 7-2 所示。

表 7-2 关联数据云图中的数据集

领域	代表性的数据集
跨领域	DBpedia、W3C、Linked Open Vacaburaries、YAGO、Opencyc
地理	GeoNames、Linked Geo Data、OSM
政府	Reference data. gov. uk、Statistics data.gov. uk、Worldbank 270a. info、Bank
生命科学	Bio2RDF、Geospecies、Uniprot Metadata
语言学	OLiA、WordNet、lexinfo、BabelNet、Lexvo
公共	RKB Explorer、LCSH、Agrovoc Skos
媒体	NYTimes Linked Open Data、Linked MDB、BBC Music
出版物	DEPLOY、IEEE Papers、IBM Research GmbH、LinkedLCCN
社会网络	FOAF、StatusNet、Code Haus
用户生成内容	Semantic-web. org、Wordpress、Apache

---

[1] Anja Jentzsch, Richard Cyganiak. Chris Bizer State of the LOD Cloud 2011 [EB/OL].
[2019-07-15]. http: //lod-cloud. net/state/.

[2] Linking Open Data [EB/OL]. [2019-07-15]. http: //www. w3. org/wiki/SweoIG/
TaskForces/CommunityProjects/LinkingOpenData.

7.2.2 关联开放词表项目

(1) 关联开放词表项目的发展历程

关联开放词表 (Linked Open Vocabularies, LOV)① 项目启动于 2011 年, 最初由 Bernard Vatant 和 Pierre-Yves Vandenbussche 发起, 是法国研究项目 Datalift (http://datalift.org) 框架中的一部分, 2012 年 7 月被开放知识基金会 (Open Knowledge Foundation, OKFN) 纳入旗下。该项目的主要目的是通过提供词表的便捷访问和阐明词表之间相互连接的方式, 帮助数据发布者、关联数据和词汇的用户根据他们的需求获取有效的信息, 最大限度地重用这些信息, 并且帮助他们将自己的数据连入 LOV 的数据生态系统中。

LOV 采用词表空间的形式展示了所有词表, 并通过标签对词表进行分类。LOV 使用专用词表 VOAF (Vocabulary of a Friend) 实现词表的互连, 通过词表创建者、发布者和管理者的协作和贡献共同促进这个词表生态系统的不断成长, 词表的可理解性、易用性、可见性和质量也正在不断提高。

截至 2020 年 9 月, LOV 已收录 723 个由 RDF、SKOS、OWL 等语言描述的词表 (包括 dcterms、skos、foaf 等), 共包括 72 000 个词汇, 其中属性40 245 个, 类 32 547 个。词表创建、发布和关联者 847 个, 涉及个体 659人、组织机构 188 个②。词表纳入 LOV 的条件有: 被语义网描述语言 RDF 或 OWL 描述, 已在网上发布并容易获取, 可通过 URI 进行检索, 易于集成和重用。

LOV 采用词表空间的形式展示了所有词表, 并通过标签对词表进行分类③。通过点击, 可以进入一个具体的词表, 词表界面包含 3 个方面的信息: 词表元数据 (vocabulary version history), 包括词表 URI、命名空间、主页、描述、语言、创建者、发布者、词表的统计数据等信息; 词表链接

---

① Linking Open Vocabularies [EB/OL]. [2019-07-15]. http://lov.okfn.org/dataset/lov/.

② Linked Open Vocabularies [EB/OL]. [2020-09-23]. https://lov.linkeddata.es/dataset/lov.

③ dcterms. http://lov.okfn.org/dataset/lov [EB/OL].

（incoming/outgoing links），用网络图展示了词表在 LOD 数据集中的使用情况，以及其与其他词表相互连接；词表版本历史（vocabulary version history），用时间轴展示了词表的发展历史。

当前涌现出越来越多的基于 LOV 的应用实践，例如：

OntoMaton 是一个由牛津大学 e-Research 中心开发的项目，在谷歌电子表格基于云计算的协作编辑环境下，可以实现 Bioportal 中本体和 LOV 中资源的检索功能①。

声音注释 Web 应用程序（Sonic Annotator Web Application，SAWA）② 用于在线音频语义分析，它将音频特征本体和相关的开放关联词表相结合，并借助特定的数据抽取和分析软件，以提高音频特征抽取流程的效率，实现音频特征的统一标示，从而为音乐信息检索提供一个平台或框架③。

开放关联词表工程（Linked Open Vocabulary EngineeRing，LOVER）是一种协助本体工程师对关联数据集进行建模的新方法，从现存的常用的开放关联词表中选择合适的类和属性推荐给本体工程师。LOVER 提供了类和属性的检索机制、词表和词汇的元数据信息、词汇的语义功能，允许工程师对现有词表进行更新和整合，并利用本体构建方法实现关联数据集的建模④。

LOV 是在关联数据技术蓬勃发展的背景下产生的，正在逐步形成全新的知识组织生态系统，并呈现出以下发展趋势：参与者越来越多、知识组织的

---

① Maguire E, González-Beltrán A, Whetzel P L, et al. OntoMaton：A bioportal powered ontology widget for Google Spreadsheets [J]. Bioinformatics，2012，29（4）：525-527.

② SAWA [EB/OL]. [2019-07-15]. http：//www. isophonics. net/sawa/.

③ Allik A, Fazekas G, Dixon S, et al. Facilitating music information research with shared open vocabularies [C] //The Semantic Web：ESWC 2013 Satellite Events. Berlin Heidelberg：Springer，2013：178-183.

④ Schaible J, Gottron T, Scheglmann S, et al. Lover：support for modeling data using linked open vocabularies [C] //Proceedings of the Joint EDBT/ICDT 2013 Workshops. New York：ACM，2013：89-92.

粒度越来越细、范围越来越广、知识组织工具之间的联系越来越紧密。LOV 是实现词表语义化关联化的典型示范。

（2）基于关联开放词表项目的应用

LOV 中汇集了用于描述事物的类、属性的词汇，并将相互关联的词汇连接起来，形成词汇网络。LOV 利用 RDF、SKOS、OWL 等描述语言对词汇的含义以及词汇间的关系进行描述，为基于语义的应用提供了基础。

基于关联开放词表项目的应用包括：

基于 LOV 的本体查询和标记工具 OntoMaton。OntoMato 是一个由牛津大学 e-Research 中心开发的项目，在谷歌电子表格基于云计算的协作编辑环境下，可以实现 Bioportal 中本体和 LOV 中资源的检索功能①。

基于 LOV 的本体建模方法 LOVER。LOVER 是一种协助本体工程师对关联数据集进行建模的新方法，从现存的常用的开放关联词表中选择合适的类和属性推荐给本体工程师。LOVER 提供了类和属性的检索机制、词表和词汇的元数据信息、词汇的语义功能，允许工程师对现有词表进行更新和整合，并利用本体构建方法实现关联数据集的建模②。

基于 LOV 的在线音频语义分析平台 SAWA。SAWA 将音频特征本体和相关的开放关联词表相结合，并借助特定的数据抽取和分析软件，以提高音频特征抽取流程的效率，实现音频特征的统一标示，从而为音乐信息检索提供一个平台或框架③。

---

① Maguire E, González-Beltrán A, Whetzel P L, et al. OntoMaton：A bioportal powered ontology widget for Google Spreadsheets [J]. Bioinformatics，2012，29（4）：525-527.

② Schaible J, Gottron T, Scheglmann S, et al. Lover：Support for modeling data using linked open vocabularies ［C］// Proceedings of the Joint EDBT/ICDT 2013 Workshops. New York：ACM, 2013：89-92.

③ Allik A, Fazekas G, Dixon S, et al. Facilitating music information research with shared open vocabularies ［C］// Proceedings of the Semantic Web：ESWC 2013 Satellite Events. Berlin Heidelberg：Springer, 2013：178-183.

第8章 基于知识图谱的应用与服务

8.1 基于知识图谱的知识检索服务

基于知识图谱的知识检索服务主要以三种形式展现知识：第一种是语义数据集成，当用户查询具体一个实体的时候，给出文字图片等系统性的详细介绍；第二种是能够给出用户用自然语言查询一个问题的准确答案，例如用户提问"姚明爱人的身高"或是"适合放在卧室的植物"等；第三种就是根据用户的查询内容给出推荐列表，如"你还可能感兴趣的""猜您喜欢"或者"其他人还搜"等。

8.1.1 知识图谱在商业搜索引擎中的应用

国外搜索引擎应用 Knowledge Graph 比较广泛，典型的就是谷歌搜索、微软必应搜索等。谷歌 Knowledge Graph 构建过程中的信息搜集工作始于2010 年收购 MetaWeb，MetaWeb 的主要信息来源是 Freebase。但谷歌 Knowledge Graph 的信息来源要宽广很多，包括维基百科、CIA 世界概览、Freebase、动物分类网站等公共资源，还有从其他网页搜集整理的大量信息①，这是谷歌的创新和优势。微软也一直在探索这一领域，努力挖掘呈现

---

① Did Google Knowledge Graph Change SEO [EB/OL]. [2019-07-15]. http://stateofseo. com/advanced-seo/did-google-knowledge-graph-change-seo/.

事物的本质和它们之间的关系，他们将 Knowledge Graph 细分为 Web Graph、Social Graph 和 Entity Graph，微软必应的优势在于它和 Facebook 及 Twitter 都有合作，并且还注重移动设备上的信息发现和挖掘，在用户生成内容方面的信息搜集和占有拥有很大的优势，具有一定的商业价值。

国内几大主流搜索引擎也于近几年把基于语义搜索和 Knowledge Graph 的相关产品从概念转向应用，具有代表性的就是搜狗的知立方（后更名为"搜狗立知"）和百度的知心搜索。搜狗知立方是国内搜索引擎行业中首款 Knowledge Graph 产品，于 2012 年 11 月上线，它更侧重逻辑推理计算，通过整合海量互联网碎片化信息，对搜索结果进行重新优化计算，把最核心的知识展现给用户。2013 年 9 月搜狗移动产品搜狗语音助手数据的接入，标志着搜狗知立方正式进入无线领域①。百度 Knowledge Graph 命名为百度知心（后更名为百度知识图谱），要表达两层含义，一是知道用户的心，二是知识中心。它于 2012 年 12 月上线，致力于构建宏大的知识网络，以图文并茂的方式展现知识的方方面面，尽快满足用户的当前需求，尽可能多地引导用户的延展需求。国内还有例如 360 推出的"潘多拉"智能搜索，它从 2013 年开始部署构建知识库，之后不断扩大信息覆盖的范围与种类，力求为用户提供更多精准的知识。

8.1.2　一个实例：Google Knowledge Graph

2012 年，谷歌发布了 Google Knowledge Graph，拉开了搜索引擎应用 Knowledge Graph 的序幕，引起了广泛关注。Google Knowledge Graph 在 2012 年 5 月发布时已包含 5 亿多的对象实体和关于这些实体的超过 35 亿的事实关系，仅仅 6 个月后，实体数量增长到 5.7 亿，事实关系增长到 180 亿，到目前为止，还在不断地更新扩展。它使你能够搜索到一切它所知道的人、物或者事，包括地标、名人、城市、建筑物、球队、电影、艺术作品等，以及

---

① 搜狗百科．搜狗知立方［EB/OL］．［2019-07-15］．http://baike.sogou.com/v66616234.htm.

与你的查询式相关的各类信息，它利用网络的集体智慧，实现了以更像人的思考方式来理解世界。Knowledge Graph 很好地改善了谷歌的搜索功能，主要体现在以下三个方面①②。

第一，给用户提供正确的理想答案。当用户以自然语言查询一个问题时，Knowledge Graph 以答案框的形式给出直接的回答或者相关的定义，例如查询［what's the weather like］，谷歌会提供当地现在的温度，并以图的形式展现温度趋势变化，如图 8-1。查询［what is knowledge graph］，答案框中显示相关的定义，如图 8-2。

图 8-1 ［what's the weather like］ 搜索结果

---

① Amit Singhal. Introducing the Knowledge Graph：Things，not Strings ［EB/OL］. ［2019-07-15］. http：//googleblog. blospot. co. uk/2012/05/introducing-knowledge-graph-not. html

② Chris Ainsworth. Everything you need to know to understand Google's Knowledge Graph ［EB/OL］. ［2019-07-15］. http：//www. searchenginepeople. com/blog/what-is-google-knowledge-graph. html

图 8-2 ［what is knowledge graph］搜索结果

另外，因为语言具有歧义性，当用户查询一个多义词时，搜索引擎需要通过与用户的交互判断用户的需求。以［tai mahal］为例，它有着丰富的意思，可能是指非常漂亮的古迹泰姬陵，或者是指一位曾获格莱美奖的音乐家，也可能是指新泽西州大西洋城的一家赌场，甚至只是一家印度餐馆的名字，如图 8-3。Knowledge Graph 可以理解它们的区别，展示出完全的结果，用户只需要点击查看自己想了解的知识即可。

第二，通过信息元侧边栏，把经过梳理、总结的知识提供给用户。Knowledge Graph 把关于查询式中与主题相关的内容，包括用户有可能感兴趣的关键事实都挖掘出来展示给用户，提供最相关的结构化摘要信息。例如，输入公司名称［High Position］，Knowledge Graph 提供相关的所有信息的简洁描述，包括地图、公司地址、电话等，甚至有公司团队的照片，如图 8-4。

图 8-3 ［taj mahal］搜索结果

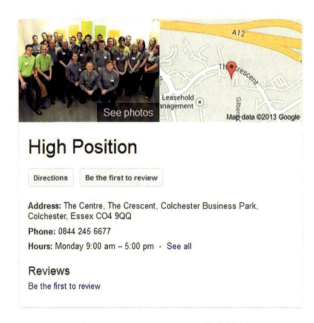

图 8-4 ［High Position］搜索结果

Knowledge Graph 还会提供尽量多的相关图片来帮助可视化地呈现结果，有时以滚动条的形式展现。输入［will smith filmography］，知识滚动条中展现威尔·史密斯的所有电影作品图片，右侧的知识展示栏显示他的个人介绍，如图 8-5。知识展板和知识滚动条都为用户提供了最快的途径去获取相关的知识。查找［Marie Curie］，不仅会得到玛丽·居里的各种相关背景知识，还有相关人物的推荐，用户甚至可以得知她有两个孩子，而其中一个也和她的丈夫皮埃尔居里一样，获得了诺贝尔奖，成为家中第三个获得诺贝尔奖的人，如图 8-6。

图 8-5　［will smith filmography］搜索结果

第三，通过信息推荐，提供更深入更广阔的知识。Knowledge Graph 不仅仅是明白用户的查询式然后准确地反馈答案，更尝试着通过对其他用户相关的搜索记录进行推理，根据这些相关查询数据帮助用户探索相似主题，在提问之前就回答出下一个问题，就像人一样地去思考。比如搜索美国城市［Colchester］，Knowledge Graph 不仅推荐了用户可能对这个城市感兴趣的地方，甚至还提供了这个城市现在的准确天气，如图 8-7。搜索 *The White Tiger* 这本书，Knowledge Graph 为用户又推荐了一些书籍，其中有同

图 8-6 ［Marie Curie］搜索结果

图 8-7 ［Colchester］搜索结果

一作者写的书，有和 *The White Tiger* 一样获得英国布克奖的书，还有获得普利策奖的书等，如图 8-8，这很可能就是用户下一步想搜索的内容。通过推荐的知识，Knowledge Graph 还可以帮助用户获得一些意想不到的收获，可能发现一项新的事实或者关系，激发用户对知识的搜索兴趣，从而去进行一次全新的查询操作。

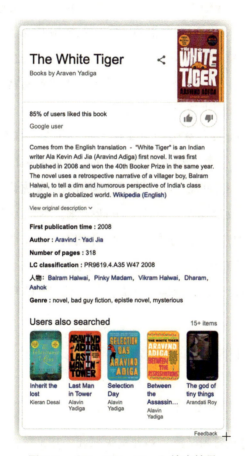

图 8-8　［The White Tiger］搜索结果

表面上看，谷歌 Knowledge Graph 似乎仅仅就是在系统中内置了维基百科的一部分，但是它真正重要的是每个实体间关联的方式，把传统的基于关键词的搜索发展为实体搜索，不再是只提供匹配查询式的网页链接，而是直接提供关键词描述的实体或者概念，向人工智能又迈进了一步。它从历史数据中发掘用户想知道的知识，而这些知识甚至是用户自己可能都没有发现的兴趣，并根据这些信息每天更新数据库。例如用户可能并不是对爱因斯坦在物理方面的成就感兴趣，而是想了解他的和平主义精神，所以 Knowledge Graph 有时候可能会把爱因斯坦和甘地放在一起，它就是想告诉用户人们在搜索的时候想到了什么，并把这些知识组织后展现给用户①。谷歌 Knowledge Graph 最初发布时只提供英语服务，后来增加了西班牙语、法语、德语、葡萄牙语、日语、俄语、意大利语等二十多种语言，跨语言检索和移动设备上的应用等方面也做出了探索。

Knowledge Graph 使谷歌迈向语义搜索的第一步，取代了传统的"信息引擎"，而更接近于一个"知识引擎"。Knowledge Graph 中的数据完整性和准确性是谷歌最关心的问题之一，为了达到结果的最优化，它结合了机器算法和人工干预，以及根据用户的反馈不断优化，尽量为用户提供有用的知识，并以一种更加友好型的方式来迎合用户的需求，提升用户体验。Knowledge Graph 使知识外显化，让我们的检索更加智能，花费较少的时间进行搜索，然而却可以获得更准确、全面、深入且广阔的知识。

8.2 基于知识图谱的互联网服务

8.2.1 在问答系统中的应用

问答系统是信息检索系统的一种高级形式，用准确简洁的自然语言为用户提供问题的解答。问答系统这种高效准确的答案匹配需要大规模知识库的

---

① Building the Star Trek computer：How Google's Knowledge Graph change the search [EB/OL]．[2019-07-15]．http：//www. theverge. com/2012/6/8/3071190/google-knowledge-graph-star-trek-computer-john-giannandrea-interview.

支持，包括各个领域、不同类别的知识库，不仅要有自动抽取的知识，也需要手工录入一些数据。因此，在问答系统中应用 Knowledge Graph，有针对性地抽取相关重要事件作为问题的答案，建立起尽量完整充实的知识库，在识别用户的自然语言问题后，从知识库中抽取匹配答案，检测时间及空间的吻合度等，再通过直观的方式展现给用户，会很好地提升问答系统的质量和用户满意度。目前很多问答平台引入了 Knowledge Graph，如苹果智能语音助手 Siri 为用户提供回答、介绍等服务；亚马逊也收购自然语音助手 Evi 提供类似 Siri 的服务；国内大型的如 OASK 问答系统，小型的如出门问问手机应用等问答平台，都通过 Knowledge Graph 为用户提供高效准确的各类信息查询服务。

8.2.2 在电商平台中的应用

电商网站的主要目的之一就是通过对商品文字描述、图片展示、相关信息罗列等可视化的知识展现，为消费者提供最满意的购物服务与体验。网站提供的商品知识精准度与视觉体验直接决定了消费者的信息感受。通过 Knowledge Graph 提升电商平台的技术性、易用性、交互性等影响用户体验的因素，同时挖掘用户的偏好，更好地组织电商网站中海量的商品信息和用户信息，能够实现快速准确、自动智能地为用户服务，帮助用户挑选出满足其需求的产品。

以阿里巴巴的商品知识图谱为例，该知识图谱的数据来自淘宝、天猫、1688、AliExpress 等阿里巴巴平台中的各个渠道以及从互联网抽取的相关信息，阿里商品图谱建立了商品间关联的信息，通过把所有信息流进行整合，形成了阿里商品知识图谱。阿里商品知识图谱以商品、标准产品、标准品牌、标准条码、标准分类为核心，整合关联了例如舆情、百科、国家行业标准等 9 大类一级本体，包含了百亿级别的三元组，形成了巨大的知识网①。当用户输入关键词查看商品时，Knowledge Graph 会为用户提供此次购物方面

---

① 阿里技术. 阿里知识图谱首次曝光：每天千万级拦截量，亿级别全量智能审核 [EB/OL]. 2017 [2020-2-10]. https：//www.sohu.com/a/168239286_629652.

最相关的信息，包括整合后分类罗列的商品结果，使用建议，搭配、选购技巧，相关产品的流行趋势，搜同样关键词的网友购买的商品等，还加入了互动百科的知识。帮助用户更快更好地制定购买决策，同时满足了用户的主动需求和潜在需求。

8.2.3　在社交网站中的应用

社交网站 Facebook 于 2013 年推出了 Graph Search，把人、地点和事情联系在一起，其核心就是通过 Knowledge Graph 来理解人们是如何关联在一起的。它支持精确的自然语言查询，例如查询"我朋友喜欢的餐厅""住在纽约并且喜欢篮球和中国电影的朋友""我朋友在国家公园拍摄的照片"等。Knowledge Graph 帮助人们在社交网站中找到与自己最具相关性的人、照片、地点和兴趣等信息，更贴近个人生活，以一种新的方式满足用户发现知识和寻找他人的需求。

除此之外，一些垂直行业也需要引入 Knowledge Graph，如教育科研行业、图书馆、证券业、生物医疗业以及需要进行大数据分析的一些行业[①]。这些行业对整合性和关联性的资源需求迫切，Knowledge Graph 可以为其提供更加精确规范的行业数据以及丰富的表达，帮助用户更加便捷地获取集成关联的行业知识。

---

① 李涓子. 知识图谱：大数据语义链接的基石 [EB/OL]. [2019-07-15]. http：//www.cipsc.org.cn/kg2/.

第9章　大数据环境下的知识服务创新

9.1　基于创新思维的知识服务

9.1.1　开放创新下的知识服务

开放式创新是哈佛商学院教授 Chesbrough① 总结施乐、朗讯等公司的创新技术管理经验后首先提出的，要求组织者与所有的利益相关者紧密联系，构建创新要素整合、共享和增值的网络体系，实现创新要素互动、整合、协同的动态过程②。开放式创新强调了外部知识资源对于创新过程的重要性，从而引起了国内外创新经济学家和创新管理者的广泛关注和使用③。

在开放创新思维的引导下，国内外学者围绕两个方面展开了知识服务研究，一是信息资重组与利用的创新，二是知识服务架构和模式的创新。

首先，随着国际市场竞争的日益激烈，过去依赖于企业已有的资源进行的创新活动已无法满足快速发展的市场需求，创新活动开始从传统的封闭式

---

①　Chesbrough H. The logic of open innovation：Managing intellectual property ［J］. California Management Review, 2003, 45 （3）：33-58.

②　张璐，申静. 知识服务模式研究的现状、热点与前沿 ［J］. 图书情报工作，2018, 62 （10）：116-125.

③　张庆华，彭晓英，杨姝. 开放式创新环境下的企业知识服务体系研究 ［J］. 科技管理研究，2014, 34 （19）：133-136.

创新逐步转向互联网时代的开放式创新。开放式创新认为企业能够利用内部和外部的创新思想、知识和技术，将其结合到产品的研发过程中，达到更快的速度、更低的成本和更强的竞争力。开放式创新意味着创新信息可以渗透企业边界进行扩散，更多更有效地利用内外部资源来满足创新活动的需求，跨边界的知识扩散、知识转移变得更加频繁和便捷，同时对企业充分集成和利用信息资源提出了更高的要求。开放创新中企业可以采取建立、发展和完善开放式创新模式下的信息资源重组理念体系等一系列策略，具体包括企业创新信息门户的构建、企业信息资源库的构建、企业创新信息知识地图的创建等，把各种创新信息元素从无序状态进行科学的、创造性的重组，从而实现企业内外信息资源的合理开发与共享①。

其次，针对现有研究主要是基于知识链各环节展开、缺乏整体性的问题，张庆华提出了基于 Wiki 的协作式本体标记技术的交互式创新平台，知识服务系统控制整个知识的识别、获取、转移、应用、创新和评估过程，以开放式创新全体参与者创新为系统核心理念，鼓励终端用户主动参与企业知识管理系统的建设、维护和进化，完成更高层次的产品技术创新，也在一定程度上解决了开放式创新在有关商务模式、知识交易模式和绩效评价方面的问题②。

此外，"开放式创新"逐渐成为外国企业产品设计创新的主导模式，反观我国制造业企业，在产品创新设计能力方面与国外相比还有很大差距，差距主要体现在产品设计观念落后和设计知识积累不足，针对这一问题，李响③提出了构建开放式的知识服务平台，致力于形成一个分布式的设计资源生态服务环境，形成向各领域不同的设计实体提供以知识服务为基本形式的

---

① 谢学军，姚伟. 开放式创新模式下的企业信息资源重组研究 [J]. 图书情报工作，2010，54（4）：75-78.

② 张庆华，彭晓英，杨姝. 开放式创新环境下的企业知识服务体系研究 [J]. 科技管理研究，2014，34（19）：133-136.

③ 李响，张执南，陈斌，谢友柏. 面向开放式创新的知识服务平台的构建与实践 [J]. 机械设计与研究，2014，30（5）：99-105.

开放式创新设计模式，该平台能够初步形成一批专业化、在细分领域具有深度知识获取能力的资源单元对外提供知识服务。

开放式创新已成为学术界关注的热点话题，图书情报学界也对智库开展了一些探索研究，耿瑞利①等人构建基于开放式创新的智库知识管理模型，该知识管理模型是贯穿于智库知识活动的全流程知识管理，充分利用显性知识与隐性知识转化共同促进知识创新，能够准确地揭示智库知识管理实践的一般特性和作用机制，并结合我国智库建设对该模型进行应用分析，为我国新型智库的知识管理实践提出参考意见。

9.1.2 设计思维下的知识服务

设计思维，既是一种设计理念，更是一套以人为本的方法论，强调新想法的产生与创造力的激发，它与以用户为中心的设计方法与原则相结合，能够指导和推动知识服务创新实践，并提升知识服务效能②。

从用户对信息知识的需求变化来看，已呈现出向个性化、学科化、多元化等方向发展的趋势③。因此，国内学者意识到设计思维对于提高知识服务的个性化，从而以提高知识的利用率的价值。图书馆的知识管理强调用户及其需求，运用设计思维建立知识获取和转化机制，通过对确定有效的知识单元进行处理包括知识标引、知识表达、知识存储、知识检索、知识计量、知识评价等方式，以达到知识服务、知识发现和知识创新的目的④。知识元是具有完备的知识表达、构成知识的最小单位。目前的文献标引方法难以有效为用户提供针对问题的解决方案，知识元标引可使知识被有效地检索、利

---

① 耿瑞利，申静. 基于开放式创新的智库知识管理模型构建及应用 [J]. 图书情报工作，2017，61（2）：121-128.

② 张璐，申静. 知识服务模式研究的现状、热点与前沿 [J]. 图书情报工作，2018，62（10）：116-125.

③ 李佳. 基于知识发现的图书馆个性化知识服务研究 [J]. 图书与情报，2013（5）：100-102.

④ 文庭孝. 知识单元的演变及其评价研究 [J]. 图书情报工作，2007（10）：72-76.

用，为用户提供多粒度、针对性的知识服务，有利于知识内在的关联挖掘和利用，实现知识的发现与增值服务，较好地解决了上述问题①。

国内学者运用了几种不同的方法来实现知识元标引系统的设计。付蕾②基于向量空间模型和改进的 TFIDF 算法提取关键词，在 TFIDF 算法基础上增加了位置权重系数，提高了关键词提取的准确度，基于海量中文智能分词技术实现了知识元标引系统，并生成相关知识元的 RDF/XML 描述文档。该系统从文献中抽取关键词，再利用关键词确定所要标引的知识元所在句，抽取相关知识元，提高了知识的利用率。针对数字图书馆用户对数值知识的个性化检索需求，黄容③通过对数值知识元的类型剖析以及描述规则的构建，辅助识别出文本中数值知识元的位置，依据数值知识元结构与识别规则设计数值知识元的抽取方法，提出数值知识元实体对象结构的描述框架，从知识标识、知识描述、知识关系 3 个方面对数值知识元进行索引，设计数值知识元的名称检索和布尔逻辑检索，实现了一个面向数值知识元的检索系统，通过实例分析验证基于数值知识元的细粒度知识服务能够在一定程度上提高检索与利用数值知识的效率和用户满意度。另外，上海图书馆利用关联开放数据技术重组图书馆传统资源，关联数据技术通过构建关系明确的语义本体，能够很好地提供基于文献知识内容的揭示、导航和检索，可以满足书目控制和规范控制、数据重用和共享、知识组织和知识发现的功能④。

9.1.3　"互联网+"思路下的知识服务

随着互联网大数据的蓬勃发展，知识获取方式的改变也导致了知识服务

---

① 李佳. 基于知识发现的图书馆个性化知识服务研究 [J]. 图书与情报, 2013 (5)：100-102.

② 付蕾. 知识元标引系统的设计与实现 [D]. 华中师范大学, 2009.

③ 黄容, 何杨煜琪, 王忠义, 李春雅. 数字图书馆数值知识元检索系统设计 [J]. 图书情报工作, 2018, 62 (14)：125-132.

④ 夏翠娟, 刘炜, 陈涛, 张磊. 家谱关联数据服务平台的开发实践 [J]. 中国图书馆学报, 2016, 42 (3)：27-38.

运营模式的改变，知识服务业也进入了"互联网+"时代。"互联网+"在本质上，加的是实体经济新的创新力和新的生产力，加的是现代商业模式创新，加的是生产流程再造和价值链重组①。

我国知识服务产业应充分利用"互联网+"的契机，以互联网技术为知识服务依托、以互联网传播为知识流转媒介，以互联网金融为知识交易手段，通过优化产业结构，降低知识服务产业链的各环节知识交易成本，加速知识社会化推广普及的速度，最终提高知识转化为生产力的效率②。国内的一些知识服务平台在互联网的依托下，拥有海量的数据资源和坚实的技术保障，创新运用数据挖掘、语义分析、人工智能等多种技术可以为用户提供多样化、定制化的体系化知识服务③。

基于"互联网+"视角，国内学者开始关注某些领域的知识服务实践。伴随着大数据和智慧城市的兴起，电子政务正逐步向智慧政务转变，各国纷纷开始了"互联网+政务服务"的探索研究。叶鑫④设计了提供个性化、精准化政务服务的"互联网+政务服务"云平台，通过 Web、移动 APP、社会化媒体等方式面向公众、企业、政府的办公人员、监察人员及领导提供服务，采用具有可伸缩性、集约化的部署和建设模式，提高已有资源的利用效率，并根据政务服务实际需求实现资源的动态分配与共享，为降低电子政务建设与运维成本、提升政务效率和服务水平提供新的思路和借鉴。大数据、云计算、物联网、移动互联等现代信息技术的高速发展与融合，"互联网+医疗"和人工智能的浪潮席卷全球，促进健康医疗相关产品的智慧化转型，智慧健康应运而生，而对产生的海量、异构、多源健康大数据进行有效的获

---

① 智创工场."+互联网"能推进实体经济改革吗？[EB/OL]．[2019-07-15]．http：//www.sohu.com/a/107824525_397227.

② 王红，张慧芳．基于互联网+的知识服务产业结构变革创新模式研究——兼论开放获取的经济学困境与出路 [J]．现代情报，2015，35（9）：18-22.

③ 李芳慧，王玲．"互联网+"时代下的知识服务平台运营模式探究 [J]．图书馆学研究，2018（12）：63-67.

④ 叶鑫，董路安，宋禹．基于大数据与知识的"互联网+政务服务"云平台的构建与服务策略研究 [J]．情报杂志，2018，37（2）：154-160，153.

取、组织、查询与分析，是实现健康保健"智慧化"的关键。马费成①提出构建面向个人的健康数据管理分析平台，实现数据集群管理和数据实时监控分析，对个人数据进行分析、汇总、关联等工作并进行可视化。还提出从本体库构建的粗粒度匹配、多种知识融合模式的细粒度匹配及用户画像构建三种方案的知识服务机制，进而提供细粒度、可定制的知识服务。

"互联网+"时代的到来推动移动互联网、云计算、大数据、物联网等与现代制造业结合，对科技型知识服务企业的创新提出了更高的要求，王炎②认为科技型知识服务企业要以科技创新、提供专业化服务为基础，按照客户要求提供所需的知识服务，不能故步自封，要结合各类移动知识服务平台，根据其自身的服务理念开发建设移动知识服务平台，为用户提供便捷、高效的服务。另外，面对多领域、多层次的知识服务需求，知识服务企业亟须适应时代的发展趋势，找出新的发展道路，或对原有的知识服务定位做出调整，在互联网的洪流中有方向有选择地进行知识服务的创新。

9.2　基于新兴技术的知识服务

9.2.1　基于人工智能的知识服务

人工智能是一门关于知识的学科，如何在智能革命时期，跟上时代的脚步，已经成为知识服务领域一个新的挑战③。随着科学的进步，人工智能的基本理论一直在改变，从广义角度，我们将能让计算机通过图灵测试的方法

---

① 马费成，周利琴. 面向智慧健康的知识管理与服务 [J]. 中国图书馆学报，2018, 44 (5)：4-19.

② 王炎，程刚. "互联网+" 视角下科技型知识服务企业的服务创新研究——以百度新上线知识服务产品为例 [J]. 情报杂志，2015, 34 (10)：183-188.

③ 王娟琴. 人工智能与情报检索的合璧 [J]. 图书情报工作，1998 (3)：23-27.

都称为人工智能，包括传统模仿人和当下的数据驱动理论①。人工智能不一定长着人的模样，但可以像人一样思考，在从数据到知识的过程中，人工智能正在用更迅速和准确的方式参与进来，在此基础上，知识服务也变得更加智慧化，人工智能利用大数据基础，通过机器学习获得信息和知识，由大数据背景产生的智能革命正在改变各行各业②。

人工智能在提高知识服务速度、质量和范围以及改善知识服务模式等方面都发挥了重要的作用。人工智能在知识服务中的应用具有层次性，从下至上依次是提高知识利用率及准确率、帮助快速掌握领域知识、预知和关注潜在需求、创造新知识，如图 9-1 所示③。

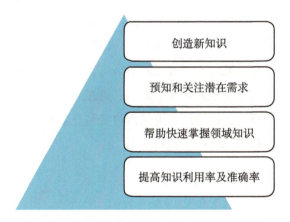

图 9-1　人工智能在知识服务领域的层次性应用

基于人工智能的图书馆知识服务是一类典型的基于人工智能的知识服

---

①　吴军. 智能时代：大数据与智能革命重新定义未来［M］. 北京：中信出版社，2016.

②　唐晓波，李新星. 基于人工智能的知识服务研究［J］. 图书馆学研究，2017（13）：26-31.

③　刘寅斌，胡亚萍. 从谷歌大脑看人工智能在知识服务上的应用［J］. 图书与情报，2017（6）：112-116.

务。而基于人工智能的图书馆知识服务具有以下几个方面的特征①：

服务主体多元化。基于人工智能的图书馆知识服务主体从原来的图书馆员，推广到安装了智能应用的机器，如安装智能应用的自助终端、台式电脑、笔记本电脑、智能平板、智能手机等机器设备。

服务方式智能化。基于人工智能的图书馆知识服务由传统的经验驱动转化为数据驱动，突破了知识服务的限制，逐渐实现个性化定制的智能化服务。而典型的智能化图书馆知识服务包括3个方向：一是自动化，二是开放存取，三是构建智库②。

服务范围泛在化。基于人工智能的图书馆知识服务范围突破时空限制，可以随时随地进行。在基于人工智能的图书馆中，网络化的智能应用不仅可以在工作时间和图书馆内提供知识服务，也可以在非工作时间和图书馆外提供服务，使用户享受到无时不有、无处不在的知识服务③。

服务内容智慧化。基于人工智能的图书馆知识服务内容不再局限于提供原始书目、期刊、论文等组织形式的知识，更进一步利用人工智能技术对原始知识资源进行深度加工，为用户提供内容智慧化的知识。通过深度挖掘知识资源，为用户提供提炼出的知识精华④。

9.2.2 基于云计算的知识服务

云计算是继网格计算之后的又一个全新的概念，是下一代互联网的发展趋势。利用云计算技术可以解决很多问题，它通过 Internet 以服务的方式提供动态可伸缩的虚拟化的资源计算模式，利用云计算技术建设安全、高效、

---

① 柳益君，李仁璞，罗烨，黄纯国，曹凤雪．人工智能+图书馆知识服务的实现路径和创新模式［J］．图书馆学研究，2018（10）：61-65，42．
② 唐晓波，李新星．基于人工智能的知识服务研究［J］．图书馆学研究，2017（13）：26-31．
③ 柳益君，李仁璞，罗烨，黄纯国，曹凤雪．人工智能+图书馆知识服务的实现路径和创新模式［J］．图书馆学研究，2018（10）：61-65，42．
④ 柳益君，李仁璞，罗烨，黄纯国，曹凤雪．人工智能+图书馆知识服务的实现路径和创新模式［J］．图书馆学研究，2018（10）：61-65，42．

经济、低碳的高校数字图书馆，并能为用户提供个性化学科知识服务，这已成为高校数字图书馆未来发展的方向①。云计算利用分布式计算、并行计算、虚拟化、网格技术、负载均衡等技术，对网络中的资源进行优化和组合，将大量通过网络连接的分散计算资源统一管理和调度，构成一个计算资源池向用户提供服务。可以从两个角度来理解，一方面云计算是通过相关的技术对计算机资源的整合；另一方面，云计算是一种商业应用模式②。

将云计算技术应用于知识服务中，增强了知识服务的能力，延伸了知识服务的范围，丰富了知识服务的方式。

利用云计算的分布式计算、跨异构平台优势、高扩展性和容错性的特点，知识服务能力逐渐增强，已经可以进行情景化推荐③。利用云计算技术，根据用户情境相似度、情境集合和情景矩阵实现情景推荐，通过对用户在位置、时间、业务需求等方面的综合挖掘，基于不同情景来洞悉用户即时兴趣。由此获得比传统推荐方法更低的 MAE 误差值，使推荐更精确。

云计算技术延伸了知识服务的范围。例如，云计算技术支持下的高校图书馆，利用云计算技术有效、深入地开展学科知识服务④。通过分析云学科知识平台对高校学科发展的意义以及在高校学科知识用户需求的基础上，设计高校数字图书馆云学科知识服务平台组织结构，提出学科知识细粒度可控的本体组织方式，实现学科本体知识库构建，延伸了知识服务的范围。

利用云计算技术，丰富了知识服务的方式。云计算可以整合计算资源形成虚拟的计算资源池，形成泛在网络，用户可以通过任何信息终端获得个性

---

① 高俊芳. 云计算下的高校图书馆学科知识服务平台研究 [J]. 图书馆学研究, 2015 (2)：83-88, 76.

② 王红. 基于云计算的泛在图书馆个性化知识服务模式探讨 [J]. 情报科学, 2012, 30 (8)：1196-1199, 1257

③ 刘海鸥. 面向云计算的大数据知识服务情景化推荐 [J]. 图书馆建设, 2014 (7)：31-35.

④ 高俊芳. 云计算下的高校图书馆学科知识服务平台研究 [J]. 图书馆学研究, 2015 (2)：83-88, 76.

化知识服务①。云计算给泛在图书馆提供了强有力的架构与支撑，使个性化知识云服务成为可能。云计算最重要的创新是将软件、硬件和服务共同纳入资源池，然后通过网络向用户提供恰当的服务，为用户个性化服务提供了极大的便利。

9.2.3 基于大数据技术的知识服务

大数据知识服务平台是一个大数据获取、存储、组织、分析、决策服务资源和服务能力共享、交易和协作的智慧平台②。实现大数据知识服务平台需要专门的大数据技术支撑，目前常用的大数据解决方案包括 Hadoop、HPCC、Storm、Apache Drill、RapidMiner、Pentaho BI 等，用以支持大批量数据的采集、分析与处理。

知识服务是需求导向和创新驱动的、高度知识密集型的服务类型，大数据时代的来临为知识服务既带来了新的机遇也带来了新的挑战。而在开展基于大数据的知识服务过程中，知识服务需求、大数据资源、专业知识服务人员、知识服务技术平台和知识服务制度规范构成大数据知识服务的关键要素③。

基于大数据技术的知识服务在生产、生活的不同方面发挥了重要作用。例如，通过构建基于 Meduce 和 Hadoop 分布式文件系统的医学知识管理系统，实现基于 CT/MRI 图像的脑出血自动识别与分类，实现基于大数据技术的医学诊断④。此外，为了解决大数据环境下的知识稀疏问题，提

① 王红.基于云计算的泛在图书馆个性化知识服务模式探讨［J］.情报科学，2012，30（8）：1196-1199，1257.

② 李晨晖，崔建明，陈超泉.大数据知识服务平台构建关键技术研究［J］.情报资料工作，2013（2）：29-34.

③ 官思发.大数据知识服务关键要素与实现模型研究［J］.图书馆论坛，2015，35（6）：87-93.

④ Phan T C, Phan A C. Big Data Driven Architecture for Medical Knowledge Management Systems in Intracranial Hemorrhage Diagnosis［C］//International Symposium on Integrated Uncertainty in Knowledge Modelling and Decision Making. Springer, Cham, 2018：214-225.

高知识服务的效率，研究者基于云计算、MapReduce 框架实现并行推荐，将兴趣相似度与涉及网络潜在信任度融入知识推荐和知识服务过程，进而改善大数据环境下社交网络信任关系稀疏导致的最近邻搜索难题，提高知识推荐和服务精度①。

9.3 大数据环境下的知识服务新模式

知识服务的 4 个要素包括：知识服务者、知识服务对象、知识服务内容和知识服务手段。与之相对应地，可以将知识服务模式分为创新导向的知识服务模式、用户导向的知识服务模式、领域导向的知识服务模式和技术导向的知识服务模式②。在大数据环境下，上述知识服务模式融入了新的服务理念、思维和技术，有了进一步的知识服务创新和转变。

9.3.1 创新导向的知识服务新模式

大数据环境下，创新导向的知识服务呈现出由组织内部向组织外部发展，由专家设计向大众创新发展的趋势。这一趋势催生了以众包、众筹、共享为代表的知识生产方式。

大数据环境为开放创新提供了知识交流与分享的平台，但在启发、引导并充分利用组织外或大众智慧的同时，也为开放创新建立了融合与保护的保障，保证组织内或专家知识的有效利用与产权保护。由此产生了两类典型的知识服务模式：知识付费与开放获取。

---

① 刘海鸥. 面向大数据知识服务推荐的移动 SNS 信任模型 [J]. 图书馆论坛，2014，34（10）：68-75.

② 张璐，申静. 知识服务模式研究的现状、热点与前沿 [J]. 图书情报工作，2018，62（10）：116-125.

9.3.2 用户导向的知识服务新模式

大数据环境下的知识服务对象从原来的社会人延伸至智能机器，如智能问答机器人、家政机器人、工业机器人等。面向社会人的知识服务呈现出精准化、多元化和个性化的特点。随着日常生活与工作的高度网络化，每位能够连入网络的社会人在信息空间中建立了相应的映射空间，在不同平台分布存储的用户信息共同构成了用户研究的丰富信息来源，通过用户信息的融合、抽取和挖掘，可以绘制出全面立体的用户画像，揭示用户不同维度和侧面的特征，为实现精准的知识服务提供了保障。面向智能机器的知识服务则呈现出高度结构化、大体量化和高度程序化的特点。由于智能机器具备全天候、全方位的学习能力，高度结构化且易于计算的知识才符合智能机器的学习模式，体量足够大的知识才能匹配智能机器的学习速度，而高度程序化的知识服务模式才能支撑高度结构化、大体量化的知识服务。

9.3.3 领域导向的知识服务新模式

大数据环境下知识的增长呈现出急速爆发和深度融合的特点。领域知识在大数据环境下急速增长，除了纵向攀升，横向融合也是大数据环境下知识增长的特点。因此，对领域导向的知识服务提出了新要求，具体表现在两个方面：一是依托大数据技术实现更大范围、更深层次的领域知识组织和管理。除了以图书馆、搜索引擎、社交媒体等为代表专门知识服务领域，健康、金融、文化等其他领域也涌现出前所未有的知识服务需求。二是增强知识转换和融合的能力，实现跨领域知识融合和新知识发现。学科和领域交叉是科学研究的趋势，例如，以计算机、信息管理、软件工程等为代表的信息相关科学不断地渗透到人文社会科学、自然科学、医药科学、农业科学等领域，跨领域的知识融合成为大数据环境下尤为迫切的知识服务需求。针对新的要求，构建具备大范围、深层次、跨领域知识存储、加工和融合能力的知识库或智库成为重要的解决途径。

9.3.4 技术导向的知识服务新模式

大数据环境下新兴技术的蓬勃发展是推动知识服务创新的重要源动力。以人工智能、云存储、物联网等为代表的大数据技术，为智能化、智慧化的知识服务提供了技术支持和保障。技术导向的知识服务出现了以智能计算、知识图谱、知识云平台、云服务等新的模式。

9.4 专门领域的知识服务创新

9.4.1 金融大数据知识服务创新

金融领域是实现信息化最早的行业领域之一。在各企业、监管机构的长期运营过程中，积累了海量行业数据。金融大数据蕴含着巨大的商业价值，高效地发现利用这些价值并提升价值创造效率、扩大其应用范围，需要突破传统方法、引入新的价值分析发现的理论框架并建立相应的价值创造平台。基于大数据中知识的多层次、多角度关联结构设计知识组织和表示方法，以此为基础构建金融大数据的知识大图，通过知识关联将金融领域的典型研究问题与方法和知识大图的构建与演化机制紧密结合，为金融大数据的价值分析、发现提供更加丰富的语义信息以提高价值创造的效率与质量。

在构建的金融知识大图的基础上，可首先分析图上的基础设施服务，包括路径查询算法、图匹配算法、分类与聚类算法、频繁子图挖掘算法等，以根据用户的价值发现需求实现上层的企业画像、风险预测、信息推荐、量化投资等基本应用服务，从而支持金融大数据领域下的精准营销、风险管控和运营优化，为企业用户提供技术支撑。金融大数据知识服务的架构如图 9-2 所示。

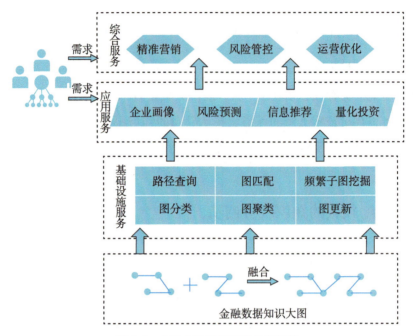

图 9-2 金融大数据知识服务的架构

金融数据主要由结构化事务型数据、文本型数据以及其他半结构化数据构成。金融知识大图的构建首先需要采用合适的方法从数据中抽取出描述事物的实体及其属性信息。可对结构化数据直接根据其结构定义生成框架知识模式并导出相应的实体与属性，对半结构化数据，主要采用规则方法并结合领域知识设计半自动抽取程序进行实体及属性信息的抽取；对文本型数据则主要采用自然语言处理的方法，基于统计机器学习方法利用人工标注语料进行训练后抽取。在初步抽取结果基础上，根据金融领域知识的相关本体或规范，进行实体信息的对齐、融合，得到相对标准的实体-属性知识作为分类关联知识的基础。在此基础上，利用类似的方法进行实体间关系的抽取。

金融知识大图的应用场景包括企业画像、风险预测、内容推荐和量化投资等。从企业的基本信息与资质、关联方族谱、经营情况等多个角度对企业进行分析，通过构建企业画像可以深入地了解企业，实现对企业的有效监管和投资风险评估。在构建当前的金融事件的大图知识关联模型的基础上，利用图相似搜索算法查找是否与历史上发生风险事件时的图关联模式相同，可以预测是否会发生类似的风险事件。通过衡量两个实体在金融知识大图中路径的长度、共同相邻实体的比例等结构相似度和语义相似度来找出相似的实体进行推荐。此外，还可以在金融大数据下的宏观数据、市场行为、企业财务数据、交易数据等数据进行充分的统计分析和挖掘的基础上，定义影响企业或客户投资行为的主要指标的度量方法，并基于金融知识大图中发现的企业已经发生的投资行为对该投资模型中的参数进行学习和训练，得到准确的投资模型。

9.4.2　面向智慧健康的知识服务创新

智慧健康是一种全新的医疗保健模式，对其产生的海量、异构、多源健康大数据进行有效的获取、组织、查询与分析，是实现健康保健"智慧化"的关键。在把握智慧健康知识管理的内涵、定位、目标及体系架构的基础上，探究面向智慧健康的领域知识库构建、健康数据管理分析平台的建设与实施、知识服务机制等问题，提出从本体库构建的粗粒度匹配、多种知识融合模式的细粒度匹配及用户画像构建三种方案的知识服务机制，并指出面向智慧健康知识管理与服务研究需要进一步突破与落实的方向。

智慧健康知识管理主要有以下几个任务和目标：①多源异构智慧健康知识融合，构建智慧健康领域知识库；②采集个人健康数据，实现持续的个人健康管理和监督；③实时监控个人健康状态，及时提供健康预警；④研究用户画像，全面、多维度刻画用户，了解用户健康状态和用户需求；⑤主动推送智慧健康知识服务，实现健康咨询、情感支持和日常激励、病理分析、精准医疗，进行自我健康管理。据此，构建出面向智慧健康的知识管理与服务体系架构，如图9-3所示。

该体系架构主要由数据层、系统层、服务层和用户层组成。数据层涵盖

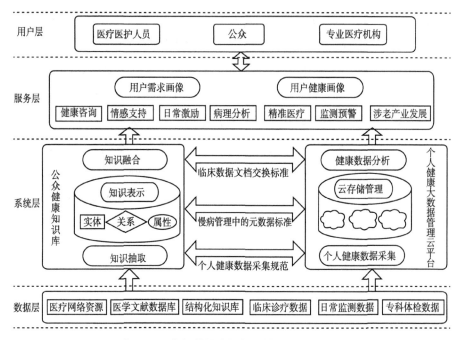

图 9-3　面向智慧健康的知识管理与服务架构

大数据环境下智慧健康知识的各种来源，主要包括医疗网络资源（网页和社区）、医学文献数据库（专业医学文献）、结构化知识库（本体、知识图谱等）、临床诊疗案例库、日常监测数据、专科体检数据等；系统层主要是将不同来源和途径的数据、信息和知识分别纳入智慧健康领域知识库和个人健康大数据管理云平台中，通过统一的数据标准和规范实现数据交换与知识共享；服务层主要是在智慧健康领域知识库与个人健康数据相结合的基础上，形成面向智慧健康的知识服务机制，包括智慧健康知识咨询、情感支持、日常激励、病理分析、精准医疗、健康状态监测预警、涉老产业发展等，为上层用户提供决策支持和服务；同时在服务层还需要对用户的健康状态和需求进行画像研究，从而为其提供个性化的知识服务；用户层主要包括公众、医疗医护人员以及专业医疗机构等，特别需要关注的是公众的自我健康管理。

　　面向智慧健康的知识服务主要是研究如何在公众健康知识库和个人健康大数据管理分析平台的基础上为用户提供知识服务。在提供知识服务的过程中主要遵循"需求建模—需求与资源匹配—知识服务提供"的路线，首先对用户健康画像和用户需求画像进行研究；然后使用关联数据技术对用户的知识需求进行建模，构建用户需求语义网络，把用户需求与公众健康知识库资源进行匹配；最后根据用户的个性化需求，从不同维度和切面为用户提供知识服务。

第10章　面向社会化问答服务的
用户画像构建

10.1　用户画像的概念与特征

10.1.1　用户画像概念辨析

目前学界对于"用户画像"的理解主要有两种声音：一部分人将其等同于"用户角色"（user persona），另一部分人将其理解为"用户模型"（user model）。以下分别从产生背景、核心目标、实现方法和应用场景四个方面对"用户角色""用户模型""用户画像"进行对比分析，进而厘清"用户画像"的内涵及其研究范畴。

从产生背景上看，"用户角色"最早由交互设计师 Alan Cooper① 提出，提出之初是为了解决产品设计者与开发者之间沟通困难的问题。用户角色不是真实的用户，它是目标用户群体的虚拟代表。用户角色被表示为易于产品设计和开发人员理解的形式，帮助他们快速建立用户需求和产品功能的联系，并达成共识，图 10-1 为用户角色示例。"用户模型"产生于计算机领

---

① 　Cooper A. The Inmates are Running the Asylum：Why High-tech Products Drive Us Crazy and How to Restore the Sanity［M］. Sams Indianapolis, IN, USA, 2004.

图 10-1　用户角色示例

域，是利用用户信息对每个用户建立的计算机可读的模型①②。用户模型是面向计算机的，通常没有具象化的表示。而"用户画像"产生互联网工业界，旨在全面立体地揭示用户特征。用户画像的提出是为了全面利用多来源、多渠道的用户信息，从而为产品设计和开发、服务提升和改善、精准营销等提供决策支持和依据，图 10-2 为用户画像模型示例。

---

① Rich E. Building and exploiting user models［C］. Proceedings of the 6th International Joint Conference on Artificial Intelligence. San Francisco：Morgan Kaufmann Publishers Inc.，1979（2）：720-722.

② Rich E. User modeling via stereotypes［J］. Cognitive Science，1979，3（4）：329-354.

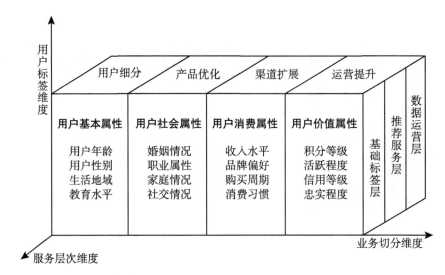

图 10-2 产品用户画像模型示例

从核心目标看，"用户角色"的目标是用户特征发现与用户虚拟化，旨在为开发人员和设计人员提供可读可理解的用户描述；"用户模型"的目标同样是用户特征发现与组织，但突出的是用户模型化，即计算机可读可理解；而"用户画像"的目标是全面、立体地揭示用户特征，实现用户信息最大限度地整合、组织、管理和利用。

从实现流程与方法看，用户角色和用户模型的实现包括 3 个关键环节：用户信息来源、特征获取方法/用户建模方法和呈现方式。用户角色的用户信息主要来自用户访谈、问卷调查和直接观察①②③；用户模型的用户信息

① Junior P T A, Filgueiras L V L. User modeling with personas［C］//Proceedings of the 2005 Latin American Conference on Human-computer Interaction. ACM, 2005：277-282.

② Putnam C, Kolko B, Wood S. Communicating about users in ICTD：Leveraging HCI personas［C］. Proceedings of the 5th International Conference on Information and Communication Technologies and Development. New York：ACM, 2012：338-349.

③ Lerouge C, Ma J, Sneha S, et al. User profiles and personas in the design and development of consumer health technologies［J］. International Journal of Medical Informatics, 2013, 82（11）：251-268.

来源以网络日志、在线用户信息为主，即从服务器端下载存储的用户信息或网络爬虫爬取的公开的用户信息①②③。用户角色主要在用户信息内容分析的基础上，对用户特征、生活习性、主要意图、个人偏好等进行分类描述④；而用户模型主要通过数据挖掘、机器学习、智能推理等方法获取用户特征。此外，用户角色主要以自然语言文档的形式呈现用户描述，篇幅通常在1~2页；而用户模型则以计算机可读的数字化形式存储于计算机当中（如列表、向量、概念图、本体等），用户模型通常无须直观地呈现在开发利用人员或使用人员面前。用户画像的实现则包括4个关键部分：用户信息来源、用户属性划分、用户特征挖掘和用户画像表示。其中，用户信息来源与用户模型一致，但可能涉及跨平台、跨系统的用户数据；获取用户信息后通过划分用户属性对用户信息进行组织和管理；并综合运用内容分析、数据挖掘、机器学习和智能推理等方法从用户属性对应的用户信息中挖掘用户特征，最后将用户特征表示为计算机可读或易于用户画像使用者理解的形式。

从应用场景看，用户角色主要用于帮助产品设计人员捕捉用户需求或特征，进行交互设计，帮助开发人员理解产品功能和开发目标；用户模型主要用于帮助服务提供者发现用户特点与使用习惯为产品优化提供支持，为个性化服务提供保障；而用户画像的应用场景更为宽泛，既可应用于产品开发时期的用户需求分析和功能设计，也可应用于产品维护时期的产品优化和服务提升，为实现全面、精准服务提供支持。

① Billsus D, Pazzani M J. User modeling for adaptive news access [J]. User Modeling and User-adapted Interaction, 2000, 10 (2-3)：147-180.

② 吴瑞. 基于模糊模拟的加权偏爱浏览模式的挖掘 [J]. 计算机工程与应用, 2007, 43 (11)：135-137.

③ Tang D, Qin B, Yang Y, et al. User modeling with neural network for review rating prediction [C]. International Conference on Artificial Intelligence. New York：AAAI Press, 2015：1340-1346.

④ Nielsen L, Storgaard Hansen K. Personas is applicable：A study on the use of personas in denmark [C]. Conference on Human Factors in Computing Systems. New York：ACM, 2014：1665-1674.

将上述分析综合到表 10-1 中，从表中可以看出，"用户画像"与"用户角色"在产生背景、核心目标、实现流程与方法以及应用场景等方面均存在

表 10-1　　　　用户角色、用户模型与用户画像的对比分析表

类别	用户角色（user persona）	用户模型（user model）	用户画像（user profile）
产生领域	交互设计领域	计算机领域	互联网工业界
核心目标	用户核心特征发现 用户虚拟化	用户特征发现与组织 用户模型化	用户特征揭示 用户信息整合和利用
实现流程与方法	1）用户信息来源 　访谈 　问卷调查 　直接观察 　…… 2）特征获取方法 　内容分析 　分类 　概括 3）呈现方式 　自然语言文档	1）用户信息来源 　访谈 　问卷调查 　网络日志 　在线信息 　…… 2）用户建模方法 　分类 　聚类 　贝叶斯分类 　神经网络 　…… 3）呈现方式 　关键词列表 　向量 　本体 　……	1）用户信息来源 　访谈 　问卷调查 　网络日志 　在线信息 　…… 2）用户属性划分 3）用户特征挖掘 　内容分析 　数据挖掘 　统计分析 　网络分析 　机器学习 　智能推理 　…… 4）用户画像表示 　标签 　……
应用场景	面向产品设计与开发	面向个性化服务	面向全面服务、精准服务

明显差异，不应将两者混为一谈。尽管"用户模型"与"用户画像"在实现方法上存在一定交叉重合，但两者的核心目标和应用场景存在较大差异，更为关键的是，"用户画像"在用户数据管理理念方面更具全局性，在用户数据组织方面更具逻辑性和联系性，在用户特征表示方面更具可读性和灵活性，因此，不应简单地将"用户画像"归类为"用户模型"。本研究将"用户画像"理解为用户特征的集合。而用户特征的获取是建立在一系列信息收集与处理的基础之上，首先需要从多来源、多渠道获取用户信息，并通过建立用户属性与用户信息的对应关系进行用户信息分流和管理，然后综合运用内容分析、数据挖掘、机器学习和智能推理等方法，从用户属性对应的用户信息中挖掘用户特征。

由于对"用户画像"理解存在差异，"用户画像"的英文翻译也存在一定争议，目前使用最多的是 user modeling、user model、persona、user profile，还有少数使用 user labeling、user portrait 等。根据本研究对"用户画像"的理解，选择 user persona（用户角色）、user model（用户模型）或是 user modeling（用户建模）表示用户画像均不恰当，user profile、user portrait 和 user labeling 更加贴近用户画像的含义。通过文献回顾发现，选择 user portrait 作为用户画像的英文翻译的主要是国内学者，国外学者更倾向于使用 user profile 表示用户画像。因此，为了揭示用户画像的含义，同时兼顾国际通用性，本研究选择 user profile 作为用户画像的英文翻译。

10.1.2　用户画像特征分析

用户画像是一个具有交叉性和融合性的概念，它融合了用户角色以典型用户为核心的思想，继承和发展了用户模型的实现方法，但在核心目标和应用场景上与两者有明显差别。用户画像是各类用户特征描述的集合，它从用户属性的角度对各类用户信息进行分流和重组，是一个复杂的系统。综合看来，用户画像包括画像类型多样化、数据来源多样性、用户信息属性化和用户标签动态化等四个方面的特征。

（1）画像类型多样化

首先，可以将用户画像分为群体用户画像和单个用户画像。群体用户画像是某一用户群体的特征集合；单个用户画像则是某个用户特征的集合。其次，从不同层面观察和理解用户将得到不同类型的用户画像，可以分为完整用户画像、局部用户画像和分面用户画像。其中，完整用户画像从全局出发、从各种用户数据中挖掘出用户所有的特征；局部用户画像以应用为出发点，关注用户与应用开发相关的用户信息，旨在描绘出用户的局部特征，如电商用户画像、外卖市场用户画像、医学人物画像等；分面用户画像则聚焦用户与应用开发相关的用户信息的不同维度，旨在描绘出局部用户画像的某个分面或侧面，如电商用户画像的购买能力维度、外卖市场用户画像的订餐习惯维度、医学人物画像的医学领域维度。尽管局部用户画像和侧面用户画像只是完整用户画像的一部分，但其核心都在于以用户为中心，利用各类用户信息揭示用户特征。

（2）数据来源多样性

用户画像数据来源的多样性主要体现在 3 个方面：①来源渠道多样性，用户在互联网的不同场景中留下了各种各样的用户信息，如注册信息、浏览收藏记录、反馈数据以及用户生成内容等；②数据类型多样性，不同渠道的用户信息往往被存储在不同类型的载体中，如表格、文字、图片、音频以及视频等；③数据内容多样性，存储在不同类型载体中，来自不同渠道的用户信息在内容上具有极大的丰富度和多样性，它们涉及用户的方方面面，包括基本信息（如年龄、性别、居住地、职业、婚姻状况等）、兴趣爱好（如书籍、电影、动漫、美食、健身等）以及与应用场景相关的信息（例如，在商品推荐场景中，购买能力是用户信息的一个重要方面）。

（3）用户信息属性化

用户信息属性化指的是建立用户信息与用户属性的对应关系，即从用户属性的角度对用户信息进行分流和管理。用户属性是用户具备的共同特征的集合，从用户属性的角度划分用户信息有助于发现用户信息的共性和特性，也能更好地结合具体的业务内容。在对用户信息进行分流之前，需要划分用户属性维度，而每个用户属性维度由多个用户属性构成。用户属性维度及其组成取决于用户所处的信息环境以及相关用户信息的特点。

（4）用户标签动态化

用户画像的特征之一是用标签描述用户的特征，即用户特征标签化。但这里对标签的定义更为宽泛，标签的内容和表现形式多样，既有易于计算机处理的词汇、概念或主题向量或网络等，也有便于使用人员理解的短语、标签云、图片等。但由于用户特征会随时间发生动态变化，为了保证用户画像的有效性需要对用户标签进行动态更新。用户标签更新内容包括删除、增加、修改、调整标签权重等。

10.2 社会化问答平台用户画像模型

社会化问答平台（Social Q&A）为用户提供了一种使用自然语言表达信息需求的方式，一个参与者之间互相满足需求的平台，一个鼓励参与和互动的社区①。社会化问答平台具有用户参与度高、内容丰富、交互性强等特点，已经成为网民获取信息和知识的重要方式之一。国内外知名的社会化问答平台包括知乎、百度知道、新浪爱问、Quora、Ask.com、Yahoo！Answers等。用户在使用社会化问答平台的过程中产生了大量内容多样、形态各异的用户数据，包括反映用户基本情况的用户注册信息，揭示用户兴趣爱好的用户提问、回答和浏览记录，体现用户社交情况的用户互动数据等。社会化问

① Shah C, Oh S, Oh J S. Research agenda for social Q&A [J]. Library & Information Science Research, 2009, 31 (4): 205-209.

答平台中的用户信息呈现出来源多样、内容丰富、类型各异等特点。而这些用户信息成为揭示用户兴趣与偏好的重要数据来源，也成为产品设计开发者、信息服务提供者甚至是社会问题关注者开展用户研究的重要依据。用户画像体现了"数据整合"的数据管理要求和"数据驱动"的数据利用理念，为社会化问答平台的用户信息组织、管理和利用提供了新思路。

10.2.1　社会化问答平台用户的特征

社会化问答平台开发的初衷是帮助人们更好地分享彼此的知识、经验和见解，为用户提供一个知识共享的平台。它有别于传统依赖专业知识的参考咨询服务，主要利用大众知识实现点对点的交互服务①。在社会化问答平台中，平台开发者为用户提供了一个高效、有序的环境进行知识交流，用户在使用社会化问答平台的过程中产生了形式各异、内容多样的用户信息，这些信息成为用户研究中洞察用户属性和特征的重要资料和入口。

（1）用户信息类别

"用户参与"是社会化问答平台运行的基础。用户参与并没有导致平台内容的混乱无序，相反地，由于人与人、人与平台其他要素之间的交互性、相关性、协同性或默契性，平台中的内容自发地形成了特定的结构和功能，这一现象被称为"信息自组织"。这一现象背后的作用机理是，一个系统从无序到有序的关键，不在于热力学是否平衡，也不在于偏离平衡状态的远近，而在于有一个大量子系统构成的开放系统内部发生的"协同作用"②。社会化问答平台通过赋予用户充分权限来营造一个开放的系统，实现平台内容自组织。用户可以对其他用户的提问和回答进行一系列的操作。针对提问

---

① Kim S, Oh J S, Oh S. Best-answer selection criteria in a social Q&A site from the user-oriented relevance perspective [C]. Proceedings of the 70th American Society for Information Science and Technology. Maryland：Springer Press, 2007, 44（1）：1-15.

② Haken H. Advanced Synergetics. Instability Hierarchies of Self-organizing Systems and Devices [M]. New York：Springer-Verlag, 1983.

的操作包括关注、评论、差评、编辑来源或主题等；针对回答的操作包括点赞、差评、评论、感谢等。基于这些设计，用户既能实现信息交互，也能达到相互监督、制约的效果，使得平台中的内容自发地往健康有序的方向发展。

除了利用信息自组织机制，社会化问答平台还通过人工/技术监管机制、用户权限管理和用户激励机制等维护平台内容质量和生态环境。例如，为了避免重复提问，根据用户输入查询词实时联想相关提问；通过内容分析（如相似度计算、关键词识别与匹配）筛选出内容重复、长度过短的回答，自动屏蔽或折叠贡献较低的回答；此外，也鼓励用户提供个人信息，包括个人描述、居住城市、学历背景、工作单位、熟悉语言等，以此为依据向用户推送问题。

根据平台用户的特点和功能的特点，可以将社会化问答平台中的用户信息分为用户基本信息、用户行为信息和用户贡献内容。

用户基本信息由用户主动提供，以用户主页的形式呈现，包括用户昵称、用户描述、居住地、教育背景、职业信息、知识背景等。用户行为信息可以分为两类：一类是可公开获取的行为信息，如用户提出问题、回答问题、关注主题、关注用户或发表博客等；另一类是后台存储的行为信息，如用户日志、操作记录等①。用户贡献内容则包括用户提出的问题、回答的问题、撰写的博客等。其中，用户贡献内容在用户信息中所占比重最大，且社会化问答平台通常以主题页面的形式组织用户贡献内容。每个主题中主要包括三个部分内容：主题基本信息、主题问答列表和主题关注者列表。主题基本信息包括主题名称、主题描述、主题下提问数量、主题关注者数量、相关主题等；主题问答列表则包括所有与主题相关的提问及其回答；主题关注者列表则包括所有关注该主题的用户信息。

---

① 陈烨，陈天雨，董庆兴．多视角数据驱动的社会化问答平台用户画像构建模型研究［J］．图书情报知识，2019（5）．

(2) 用户属性维度

社会化问答平台中主要包含了三类用户信息：用户基本信息、用户行为信息和用户贡献内容。它们以结构化、半结构化或非结构化的形式散布在平台的不同位置。然而，这些用户信息只是用户的外在表现，无法通过它们直接了解用户的需求、提供决策支持。

属性是一个本体论概念，指多个事物共同具有的性质，而每个事物在相同属性上的表现可能存在差异。例如，水果具有颜色、气味、味道等属性，苹果通常为红色或青色、气味清香、味道清甜，而榴梿通常为黄色、气味刺鼻、味道香甜。类似地，用户具有某些共同性质，且每类或每位用户在相同属性上的表现可能各不相同。因此，用户信息是用户属性的具象化表达，用户属性是用户信息的抽象和概括。从用户属性的角度观察用户，能够抓住用户的基本性质和共同性质，为深入了解用户内部特征提供一个统一的、全局性的视角，有助于实现用户信息的互通共融与用户研究的统一[①]。

信息空间是人类社会和物理世界中的人的活动空间的扩展和延伸，因此，信息空间中的用户同样具备人的属性。马克思主义人性观认为：人有两种属性，一是人的自然属性，二是人的社会属性。人的自然属性是指人的肉体存在及其特征；而人的社会属性是指在实践活动基础上人与人之间发生的各种关系及其特征。社会化问答平台中的用户是物理世界中真实存在的个体的虚拟化身，同样拥有人的两种基本属性，即自然属性和社会属性。因此，本研究将社会化问答平台用户的属性划分为两大类：用户自然属性和用户社会属性。但是，在信息空间中，用户的自然属性和社会属性并不与物理世界中的人的自然属性和社会属性一一对应，也不是人的自然属性和社会属性的简单映射，社会化问答平台中用户的属性具有新的含义和表现形式[②]，具体

---

① 陈烨，陈天雨，董庆兴. 多视角数据驱动的社会化问答平台用户画像构建模型研究 [J]. 图书情报知识，2019 (5).

② 陈烨，陈天雨，董庆兴. 多视角数据驱动的社会化问答平台用户画像构建模型研究 [J]. 图书情报知识，2019 (5).

如图 10-3 所示。

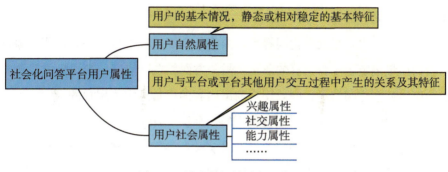

图 10-3　社会化问答平台用户属性

1）用户自然属性

在社会化问答平台中，用户自然属性指的是用户的基本情况，主要指用户静态或相对稳定的基本特征。用户自然属性包含用户的受教育程度、所在地域、职业经历等。

2）用户社会属性

用户的社会属性指的是用户与平台或其他用户交互过程中产生的关系及其特征①。用户的社会属性涉及方面众多，本研究根据社会化问答平台的用户、用户信息和功能特点，将用户的社会属性归纳为兴趣属性、社交属性和能力属性。

社会化问答平台的核心功能为知识共享，用户使用社会化问答平台交流、学习和共享知识，用户擅长或感兴趣的信息或知识是平台用户最重要的社会属性之一，本研究将用户的这一属性命名为兴趣属性。

社会化问答平台最大特点是社会化，主要体现在 3 个方面：用户使用平台、用户参与平台管理和用户生成平台内容。以大众参与为前提的信息自组

---

① 陈烨，陈天雨，董庆兴. 多视角数据驱动的社会化问答平台用户画像构建模型研究［J］. 图书情报知识，2019（5）.

织机制是平台管理的基础，用户参与情况将直接影响平台是否能够健康有序地运行，因而，用户参与平台活动的情况是一项重要的用户属性，本研究将用户的这一属性命名为社交属性。

用户生成内容是社会化问答平台内容的主要组成部分，一方面用户输出内容的质量决定了平台内容的质量；另一方面，在以信息（知识）共享为核心功能的社会化问答平台中，用户输出内容的质量决定了用户的影响力。因而，能力属性是社会化问答平台用户的一个重要属性。

上述 3 个方面的社会属性是结合社会化问答平台的核心功能和用户参与的主要活动总结归纳而来，是最主要的用户社会属性。

10.2.2　用户画像模型的构建思路

通过用户画像概念辨析与特征分析，明确了用户画像有别于用户角色和用户模型，旨在全面、立体地揭示用户特征，实现用户信息最大程度的融合、组织、管理和利用。用户画像的特征包括画像类型多样化、数据来源多样性、用户信息属性化和标签体系动态化。结合社会化问答平台用户、用户信息和功能特点，本研究提出社会化问答平台用户画像模型的构建流程，如图 10-4 所示。

构建社会化问答平台用户画像模型包括 4 个步骤：用户信息获取、属性沙盒搭建、用户画像实现和用户画像应用，其中用户画像实现部分包括用户画像生成与更新。

（1）用户信息获取

用户信息是生成用户画像的基础和数据来源，首先需要获取用户信息。而用户信息来源涵盖了社会化问答平台中所有的用户信息以及通过访谈、问卷调查等方式获取的用户信息，根据用户信息的内容差异可以将其分为三大类：用户基本信息、行为信息和内容信息。其中，基本信息指用户主动提供

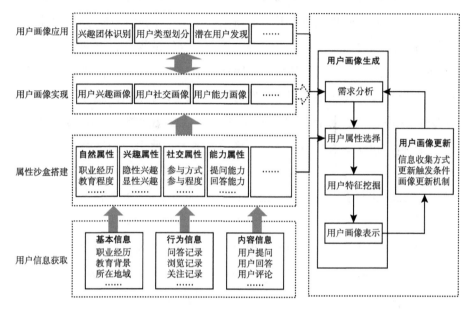

图 10-4　社会化问答平台用户画像模型构建流程

的关于用户自身的信息①，包括职业经历、教育背景、所在地域、擅长领域
等。行为信息指用户在使用平台的过程中留下的行为记录，可公开获取的行
为信息包括用户的问答记录、关注记录、评论记录等，后台存储的行为信息
包括用户的搜索记录、鼠标点击动作、浏览记录、停留时间等。内容信息则
指用户贡献的内容，这部分信息主要以文字的形式呈现，有时也借助图片辅
助表达，例如用户提出的问题、提供的答案、发表的评论、发布的文章等。

（2）属性沙盒搭建

由于以结构化、半结构化或非结构化形式散布在平台不同位置的用户信
息内容丰富、形式多样，但用户信息仅仅是用户的外在表征，无法从中直接

---

① 陈烨，陈天雨，董庆兴. 多视角数据驱动的社会化问答平台用户画像构建模型
研究［J］. 图书情报知识，2019（5）.

得到用户的需求特征、行为特征或其他特征。用户属性是用户信息的抽象和概括，从用户属性的角度观察用户，能够抓住用户的基本性质和共通性质，为深入了解用户内部特征提供一个统一的、全局性的视角，有助于实现用户信息的互通共融与用户研究的统一。因此，通过搭建属性沙盒实现用户信息分流和分类管理，即在划分用户属性的基础上，建立用户信息与不同属性沙盒的对应关系。在本书 10.2.1 节的分析中将社会化问答平台用户的属性划分为自然属性和社会属性两大类，并总结归纳了平台用户的三类主要社会属性：兴趣属性、社交属性和能力属性。需要强调的是，用户自然属性、兴趣属性、社交属性和能力属性分别包含了多种用户属性，每个属性沙盒表示一种用户属性。用户信息与用户属性为一对一、多对多的关系。例如，用户的各项基本信息与自然属性类别下的用户属性为一对一关系；而用户的各项行为信息和内容信息则可能对应用户兴趣属性、社交属性、能力属性等。

1）自然属性

自然属性包括与用户基本情况相关的用户属性，该类别下的用户属性主要体现在用户基本信息，用户基本信息由用户主动提供，包括以下几个方面：用户名称、用户性别、用户年龄、用户描述、职业经历、教育背景以及所在地域等[①]。部分用户出于隐私保护的考虑，并没有提供完整的基本信息，所以存在部分自然属性指标缺省的情况。用户基本信息属于分类数据，具有应用场景相关不确定性。

2）兴趣属性

兴趣属性包括与用户兴趣（信息需求）相关的用户属性。由于用户的兴趣或信息需求存在不同的状态，包括意识到并已表达、意识到但未表达以及尚未意识到的兴趣，因此可以将用户兴趣属性类别分为用户显性兴趣和隐性兴趣[②]。用户的显性兴趣指被用户已表达的兴趣或需求；用户的隐性兴趣指

---

① 陈烨，陈天雨，董庆兴. 多视角数据驱动的社会化问答平台用户画像构建模型研究 [J]. 图书情报知识，2019（5）.

② 陈烨，陈天雨，董庆兴. 多视角数据驱动的社会化问答平台用户画像构建模型研究 [J]. 图书情报知识，2019（5）.

潜在的、被唤醒的或被认识但未表达的用户兴趣或需求。用户兴趣体现在行为信息和内容信息中，但用户的显性兴趣和隐性兴趣的表现形式和度量方式各不相同。用户显性兴趣最直接的反映是用户提出的问题，其次是用户关注的问题、主题等。用户隐性兴趣则体现在用户浏览记录、回答的问题、评论的内容或是关注的用户上。

3）社交属性

社交属性主要包括与用户参与平台社交活动相关的用户属性，如参与方式、参与程度等。用户参与方式指的是用户参与平台活动时所扮演的角色，可以从不同角度进行划分。例如，用户提出问题、关注问题或主题时意味着用户希望获得某些具体信息或某些方面的知识，是信息（知识）的需求者；用户回答问题时是输出信息或知识的过程，是信息（知识）的提供者；用户对其他用户输出的内容进行评价时（包括点赞或差评）是表达认同、赞赏或反对、批评的过程，扮演着信息（知识）的审查者。此外，用户参与关注互动时扮演的角色可能是关注者或被关注者；参与评论互动时扮演的角色可能是评论者或回复者。用户参与程度体现在用户提供的基本信息的完整程度以及用户关注的人数/主题数/问题数、提出/回答的问题数等[1]。社交属性也主要体现在用户行为和内容信息中。

4）能力属性

能力属性包括与用户输出能力相关的用户属性。输出能力指的是用户输出高质量内容的能力，包括提出优质问题的能力、提供优质答案的能力、提供建设性评论的能力等。用户的能力属性体现在用户的基本信息和行为信息上。例如，受教育程度高的用户或是某一领域的从业者在其擅长的领域提供优质答案的可能性较高，获得赞数较高的答案可能较好地回答了用户的问题或是获得了其他用户的认同[2]。由于在不同情境下对"能力"的理解各不相

① 陈烨，陈天雨，董庆兴. 多视角数据驱动的社会化问答平台用户画像构建模型研究［J］. 图书情报知识，2019（5）.

② 陈烨，陈天雨，董庆兴. 多视角数据驱动的社会化问答平台用户画像构建模型研究［J］. 图书情报知识，2019（5）.

同，利用提问能力、回答能力或是评论能力等生成用户画像时需要对评价指标做进一步分析。

(3) 用户画像实现

用户画像的应用场景千变万化，将用户所有的特征综合到一个用户画像中需要消耗极大的数据处理和融合成本，与此同时，为了确保用户画像的实时性和灵活性，也需要耗费大量的精力。可行性、实用性更高的解决方案是根据应用需要生成反映用户某一或某些分面（侧面）特征的用户画像①。因此，社会化问答平台用户画像的类型多样，多样性主要体现在两个方面：目标用户多样性和用户分面（侧面）多样性。目标用户多样性指的是既可以面向某些用户群体生成用户画像，也可以面向单个用户生成用户画像。用户分面（侧面）多样性指的是不用用户画像所描绘的用户特征有所侧重，可能是用户一个分面或多个不同分面（侧面）的特征②。而目标用户和用户分面的选择均取决于应用场景和用户画像的用途。

在确定了目标用户和用户分面之后，按需选择适用的用户属性及其相应的用户信息，然后从选取的用户信息中挖掘出用户特征，并根据用户特征的形式和内容特点对其可视化。由于用户特征具有动态性，因此需要对用户画像进行更新。具体将用户画像生成和更新流程总结为需求分析、用户属性选择、用户特征挖掘、用户画像表示以及用户画像更新等 5 个环节。

1）需求分析

用户画像始终服务于应用，为解决具体的问题提供决策支持和判断依据，因此，需求分析是用户画像生成的第一个环节③。需求分析环节应该解决的问题包括两个方面：一是，生成的用户画像是为了解决什么实际问题？二

---

① 陈烨，陈天雨，董庆兴. 多视角数据驱动的社会化问答平台用户画像构建模型研究 [J]. 图书情报知识，2019 (5).
② 陈烨，陈天雨，董庆兴. 多视角数据驱动的社会化问答平台用户画像构建模型研究 [J]. 图书情报知识，2019 (5).
③ 陈烨，陈天雨，董庆兴. 多视角数据驱动的社会化问答平台用户画像构建模型研究 [J]. 图书情报知识，2019 (5).

是，通过生成用户画像解决这一实际问题时，将选取哪些用户作为目标用户？

2）用户属性选择

属性选择环节则针对上一环节提出的实际问题、目标用户，选择适用的用户属性及其对应的用户信息。因此，该环节解决的问题是利用哪些用户属性及其对应的用户信息生成目标用户画像①。在选择用户属性时，根据应用的需要选择一种或多种用户属性及其对应的用户信息用于生成用户画像。需要强调的是，选择了某种用户属性并不意味着将与该用户属性相关的所有用户信息都用于生成用户画像，选择哪些相关用户信息仍需根据应用需要进行判断。

3）用户特征挖掘

选取了用户属性及其对应的用户信息后，需要根据用户信息的数据类型、数据内容选择适当的数据挖掘方法进行用户特征挖掘，常用的方法包括统计分析、机器学习和社会网络分析等。

4）用户画像表示

用户画像表示指的是用户特征可视化。用户画像通常以标签的形式展示用户特征。标签具有概括性，凝练了用户特征中的关键信息。标签的内容和表现形式多样，既有易于计算机处理的词汇、概念或主题向量或网络等，也有便于使用人员理解的短语、图片等②。

5）用户画像更新

由于用户具有背景、需求、角色、行为多样性和动态性，在利用用户画像的过程中，也需将时间因素考虑在内，即进行用户画像更新。用户画像更新环节主要涉及3个方面的问题：如何获取实时变化的用户信息、如何设置合适的用户画像更新触发条件、选择何种高效的用户画像更新算法③。收集实时用户信息的方式可以根据用户信息的特点划分为显式收集和隐式收集。

---

① 陈烨，陈天雨，董庆兴. 多视角数据驱动的社会化问答平台用户画像构建模型研究［J］. 图书情报知识，2019（5）.

② 陈烨，陈天雨，董庆兴. 多视角数据驱动的社会化问答平台用户画像构建模型研究［J］. 图书情报知识，2019（5）.

③ 陈烨，陈天雨，董庆兴. 多视角数据驱动的社会化问答平台用户画像构建模型研究［J］. 图书情报知识，2019（5）.

对于相对稳定的用户信息，如基本属性对应的用户信息，一般采取显式收集方式，即通过交互要求用户提供相关个人信息。对于不断变化的用户信息，如用户兴趣、社交属性等对应的用户信息，通常采用隐式收集的方式。用户画像更新触发条件主要包括两种：设置更新周期和设置更新阈值。用户画像更新机制则包括完全更新和增量更新。完全更新指读取所有历史用户数据重新生成用户画像；增量更新指只更新发生变化的部分。用户画像更新的实时用户信息获取方式、用户画像更新触发条件以及用户画像更新机制均需要根据用户画像随时间变化的特点进行判断和选择。

需要强调的是，用户属性与用户画像为多对多的关系，即生成用户画像时，可能利用一种或多种用户属性及其对应的用户信息，一种用户属性及其对应的用户信息可能用于一个或多个不同的用户画像。应用场景和用户画像为一对多的关系，即面向某一应用场景时，可能根据需要生成一个或多个用户画像，用于支持产品设计或服务改善。但由于应用场景不同，即使使用相同的用户属性及其对应的用户信息，在用户特征挖掘以及用户画像表示环节仍存在差异，相应地，最终呈现出来的用户画像也存在差异，因此，不提倡用户画像复用。

（4）用户画像应用

生成用户画像是为了服务于产品设计与优化、用户体验提升与改善。社会化问答平台的核心功能是知识共享和用户互动，由此产生了丰富的知识资源和社会资源。随着用户数量的增长，用户贡献的基本信息、行为信息和内容信息急剧增长，服务提供方在进行平台管理时主要面临两个方面的问题：内容质量管理和用户关系维护。内容质量管理和用户关系维护涉及的内容也极为广泛，解决的思路和方案也丰富多样，例如，可以通过用户能力评测对用户的提问能力、回答能力以及公信力等进行评价，识别出用户群体中"知识渊博"或"影响力高"的用户，对用户进行分类管理，推广优质用户产出的内容，促进内容健康发展；也可以根据用户的信息需求、兴趣爱好或行为偏好向用户推送提问、回答或相关用户，帮助用户快速定位目标内容，满足用户需求，提升用户体验。

10.3　用户兴趣画像生成

在以 Quora 为代表的社会化问答平台中，主题页面主要以列表的形式组织用户提出的问题。当用户想获取该主题下某些具体的信息或知识时，只能通过关键词搜索或列表浏览的方式定位相关问答。但关键词搜索返回的相关问答有限，例如，在 Quora 中通过关键词搜索仅返回 5 条相关问题；且很多情况下用户无法准确描述自己的信息需求；而列表浏览方式需要耗费大量的时间定位相关问答，使用户体验大打折扣。针对这一问题，可以通过分门别类地组织主题下的用户提问，帮助用户快速定位相关问答，也可以通过提供主题内容索引，帮助用户了解主题下其他用户讨论的热点。由于用户提问是用户兴趣的最直接表达，因此可以选取用户兴趣属性对应的用户信息生成面向主题的用户兴趣画像，通过用户画像描绘主题下用户兴趣的特征，进而实现主题下用户提问分类和热点识别。

基于此，本节将以用户提问分类和主题热点识别为目的，进行面向高血压主题的用户兴趣画像（以下简称用户兴趣画像）生成研究。

10.3.1　用户兴趣画像的生成过程

用户提问分类和热点识别主要关注主题下用户已经表达的信息需求（兴趣），即用户显性兴趣，因此，选取用户显性兴趣属性及其对应的用户信息作为用户兴趣画像的信息来源。而用户显性兴趣属性对应的用户信息包括用户提问的内容、提问时间、答案数量、关注数量、浏览数量等。实现用户提问分类和热点识别的关键是对用户提问的内容特征进行分析。由于 Quora 中的用户提问由长度小于 250 个字符的短语或段落构成，可以从 3 个层面对用户提问的内容特征进行分析，分别为语句（或段落）、主题和词汇。从语句（或段落）层面理解用户提问的内容，粒度过大，且不便于计算机识别与计算；从词汇角度进行分析则破坏了问题中的语义信息；介于词汇和语句（或段落）之间的主题既保留了文本的语义信息又易于表示和计算，在理解用户提问的内容上更具适用性。因此，可以从主题层面对用户提问内容进行分析，挖掘用户兴趣主题，生成用户兴趣画像，然后根据用户画像的结果实现用户提问分类和热点识别。

在用户兴趣画像生成过程中，需要重点解决的问题包括：①选择何种主题挖掘模型挖掘用户兴趣（用户提问）主题？如何评价主题挖掘的效果？②如何确定用户兴趣（用户提问）主题中的热点主题？③如何表示用户兴趣画像？

（1）数据获取与预处理

1）数据获取

Quora 由 Facebook 前首席技术官 Adam D' Angelo 和 Charlie Cheever 于 2009 年创立，支持英语、法语、德语、西班牙语和意大利语。2009 年 12 月推出 Quora 测试版，随后在 2010 年 6 月 21 日向公众开放。Quora 成立之初采用邀请注册制，吸引了各行各业的精英；一年后正式对公众开放，用户可以使用社交网络账号登录。截至 2017 年 4 月，Quora 的注册用户已超过 1.9 亿，创建的主题数量已超过 40 万，是国外使用最为广泛、最具代表性的社会化问答平台①。因此，本研究在社会化问答平台用户画像模型的指导下，以 Quora 为例，进行社会化问答平台用户画像生成的实证研究。

利用网络爬虫爬取 Quora 中高血压主题下的用户提问标题、描述、提问时间、答案数量、关注数量和浏览数量，数据表内容如表 10-2 所示。截至 2017 年 6 月 30 日，共获取高血压主题下的用户提问 2288 个。

---

① Craig Smith. 2018-12 interesting Quora statistic and facts [EB/OL]. [2019-07-15]. https：//expandedramblings. com/index. php/quora-statistics/.

表 10-2	用户提问数据表内容
数据表名称	数据表内容
用户提问	编号、标题、描述、时间、答案数、关注数、浏览数

2）数据预处理

在对用户兴趣（用户提问）进行主题挖掘前，需要对用户提问数据进行预处理，预处理主要包括数据变换和数据清洗两个步骤，如图 10-5 所示。

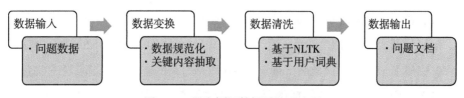

图 10-5　用户提问数据预处理流程

数据变换指的是将获取的数据转换成适用于挖掘的形式，包括数据规范化和关键内容抽取。例如，网页中时间的表示方式为"Last Asked 5 days ago"或"Last Asked Mar 25，2017"，将第一种时间表示规范为"MM-DD-YYYY"的格式，并从第二种时间表示中抽取年份、月份和日期，也规范为"MM-DD-YYYY"的格式。

数据清洗指的是去除问题标题和描述（以下统称问题文本）中对用户兴趣识别和发现没有帮助的信息，本研究利用了基于 NLTK 的方法和基于用户词典的方法。基于 NLTK 的方法指的是借助自然语言处理工具包（Natural Language Toolkit，NLTK）完成问题文本的初步清洗，包括统一为小写字母，去除标点符号，进行词形还原处理。词形还原（lemmatization）区别于词干提取（stemming），前者将任何形式的词汇还原为一般形式，后者从不同形式的词汇中抽出词汇的词干或词根。但两者的目的均是将词汇的屈折形态或派生形态归并或简化为原型或词干的形式，实现词汇的归一化。例如，词汇"driving"词形还原的结果是"drive"，而词干提取的结果是"driv"。从这个例子可以看出，词干提取的结果可能无法表达完整语义，因此本研究选取词形还原方法，将词汇还原为基础形式，一方面减少噪音，另一方面也使语义特征更集中和突出。在上述基于 NLTK 的数据清洗完成之后，本研究还根据自建的用户词典对问题文本进行再次清洗，优化数据清洗结果。自建用户词典主要包括 3 个词表：停用词表、保留词表和合并词表。停用词表除了 NLTK 提供的英文停用词表，也根据初步清洗结果补充无意义的词汇，包括部分修饰词（形容词或副词）和常用动词，例如 "almost" "always" "say" "go" 等。保留词表包含了主题（高血压）相关、应该保留的特别表达和专有医学名词，例如，血压通常被表示为 "H/L mmhg" 或 "H/L kpa"，其中 H 和 L 分别表示高压值和低压值，mmhg 和 kpa 分别表示血压的计量单位毫米汞柱和千帕斯卡，因此将 mmhg 和 kpa 收入保留词表。合并词表主要包含了同义词和词形还原未包括的可以合并的词汇，例如同义词 "mother" 和 "mum" 统一为 "mother"，修饰词 "good/well" 的比较级 "better" 或最高级 "best" 统一为原型。

3）数据描述性统计

实验获取的 2288 个用户提问对应的答案共 6298 个，问题平均答案数约为 2.75 个。绘制所有问题和答案的时间分布图，从图 10-6 中可以看出：从 2010 年 7 月至 2017 年 6 月，高血压主题的问题和答案随时间的推移不断增长，且答案的增长速度高于问题；可以根据问题数量的增长速度，以 2014 年 4 月为分界线将整个时间段划分蛰伏期（2010.07—2014.04）和增长期（2014.04—2017.06）。

绘制所有问题的答案数量和关注数量分布图，从图 10-7 中可以看出：大多数问题获得的答案和关注者都较少，仅有少数问题获得了大量的答案和关注者。其中，答案数和关注者数量为 1 的问题数量最多，分别为 673 个和 699 个；问题 "How do you lower your blood pressure?" 获得了最多的答案，截至 2017 年 6 月 30 日共获得 54 个答案。问题 "What causes high blood pressure (hypertension)?" 获得最多的关注者，截至 2017 年 6 月 30 日共获得 89

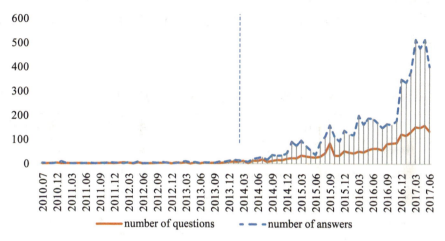

图 10-6 高血压主题下的问题和答案发布时间分布图 (2017.07)

位关注者。

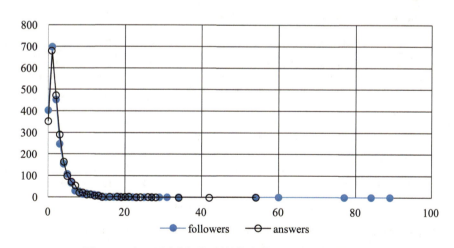

图 10-7 高血压主题下问题的答案数量和关注者数量分布

  将问题分别按照获得的答案数量和关注者数量由高到低排列，汇总答案数量或关注者数量排名前 15 的问题，如表 10-3 所示。从表中可以看出，引起用户广泛讨论的内容集中在病因与病理、诊断（血压测量）、治疗（药物、饮食）、控制（血压、固醇、血糖等）、保健（身体、心理）等方面。

表 10-3　　　**答案数量或关注者数量排名前 20 的问题列表**

序号	标　　　题	回答数	排序 1	关注者数	排序 2
1	How do you lower your blood pressure?	54	1	84	2
2	What causes high blood pressure（hypertension）?	42	2	89	1
3	What should I do to deal with low blood pressure?	34	3	19	11
4	What is the best diet for high blood pressure?	28	4	34	6
5	How can I control cholesterol?	27	5	54	5
6	How do I control blood pressure?	26	6	22	12
7	What is the best natural medicine for high blood pressure?	24	7	25	13
8	What are home remedies for high blood pressure?	23	8	29	8
9	How can l control my blood sugar?	21	9	14	14
10	How do I calm down for blood pressure tests?	21	10	12	15
11	Why does my blood pressure cuff make me feel terrible afterwards?	20	11	77	3
12	Which blood pressure monitor is best for monitoring BP at home?	18	12	27	9
13	Why can salt be bad for you?	13	13	31	7
14	A man was on high BP medicine for 30 yr. Had swollen feet. Increased his water intake to 200 ml every hour. The swelling disappeared in 48 hours. Why?	7	14	27	10
15	Has taking supplemental CoQ10 benefited you in any way（changed your quality of life/overall health）?	3	15	60	4

（2）兴趣特征挖掘

1）主题挖掘

对用户提问数据进行清洗之后，利用主题挖掘模型挖掘用户兴趣（用户提问）的特征。由于 Quora 中的问题标题的字符数限制在 255 个以内，且仅有少数问题有描述内容，问题文本属于典型的短文本，而通过词对共现加强主题的词对主题模型（Biterm Topic Model, BTM）更加适用于短文本主题挖掘，因此，本研究选取 BTM 模型进行高血压主题下的用户兴趣（用户提问）特征挖掘。

BTM 模型的实现流程包括 3 个步骤：①文档输入：输入文档-词汇列表；②模型运算：设定文档—主题分布 θ 的超参数 α、主题—词对分布 φ 的超参数 β、迭代次数 n 以及目标主题数 k；③模型输出：输出主题—词汇矩阵和文档-主题矩阵，如表 10-4 所示。

表 10-4   **主题挖掘的输出文档**

	w_1	w_2	$\cdots$	w_n
t_1	ww_{11}	ww_{12}	$\cdots$	ww_{1n}
t_2	ww_{21}	ww_{22}	$\cdots$	ww_{2n}
$\cdots$	$\cdots$	$\cdots$	$\cdots$	$\cdots$
t_k	ww_{k1}	ww_{k2}	$\cdots$	ww_{kn}

（a）主题-词汇矩阵

	t_1	t_2	$\cdots$	t_k
d_1	wt_{11}	wt_{12}	$\cdots$	wt_{1k}
d_2	wt_{21}	wt_{22}	$\cdots$	wt_{2k}
$\cdots$	$\cdots$	$\cdots$	$\cdots$	$\cdots$
d_d	wt_{d1}	wt_{d2}	$\cdots$	wt_{dk}

（b）文档-主题矩阵

在进行模型运算的过程中，文档-主题分布的超参数 α 一般设定为 $50/k$，主题-词对分布的超参数 β 一般设定为 0.01，迭代次数设定为 1 000，但最优目标主题数需要根据实验结果进行选择。而最优目标主题数的确定常常需要借助主题模型的评价指标：困惑度和主题结构稳定性[①]。

---

① Cao J, Xia T, Li J, et al. A density-based method for adaptive LDA model selection [J]. Neurocomputing, 2009, 72 (7-9)：1775-1781.

困惑度一般指语料库中所有词例（token）的似然值的几何平均数的倒数，故困惑度越小，语料库似然值越大，说明训练出的模型对语料库的拟合效果越好，即模型对于新文本的主题预测能力越强。在 BTM 模型中，词例不再是某个词汇，而是由两个词汇组成词对，即 biterm。BTM 模型中的困惑度计算公式如下所示：

$$\text{Perplexity} = p(\tilde{B} \mid M) = p(\boldsymbol{b} \mid M)^{-\frac{1}{|B|}} = \prod_b^{|B|} p(b \mid M)^{-\frac{1}{|B|}}$$

其中，$\boldsymbol{b}$ 表示每个文档的词对集合，$p(b \mid M)$ 表示训练所得主题模型生成词对 b 的概率，计算公式如下：

$$p(b \mid M) = \sum_z^k p(z)\, p(w_i \mid z)\, p(w_j \mid z) = \sum_z^k \theta_z \varphi_{z,\,b_{wi}} \varphi_{z,\,b_{wj}}$$

因此，整个模型的困惑度可以表示为：

$$\text{Perplexity} = \left[\prod_b^{|B|} \left(\sum_z^k \theta_z \varphi_{z,\,b_{wi}} \varphi_{z,\,b_{wj}} \right) \right]^{-\frac{1}{|B|}}$$

$$= \exp \left| -\frac{\sum_b^{|B|} \log\left(\sum_z^k \theta_z \varphi_{z,\,b_{wi}} \varphi_{z,\,b_{wj}} \right)}{|B|} \right|$$

而主题结构稳定性衡量了主题模型训练所得主题间平均语义距离的大小。主题间语义相似度（Between-topic semantic similarity, BTS）将主题看作一个向量，通过主题向量间的夹角余弦值判断主题间的语义相似度。根据表 10-4（a）主题-词汇矩阵，主题间语义相似度（BTS）的计算方式如下所示：

$$\text{BTS} = \text{Sim}(\text{Topic}_A,\ \text{Topic}_B) = \frac{\sum_{i=1}^n ww_{iA} ww_{iB}}{\sqrt{\sum_{i=1}^n (ww_{iA})^2} \sqrt{\sum_{i=1}^n (ww_{iB})^2}}$$

其中，Topic_A 和 Topic_B 表示任意两个主题向量，且 $1 \leq A < B \leq k$。主题间平均语义距离的计算公式如下：

$$Ar\,g_B TS = \frac{\sum_{A,\,B=1}^k \text{Sim}(\text{Topic}_A,\ \text{Topic}_B)}{C_k^2}$$

因此，主题向量间的夹角余弦值越小，说明主题间语义相似度越小，主题间语义距离越大；主题间平均语义距离越大，说明主题结构稳定性越小，主题挖掘模型识别出的子主题的语义独立性越强；反之则主题间平均语义距离越小，主题结构稳定性越大，主题的语义独立性越弱。

利用 BTM 模型对同一语料库进行主题挖掘，当主题数量的设定不同时，训练所得的困惑度和主题结构稳定性各不相同。一般情况下，困惑度和主题间平均语义距离越小，主题挖掘的效果越好，因为困惑度越小，模型的预测能力越好，而主题间平均语义距离越小，主题结构稳定性越高。但这并不意味着困惑度或主题间平均语义距离最小对应的主题数量即为最优目标主题数。由于主题模型是一种基于可观测变量的抽样统计和概率计算的主题模型构建过程，求解的结果并不精准，因此最优目标主题数的选择除了参考定量的统计结果，还需要从定性的角度对模型训练结果的可解释性进行评定。

2）特征抽取

主题挖掘得到了主题-词汇矩阵和文档-主题矩阵，为了进一步明确主题含义和文档内容，需要从主题-词汇矩阵和文档-主题矩阵中抽取主题特征和文档特征。抽取主题特征指的是从主题-词汇矩阵抽取最能体现主题含义的词汇来表示主题，抽取文档特征指的是从文档-主题矩阵中抽取最能体现文档内容的主题来表示文档。

在抽取主题特征的过程，可以将主题-词汇矩阵拆分为 K 个主题词汇向量（K 为最优目标主题数），将主题-词汇向量中词汇按照概率由大到小排列，选取概率较大的词汇作为主题特征；但由于实验所用的语料库是高血压相关的问题，hypertension、high、blood、pressure 等词汇往往占据主题-词汇向量的前几位，简单地选取概率较大的词汇作为主题特征无法有效区别各主题之间的差异。因此，本研究通过 TF-IWF 对主题-词汇矩阵中的词汇进行加权，并选取加权主题-词汇向量中的排名前 M 的词汇作为主题特征，构成 M 维主题特征向量。

TF-IDF（Term Frequency-Inverse Document Frequency，词频-逆文档频率）

是一种传统的文档特征统计方法，它的基本思想是：在文档集合中，在一篇文档中出现频率（TF）很高且在其他文档中出现频率（IDF）较低词汇表现文档特征能力较强，适用于文档分类。TF-IDF 的计算公式如下：

$$\text{weight}(w_i,\ d_k) = f_{ik} \times \lg\left[\frac{N}{N(w_i)}\right]$$

其中，f_{ik} 表示词汇 w_i 在文档 d_k 中的频率，$N(w_i)$ 表示词汇 w_i 在文档集合中出现的次数，N 表示文档集合的总长度。在 TF-IDF 的基础上，Aless[①] 认为 IDF 对词频的倚重过大，提出用逆词频率的平方来平衡词频所占的额比重，得到 TF-IWF，计算公式如下：

$$\text{weight}(w_i,\ d_k) = f_{ik} \times \lg\left[\frac{\sum_{j=1}^{M} N(w_j)}{N(w_i)}\right]^2$$

其中，$N(w_{ij})$ 表示词汇 w_i 在文档 d_j 中的频次，M 表示文档集中的总词数。郑诚等[②]认为在短文本特征识别时文档中词汇出现的次数基本上为 1，难以简单地从词频信息判断词汇的相关程度，对 TF-IWF 进行了改进：用对数函数 log 和开 n 次方取代 f_{ik}，进一步降低词对词频的倚重，如下所示：

$$\text{weight}(w_i,\ d_k) = \sqrt[n]{\lg(f_{ik} + 1.0)} \times \lg\left[\frac{\sum_{j=1}^{M} N(w_j)}{N(w_i)}\right]^2$$

主题-词汇矩阵中词汇权重的计算公式如下所示：

$$\text{weight}(w_i,\ t_j) = \sqrt[n]{\lg(ww_{ij} + 1.0)} \times \lg\left[\frac{K}{\sum_{j=1}^{K} ww_{ij}}\right]^2$$

其中，ww_{ij} 表示词汇 w_i 在主题 t_j 中的概率，K 表示主题数。因此，将表 10-4（a）主题-词汇矩阵转化为加权主题-词汇矩阵，如表 10-5 所示。

---

① Aless R B, Moschitti A, Pazienza M T. A text classifier based on linguistic processing [C]. Proceedings of the 16th International Joint Conference on Artificial intelligence, Stockholm：ACM, 1999：1-5.

② 郑诚，吴文岫，代宁. 融合 BTM 主题特征的短文本分类方法 [J]. 计算机工程与应用, 2016, 52 (13)：95-100.

表 10-5   加权主题-词汇矩阵

	w_1	w_2	...	w_n
t_1	weight（w_1，t_1）	weight（w_2，t_1）	...	weight（w_m，t_1）
t_2	weight（w_1，t_2）	weight（w_2，t_2）	...	weight（w_2，t_n）
...	...	...	...	
t_k	weight（w_1，t_k）	weight（w_2，t_k）	...	weight（w_n，t_k）

在抽取文档特征的过程中，由于文档-主题矩阵中的概率值表示的是文档中内容与各个主题相关的概率大小，不存在主题特征抽取时的高频词的问题，因此可以将文档-主题矩阵拆分为 D 个文档主题向量（D 表示文档总数），并将主题主题向量中主题按照概率由大到小排列，选取概率较大的主题作为文档特征，构成 R 维主题特征向量。

3）热点识别

通过主题挖掘和特征抽取，得到了 M 维主题特征向量和 R 维文档特征向量，需要在此基础上进一步识别高血压主题下用户提问的热点。Quora 通过合并相似问题避免出现重复问题；且用户输入问题时，系统会动态联想已有的相似问题，当用户的提问意图与系统提示相似时，用户往往选择终止提问，转而浏览已有的相似问题及其回答；此外，用户可能会关注或回答自己感兴趣的问题；可以认为得到的答案数量大、关注者数量多、浏览量高的问题是主题下用户比较感兴趣的话题，即用户提问的热点。因此，根据用户提问的答案数量 $n_1(i)$、关注者数量 $n_2(i)$、浏览量 $n_3(i)$ 对文档（用户提问）加权，由于三者的数量级各不相同，本研究采用最小-最大规范化方法对上述三个分项进行标准化，文档 i 权重的计算方法如下所示：

$$\text{weight}(i) = \sum_{j=1}^{3} n_j'(i) = \sum_{j=1}^{3} \frac{n_j(i) - \min_j(i)}{\max_j(i) - \min_j(i)}$$

利用上述公式，将表 10-4（b）文档-主题矩阵转化为加权文档-主题矩阵，如表 10-6 所示。然后，将加权文档-主题矩阵拆分为 D 个加权文档主题向量（D 表示文档总数），将每个向量中的主题按权重由大到小排列，选取前 R 个主题作为构成 R 维加权文档主题向量。最后，合并 M 维主题特征向量和 R 维加权文档主题向量，得到加权文档词汇向量，即主题热点。

表 10-6   加权的文档-主题矩阵

	t_1	t_2	...	t_k
d_1	weight（1）wt_{11}	weight（1）wt_{12}	...	weight（1）wt_{1k}
d_2	weight（2）wt_{21}	weight（2）wt_{22}	...	weight（2）wt_{2k}
...	...	...	...	...
d_d	weight（d）wt_{d1}	weight（d）wt_{d2}	...	weight（d）wt_{dk}

（3）用户兴趣画像表示

通过用户兴趣特征挖掘主要输出了 3 个向量：R 维文档主题向量、M 维主题特征向量和加权文档词汇向量。

$$d_i = \{\text{weight}_{i1} \cdot t_{i1}, \ \text{weight}_{i2} \cdot t_{i2}, \ \cdots, \ \text{weight}_{ir} \cdot t_{ir}\}$$

$$t_j = \{\text{weight}_{j1} \cdot w_{j1}, \ \text{weight}_{j2} \cdot w_{j2}, \ \cdots, \ \text{weight}_{jm} \cdot w_{jm}\}$$

$$\text{hot\_topic} = \{\text{weight}_{m1} \cdot w_{m1}, \ \text{weight}_{m2} \cdot w_{m2}, \ \cdots\}$$

其中，d_i 表示 R 维文档主题向量，$\text{weight}_{ix} = \text{weight}(i) \cdot wt_{ix}(i \in [1, D], \ r \in [1, R])$；$t_j$ 表示 M 维主题特征向量，$\text{weight}_{jy} = \text{weight}(w_{jy}, t_j)(j \in [1, D], \ r \in [1, R])$；hot_topic 表示加权文档词汇向量，$\text{weight}_{mz} = \text{weight}(i) \cdot \text{weight}_{im} \cdot \text{weight}_{jz}(i \in [1, D], \ r \in [1, R])$。

R 维文档主题向量可以为基于主题的用户提问分类提供依据，由于用户提问分类需要通过开发人员实现，因此，R 维文档主题向量将以向量的形式传递给产品开发人员；加权文档词汇向量涵盖了高血压主题下用户兴趣的热点，而用户兴趣热点主要呈现给平台用户，因此，将以标签云的方式显示在高血压主题页面上，帮助用户快速定位主题热点。综上所述，服务于用户提问分类和主题热点识别的用户兴趣画像的标签内容为主题和词汇，标签表示方式为向量和标签云。

10.3.2 用户兴趣画像的特征分析

采用 Python 语言编写程序实现主题挖掘与兴趣特征挖掘过程。实验原始数据集为 Quora 平台中高血压主题下 2017 年 6 月 30 日之前的所有用户提问的标题、描述、答案数量、关注数量和浏览数量，合计 2 288 条。数据集示例如表 10-7 所示。

表 10-7　　　　　　　　　　用户提问数据集示例

序号	标题	描述	回答数	关注者数	浏览数
1	How do you lower your blood pressure?	null	54	84	33 769
2	What causes high blood pressure（hypertension）?	null	42	89	51 283
3	What should I do to deal with low blood pressure?	I am diagnose with low blood pressure（when going low it is 90/60）and want to know what kind of food should I eat, also what kind of sports I can practice to help me.	34	19	12 701
4	What is the best diet for high blood pressure?	null	28	34	13 078
5	How can I control cholesterol?	null	27	54	20 239

合并用户提问的标题和描述，一条问题文本（标题+描述）即为一篇文档，合并所有问题文本，构成初始文档集合。在进行主题挖掘前，对初始文

档集合进行数据预处理，预处理前、后的文档示例如表 10-8 所示。

表 10-8   预处理前、后用户提问示例

序号	形态	内 容
例 1	初始形态	How do you lower your blood pressure?
	中间形态	lower blood pressure
	最终形态	low blood pressure
例 2	初始形态	What causes high blood pressure（hypertension）?
	中间形态	cause high blood pressure hypertension
	最终形态	cause high blood pressure hypertension
例 3	初始形态	What is the best natural medicine for high blood pressure?
	中间形态	best natural medicine high blood pressure
	最终形态	good natural medicine high blood pressure

由于 BTM 模型是通过词对共现关系挖掘主题，因而去除数据预处理后长度小于 2 的文档，保留有效文档 2256 个，构成有效文档集合。因此，主题模型训练的语料库为包含 2256 条记录的文档集合。

（1）用户兴趣的主题分布

在进行模型运算的过程中，文档-主题分布的超参数 α 一般设定为 $50/k$，主题-词对分布的超参数 β 一般设定为 0.01，迭代次数设定为 1000，其中 k 为目标主题数。首先通过困惑度和主题间语义相似度确定最优目标主题数。

图 10-8 为设定不同主题数时 BTM 模型的困惑度数值变化曲线。从图中可以看出，随着主题数的增加困惑度不断减小，当主题数从 5 增加到 20 时，困惑度的减小速度较快，当主题数大于 20 时，困惑度的减小速度放缓。由此表明，利用 BTM 模型对高血压主题下的用户提问进行主题挖掘时，预设的主题数越多，模型对新文本的主题预测能力越强，且主题数大于 80 以后，

尽管模型的预测能力仍然逐渐变强，但变化并不大。

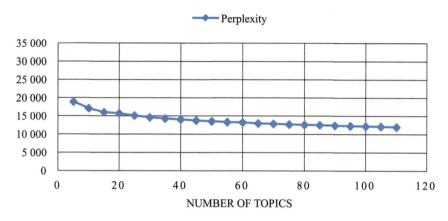

图 10-8　BTM 模型的困惑度数值变化曲线

　　图 10-9 为设定不同主题数时 BTM 模型主题间平均语义距离变化曲线，主题间平均语义距离即为主题结构稳定性。从图中可以看出，当主题数介于 5 到 70 之间时，主题模型训练所得主题的平均主题间语义距离波动较大，在主题数分别为 5、20、60 的时候出现了谷值，在主题数分别为 15、50、65 时出现了峰值；当主题数大于 70 时，平均主题间语义距离呈现出平稳下降的趋势。由此表明，利用 BTM 模型对高血压主题下的用户提问进行主题挖掘时，当主题数较少时，主题间的平均语义距离的波动性比较大，即主题结构稳定性波动较大；当主题数较大时，主题间平均语义距离呈现稳步下降的趋势，即主题结构稳定性越来越大。

　　结合 BTM 模型的困惑度和主题稳定性随主题数变化的特点可知，当主题数大于 20 以后，困惑度维持较为稳定的状态，观察主题数大于 20 的主题间平均语义距离曲线发现，尽管主题数大于 70 时，曲线呈现出平稳下降的趋势，但数值仍然大于主题数为 20 时的数值，因此主题数为 20 时主题稳定性最高。虽然随着主题数的继续增加，困惑度和主题间平均语义距离仍将继续下降，且主题间平均语义距离可能下降至小于主题数为 20 时

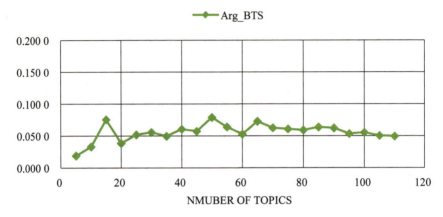

图 10-9　BTM 模型主题间平均语义距离变化曲线

的数值，但由于主题挖掘的语料库为高血压相关的用户提问，如若选择更大的主题数最为最优目标主题数，一方面主题数量过多不易于从语义上进行解释和理解，另一方面也会带来更大的计算消耗。因此，本研究选取 20作为实验语料库的最优目标主题数。

（2）用户兴趣的特征分析

选定最优目标主题数后，获取通过 BTM 模型主题挖掘得到输出文档：主题-词汇矩阵（20×734）和文档-主题矩阵（2255×20）。

首先，分别从主题-词汇矩阵和文档-主题矩阵中抽取 M 维主题特征向量（$M=10$）和 R 维文档特征向量（$R=5$）。在生成 M 维主题特征向量时，根据下列公式计算词汇权重。

$$\text{weight}(w_i,\ t_j) = \sqrt[n]{\lg(ww_{ij}+1.0)} \times \lg\left[\frac{K}{\sum_{j=1}^{K} ww_{ij}}\right]^2$$

实验过程中发现，同时对词频取对数（log 函数的底数为 10）和开次方（$n=10$）时，词频倚重削减程度过大，最终得到的主题特征向量大多由高逆词频率词构成，这些词的词频往往较低，体现的主题内容过于细致；如果仅对词频取对数（log 函数的底数为 10），词频倚重的削弱程度较为恰当，既在一定程度上减少了高频词（如 hypertension、high、blood、pressure 等）在主题特征向量中出现的频次，也保证了用于区分主题内容的高逆词频率词在主题特征向量中占据一定比例。

因此，最终得到的 R 维文档特征向量（$R=5$）示例如表 10-9 所示，M 维主题特征向量（$M=10$）示例如表 10-10 所示。

表 10-9   文档特征示例

文档 0		文档 1		文档 2	
主题号	权重	主题号	权重	主题号	权重
16	6.20E-02	0	3.03E-02	0	2.58E-02
3	6.84E-03	6	1.01E-02	5	1.03E-02
0	8.45E-04	17	3.15E-03	1	5.26E-03
1	1.44E-04	1	2.55E-03	8	3.91E-03
17	1.05E-04	13	2.47E-03	3	3.00E-03

表 10-10   主题特征示例

主题号	词汇号	权重	词汇	主题号	词汇号	权重	词汇
0	9	2.81E-02	Pressure	1	39	2.59E-02	hypertension
	8	2.77E-02	blood		208	2.05E-02	problem
	7	2.26E-02	high		37	1.85E-02	medicine
	19	8.94E-03	low		243	1.70E-02	know
	37	6.56E-03	medicine		95	1.57E-02	health
	39	6.16E-03	hypertension		231	1.29E-02	pill
	45	5.85E-03	people		172	1.27E-02	start
	58	5.73E-03	cause		38	1.13E-02	diabetes
	23	5.42E-03	reduce		274	1.07E-02	age
	95	5.39E-03	health		99	1.03E-02	diagnose

续表

主题号	词汇号	权重	词汇	主题号	词汇号	权重	词汇
3	39	6.91E-02	hypertension	16	9	3.15E-02	pressure
	50	2.36E-02	treat		86	2.97E-02	increase
	113	2.16E-02	pulmonary		8	2.50E-02	blood
	58	1.70E-02	cause		129	2.02E-02	salt
	59	1.50E-02	patient		70	1.64E-02	water
	161	1.38E-02	arterial		58	1.53E-02	cause
	133	1.09E-02	way		7	1.47E-02	high
	49	9.55E-03	disease		19	1.33E-02	low
	332	9.54E-03	artery		14	1.17E-02	bp
	675	9.44E-03	deny		194	9.03E-03	gas

表 10-9 中显示，相较于其他主题，文档 0 与主题 16、3、0、1、17 相关的概率较大。文档 0 的内容为：Would it be a bad idea to ask my cardiologist if I can smoke weed? I got a stent for my coarctation of aorta and everywhere I look it says that high blood pressure is the complication from it that kills. Anyways, weed helped me with depression & anxiety. Now I'm afraid because my BP but I'm also afraid my cardiologist will stop doing checkups or something if I ask. 这位用户提出了关于高血压患者是否可以服用大麻的疑问，从提问内容中可以看出这个提问中包含了与血压控制（主题 0）、高血压治疗（主题 1）、并发症（主题 3）、高血压病理（主题 16）相关的内容。类似地，文档 1（What are the foods that make blood pressure high as I have low BP?）中包含了与血压控制（主题 0）相关的内容；文档 2（Why does the heart muscle weaken if the blood pressure is constantly high?）包含了与血压控制（主题 0）、并发症（主题 3）相关的内容。

获取 M 维主题特征向量和 R 维文档特征向量后，根据问题的答案数量、关注者数量和浏览量给用户提问赋予不同的权重得到加权 R 维加权文档主题向量；合并 M 维主题特征向量和 R 维加权文档主题向量，得到包含 39 个词汇的加权文档词汇向量。

(3) 用户兴趣画像的呈现

服务于用户提问分类和主题热点识别的用户兴趣画像包括两个部分：R 维文档主题向量和加权文档词汇向量。R 维文档主题向量以向量的形式提供给开发人员进行用户提问分类如表 10-9 所示，但具体的分类方式和索引构建、排列和展示方式不在本研究研究中展开。加权文档词汇向量以标签云的方式呈现给平台用户，如图 10-10 所示。从标签云图中可以直观地看出高血压主题下的用户关注的热点由主要到次要依次是：高血压的病因（cause）、诊断与治疗（diagnose、treat、medicine、pill）、心理影响（anxiety、feel）、相关疾病与并发症（pulmonary、cross leg/knee、diabetes）、日常保健（weight/overweight、daily、walk、age）等。这一结果与获得较多答案和受到较多关注的问题所涉及的内容较为一致（病因与病理、诊断、治疗、控制、保健等）。

图 10-10　高血压主题下的热点标签云图（2017.07）

193

10.4　用户社交画像生成

在以 Quora 为代表的社会化问答平台中，用户互动是建立社交关系的基础，而用户之间相对稳定和健康发展的社交关系是平台正常运转和持续发展的基本保障。因此，对于平台管理和维护人员而言，掌握主题下用户的社交情况，对主题下的用户进行分类管理是一项基础性工作之一。针对这一管理需要，可以利用主题下用户的社交属性及其对应的用户信息生成面向主题的用户社交画像，通过用户画像描绘主题下用户之间的互动关系和互动模式特征，进而实现主题下用户社交情况监测和用户分类管理。

基于此，本节将以用户社交情况监测和用户分类管理为目的，进行面向高血压主题的用户社交画像（以下简称用户社交画像）生成研究。

10.4.1　用户社交画像的生成过程

用户社交情况监测和用户分类管理的实现需要基于用户社交属性及其对应的用户信息，因此，在生成用户社交画像时将选取用户社交属性类别下的用户属性及其用户信息作为信息来源。用户社交属性包括用户参与方式、用户参与度等。用户参与方式包括问答、关注、评论等。用户参与问答互动时扮演的角色可能是信息需求者、提供者或是审查者；参与关注互动时扮演的角色可能是关注者或被关注者；参与评论互动时扮演的角色可能是评论者或回复者。用户参与程度则体现在用户参与各项互动的次数等①。在高血压主题下，用户参与互动的方式主要为问答和关注，问答互动指的是用户回答其他用户的提问或是向其他用户提出问题，关注互动指的是用户关注其他用户或被其他用户关注。为了分析和观察主题下用户之间的互动情况，可以借助

---

① 陈烨，陈天雨，董庆兴．多视角数据驱动的社会化问答平台用户画像构建模型研究［J］．图书情报知识，2019（5）.

社会网络分析方法挖掘用户社交特征。社会网络分析方法在构建社会网络的基础上，利用各项网络刻画指标对社会网络进行分析。在本研究中，社会网络的节点表示用户，连边表示用户之间的问答或关注关系。因此，在生成用户社交画像的过程中，可以借助社会网络分析方法挖掘用户社交特征，然后根据用户画像的结果实现用户社交情况监测和用户分类管理。

在用户社交画像生成过程中，需要重点解决的问题包括：①从哪些方面、选取何种指标对用户社会网络进行分析？②采取何种方法从用户社会网络中提取用户社交特征？③如何表示用户社交画像？

（1）数据获取与预处理

高血压主题下的用户主要包括提问者、回答者、评论者、浏览者和关注者。用户之间主要通过提问-回答和关注实现互动，构架社交关系。同样利用网络爬虫获取主题下用户的社交属性对应的用户信息，主要涉及问题信息、答案信息和关注信息等，用户数据表内容如表 10-11 所示。

表 10-11　　　　　　　　　　　　用户数据表内容

数据表名称	数据表内容
问题信息	问题编号、标题、提问时间、提问者、用户编号
答案信息	问题编号、答案编号、回答时间、回答者、用户编号
关注信息	关注者、被关注者、用户（关注者）编号、用户（被关注者）编号

出于隐私保护的考虑，Quora 没有直接提供提问者的信息，只能通过侧面信息获取部分问题的提问者信息。因此，获取用户信息的难点在于确定问题提问者。本研究采取了两种获取策略：一是利用邀请回答机制，二是通过反向追踪。

邀请回答机制指的是 Quora 平台会根据问题的主题向用户推荐可能具备相关知识的用户，提问者或浏览者可以通过"邀请"功能向系统推荐的用户发送"邀请回答"的邮件或通知，用户接收到邀请后可以选择接受邀请、提供问题答案或忽略邀请、拒绝回答问题。凡是通过邀请回答机制产生的答案的末尾都会出现"answer requested by USERNAME"的标记，这里的USERNAME 所指的用户是问题提问者的可能性较大。所以可以利用邀请回答机制，定位可能的提问者。而反向追踪是指从用户主页中获取用户提出的所有问题列表，将问题列表与高血压主题问题列表进行全文匹配或关键词匹配，提取与高血压相关的问题，从而确定问题的提问者信息。

根据上述两种获取策略，首先遍历生成用户兴趣画像过程中获取的高血压问题答案列表，抽取所有包含"answer requested by USERNAME"标识的问题及邀请者，得到邀请者列表；然后遍历邀请者主页中的问题列表，通过全文匹配和关键词匹配，定位与高血压相关的问题，最终得到问题的提问者。利用邀请回答机制共获取包含邀请标签的问题 490 个，通过反向追踪机制从邀请者中定位了高血压相关的问题 265 个。汇总上述 265 个问题及其答案对应的所有提问者和回答者，最终获取 689 位用户，以此作为生成用户社交画像的样本用户。

在进行社会网络分析之前，需要对用户数据进行预处理。处理内容主要是数据变换。数据变换指的是将获取的数据转换成适用于挖掘的形式，包括数据规范化和关键内容抽取。例如，网页中时间的表示方式为"Last Asked 5 days ago"或"Last Asked Mar 25，2017"，将第一种时间表示规范为"MM-DD-YYYY"的格式，并从第二种时间表示中抽取年份、月份和日期，也规范为"MM-DD-YYYY"的格式。

（2）社交特征挖掘

1）网络类型分析

在对高血压主题下的用户社会网络进行分析之前，需要构建用户社会网络。主题下的用户主要通过问答和关注实现互动，可以将用户互动关系表示为三元组的形式［（user1，user2），R］，user1 和 user2 表示主题下的用户，R

表示用户之间的互动关系，可以分为问答关系和关注关系。因此，可以进一步将主题下的用户社会网络分为 3 个类别：用户问答网络、用户关注网络和主题社交网络。这 3 种社会网络的差别主要在于连边含义的差异：在用户问答网络中，连边表示用户之间的提问-回答关系；在用户关注网络中，连边表示关注-被关注关系；而主题社交网络是用户问答网络和用户关注网络的综合，连边既可以表示提问-回答关系，也可以表示关注-被关注关系；因此，用户问答网络和用户关注网络为有向同质网络，而主题社交网络为有向异质网络。

明确了主题下社会网络类型，可以从获取的用户数据中提取三元组，用于生成用户社会网络。其中，用户问答网络的三元组可以通过问题信息、答案信息获取；用户关注网络的三元组可以从关注信息中抽取；而主题社交网络的三元组可以在用户问答网络和用户关注网络的基础上进一步融合而成。3 种网络的用户互动关系如图 10-11 所示。

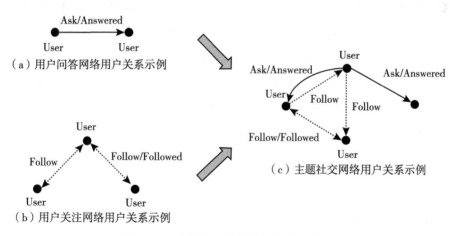

（a）用户问答网络用户关系示例

（b）用户关注网络用户关系示例

（c）主题社交网络用户关系示例

图 10-11　主题社会网络用户关系示意图

从图 10-11 可以看出，用户问答网络中只存在一种用户关系（连边），即提问-回答关系；用户关注网络中则存在两种用户关系（连边），即单向关注和双向关注；而主题社交网络中则包含 6 种用户关系如表 10-12 所示，其中实线表示用户问答关系，虚线表示用户关注关系。

表 10-12　　　　　　　　**主题社交网络中的用户关系类型**

类型	关系图形	关 系 说 明
1	 ●——►●	用户 u_2 回答了用户 u_1 提出的问题
2	 ●---►●	用户 u_1 关注了用户 u_2
3	 ●◄--►●	用户 u_1 关注了用户 u_2，且用户 u_2 关注了用户 u_1
4	 ●~~►●	用户 u_2 回答了用户 u_1 提出的问题，且用户 u_1 关注了用户 u_2
5	 ●~~►●	用户 u_1 回答了用户 u_2 提出的问题，且用户 u_1 关注了用户 u_2
6	 ●◄--►●	用户 u_2 回答了用户 u_1 提出的问题，且用户 u_1 和用户 u_2 相互关注

　　由于主题社交网络由用户问答网络和用户关注网络融合而成，且通过社会网络分析可以分别从用户问答网络和用户关注网络中获取用户问答关系和关注的特征，因此，本研究将分别生成用户问答网络和用户关注网络，通过用户问答特征挖掘和用户社交特征挖掘共同揭示主题社交网络的特点，下文将用户问答网络和用户关注网络统称为用户网络。

　　用户网络的用户关系将从用户的提问信息、答案信息和关注信息中提取，提取规则如图 10-12 所示，其中规则 1 利用了问题信息和回答信息，规则 2 和规则 3 利用了关注数据。通过以上规则获取用户关系之后，借助社会网络分析工具 Gephi 0.9.1 绘制用户网络。

用户关系提取规则：

1) IF user_i asked question_x AND user_j answered question_x，CREATE a directed edge flowing from user_i to user_j;

2) IF user_i followed user_j，CREATE a directed edge flowing from user_i to user_j;

3) IF user_j followed user_i，CREATE a directed edge flowing from user_j to user_i.

图 10-12　主题社会网络用户关系提取规则

2）网络特征抽取

尽管用户问答网络和用户关注网络的连边类型不尽相同，但它们均属于复杂网络的一种，可以使用相同的指标刻画网络。网络刻画指标包括两个方面：拓扑结构和节点权力。常用的网络指标如表 10-13 所示。因此，生成用户网络后，将围绕生成用户社交画像的意图，根据网络评价指标的表现识别主题社会网络的特征。

表 10-13　　　　　　　　常用的网络评价指标

指标类别		指标名称	指标含义
拓扑结构	连通性	连通片	连通片中的所有节点都可以通过路径相连
		孤立点	孤立点没有任何节点与其连接
	稀松性	平均度	所有节点的度（入度/出度）的平均值
		网络密度	节点之间实际存在的边数与可能存在的边数的比值
	凝聚性	平均路径	任意两点之间最短路径的平均值
		聚集系数	一个节点同它的邻居节点相连的可能性大小
	均匀性	度分布	度数为 k 的节点个数和节点总数的比值
		累积度分布	度数不小于 k 的节点个数和节点总数的比值
节点权力	中心性	点度中心性	与节点直接相连的节点个数
		中介中心性	节点处于其他节点对的最短路径上的程度
		接近中心性	节点到其他节点最短路路径的平均长度

在生成用户问答网络和用户关注网络的基础上，可以从网络的宏观、中观和微观特征三个层面对用户网络特征进行揭示。从宏观层面观察用户网络时，将构成网络的所有用户看作一个整体，可以借助网络拓扑结构刻画指标描绘用户问答网络的总体特征，包括连通性、稀疏性、凝聚性、均匀性等。从中观层面观察用户时，主要聚焦网络的子模块，通常包括孤立点、小团体和连通片。从微观层面观察用户网络时，主要将视角投向网络中的单个用户，即单个节点。节点特征主要从节点的权力特征进行考察，包括点度中心性、接近中心性

和中介中心性等。

用户网络的宏观、中观特征均为单个描述值，描绘了网络的总体情况，因此，从宏观、中观层面抽取用户网络特征时直接以描述值作为特征值。而用户网络的微观特征则为一系列的数值序列。基于这些数值序列，可以根据数值分布特征将用户划分为不同的类型。

3）用户类型划分

节点的点度中心性衡量了用户与其他用户互动的程度，根据节点出/入度划分用户类型时，可以从出/入度的相对大小和度差两个方面入手。

在用户问答网络中，根据节点出/入度的大小可以将用户划分为四种类型，如表 10-14 所示。

表 10-14　　　　　　　　　　　用户问答类型矩阵

节点	出度大	出度小
入度大	学习成长型用户	乐于助人型用户
入度小	善于思考型用户	默默学习型用户

当节点的出/入度相对较大时，说明该用户既保持较高的提问量也保持较高的回答量，属于学习成长型用户；当节点的出度相对较大、入度相对较小时，说明该用户对该主题抱有极大的兴趣，属于善于思考型用户；当节点的出度相对较小、入度相对较大时，说明该用户对该主题的知识具有一定的储备，属于乐于助人型用户；当节点的出/入度均处于出/入度分布的头部时，说明该用户该主题下参与的问答活动较少，属于默默学习型用户。

根据节点度差可以将节点划分为两种类型：如果节点度差为正，表示用户的提问次数多于回答次数，说明该用户更乐于提出问题；如果节点度差为负，表示用户的提问次数少于回答次数，说明该用户更乐于回答问题。

在用户关注网络中，根据节点出/入度的大小可以将节点划分为四种类型如表 10-15 所示：当节点的出/入度相对较大时，说明该用户既保持较高的关注量也保持较高的被关注量，属于社交达人型用户；当节点的出度相对较小、入度相对较大时，说明该用户在该主题中获得了较高的关注度但较少关注他人，属于社交被动型用户；当节点的出度相对较大、入度相对较小时，说明该用户倾向于与主动寻找该主题的相关用户，属于社交主动型用户；当节点的出/入度均处于出/入度分布的头部时，说明该用户该主题下参与的问答活动较少，属于社交懒惰型用户。根据节点度差可以将节点划分为两种类型：如果节点度差为正，表示用户的关注用户数量多于被关注数量，说明该用户更乐于关注其他用户；如果节点度差为负，表示用户的关注用户数量少于被关注数量，说明该用户更容易受到关注。

表 10-15 用户关注类型矩阵

节点	出度大	出度小
入度大	社交达人型用户	社交被动型用户
入度小	社交主动型用户	社交懒惰型用户

此外，还可以根据节点的中介中心性划分用户类型。节点的中介中心性表示节点位于其他节点对的最短路径上的程度，中介中心性高的节点往往连接多个凝聚子群，是知识交流网络和人际关系网络中关键人物。

基于节点特征值进行分用户划分的关键在于"分界线"的选择。离散型随机变量的分布类型包括二项分布、泊松分布等，连续型随机变量的分布类型包括正态分布、指数分布和幂律分布等，离散型变量和连续型变量可以在一定基础上进行转化，因此离散型变量也可能符合连续型变量的分布特征。尽管有研究发现，以电影演员合作网络、万维网、电力网和科学引文网等为代表的大型真实网络的出度、入度均服从幂律分布，并将这类网络成为无标度演化模型，即 BA 模型，也将符合网络节点的连接度无明显特征长度，即节点度分布符合幂律分布的网络称为无标度网络①②。但由于本研究仅选取高血压主题下的用户作为用户社交画像生成的对象，与前人研究中的大型网络在数量级上存在较大差距，用户问答网络与用户关注网络的度分布符合何种分布需在实验基础上做进一步判断，然后根据分布的特点寻找"分界线"。

特征值与目标分布的拟合程度可以通过观察法和定量分析法进行判定。观察法通过观察特征值分布曲线与目标分布曲线的重叠程度进行判断；定量分析法通过 Kolmogorov-Smirnov 拟合优度检验（简称 K-S 检验）判定特征值分布与目标分布之间是否有显著差异，即假设特征分布符合目标分布（H0），如果设定显著性水平为 0.1，当 $p > 0.1$（单侧检验）或 $p > 0.05$（双侧检验）时，无法拒绝原假设，特征值分布符合目标分布。

在对特征值进行幂律分布检验之前，需要进行如下模型估计过程③：

①模型假设：将特征值设为离散/连续变量 x，假设 x 的频率符合幂律分布：

$$p(x) = Pr(X = x) = C x^{-\alpha}$$

其中，$\alpha > 1$，C 为归一化常数，由于 $x \to 0$ 时，$p(x)$ 发散，故存在 $x_{min} > 0$，使 $X > x_{min}$ 时，x 才能符合幂律分布。因而，上式等价于：

$$p(x) = \frac{x^{-\alpha}}{\zeta(\alpha, x_{min})}, \quad \zeta(\alpha, x_{min}) = \sum_{n=0}^{\infty} (n + x_{min})^{-\alpha}$$

其中，$\zeta(\alpha, x_{min})$ 为赫尔维茨 Zeta 函数。当 x 为离散变量时，一般情况下，$x_{min} = 1$ 即符合幂律分布假设。

②模型参数估计：使用最大似然法估计模型中的参数 α。

①　Barabási A L, Albert R. Albert R: Emergence of scaling in random networks [J]. Science, 1999, 286 (5439): 509-512.

②　Albert R, Jeong H, Barabási A L. Internet: Diameter of the World-Wide Web [J]. Nature, 1999, 401 (6): 130-131.

③　Clauset A, Shalizi C R, Newman M E J. Power-law distributions in empirical data [J]. Siam Review, 2012, 51 (4): 661-703.

尽管特征值可能为离散变量，而离散变量分布对应的参数无法直接使用最大似然法进行估计，但对于符合幂律分布的整数序列，其频率值可以近似地等同于连续变量取整时对应的频率值，因此，离散变量分布对应的参数 α 的估计方式如下所示：

$$\alpha \simeq 1 + n\left[\sum_{i=1}^{n} \ln \frac{x_i}{x_{\min} - \dfrac{1}{2}}\right]$$

此外，由于特征值的真实概率分布未知，根据统计学原理，以特征值的频率表示真实概率，即 $f(x = x_i) = n/N$，其中 n 表示特征值为 x_i 的节点数量，N 表示特征值为非零的节点总数。

当数值分布呈（近似）正态分布时，参考（近似）正态分布曲线的 3σ 原则寻找数值分布的"分界线"，3σ 原则为：横轴区间 $(\mu - \sigma, \mu + \sigma)$ 内的面积为 68.26%，横轴区间 $(\mu - 1.96\sigma, \mu + 1.96\sigma)$ 内的面积为 95.45%，横轴区间 $(\mu - 2.58\sigma, \mu + 2.58\sigma)$ 内的面积为 99.73%。因此，选取 $x_1 = \mu \pm 1.96\sigma$ 或 $x_2 = \mu \pm 2.58\sigma$ 作为"分界线"。而当数值分布呈（近似）幂律分布时，获取数值分布的累计概率函数，基于"二八法则"寻找数值分布的"分界线"：当 $F(x \leqslant x_0) < 0.8$ 时，选取 x_0 作为"分界线"。

（3）用户社交画像表示

通过基于社会网络分析的社交特征挖掘，得到了用户问答网络和用户关注网络的宏观拓扑结构特征、中观子群构成特征和微观节点权力特征，可以将以上特征汇总得到高血压主题的用户社交画像，如图 10-13 所示。其中，网络拓扑结构和子群构成特征是对用户网络的概括性描述，标签的内容为短语或短句；网络节点权力特征主要用于划分用户类型，标签的内容为用户类型；又由于用户社交画像的使用者可能为服务设计者与决策者，标签的表示方式为图片和分布图。

203

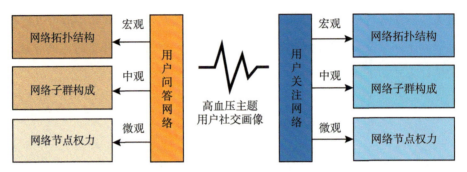

图 10-13 高血压主题用户社交画像组成

10.4.2 用户兴趣画像的特征分析

(1) 用户网络绘制

利用邀请回答机制和反向追踪，共定位 265 条用户提问及相应的答案 1027 条，从统计数据可以看出有的用户提出了多个高血压相关的问题，也有用户回答了多个高血压相关的问题，并且有用户同时扮演提问者和回答者的角色，体现了用户角色多样性。汇总参与上述问答活动的用户，共得到用户 689 位，选取这些用户作为绘制用户问答网络和用户关注网络的目标用户。从提问数据和回答数据中抽取目标用户之间的提问关系，共得到问答关系 850 对；从关注数据中抽取用户之间的关注关系，共得到关注关系 277 对。然后，分别将节点数据及其问答关系数据或关注关系数据导入网络绘制软件 Gephi，得到高血压主题下的用户问答网络和用户关注网络，分别如图 10-14 和图 10-15 所示。

在用户问答网络图中，节点表示用户，节点之间的有向连边表示提问-回答关系，连边从提问者指向回答者。节点颜色用于区分节点出度的差异，绿色系节点表示出度相对较大的用户，且颜色越深，出度越大，红色系节点表示出度相对较小的用户，且颜色越深，出度越小；节点大小用于区分节点

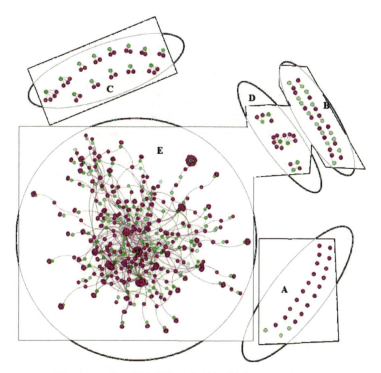

图 10-14　高血压主题用户问答网络图（2017 年 7 月）

入度的差异，节点越大，入度越大，反之，入度越小；因此，深绿色节点表示提出问题较多的用户，直径大的节点表示回答问题较多的用户。此外，从图中可以发现，直径较大的节点大多为红色系，说明回答较多问题的用户大多较少提出问题，而深绿色的节点大多直径较小，说明提出较多问题的用户大多较少回答问题。这一现象与我们的常识相符：在高血压主题下提出问题的用户往往是缺乏相关知识的患者或患者家属，这类用户往往难以回答其他用户关于高血压的问题；而能够回答一定数量问题的用户大多具备该领域较为充足的知识，极有可能为相关行业从业人员或是"久病成医"的患者或患者家属，这类用户由于有一定的知识储备，关于高血压的疑问自然相对较少。

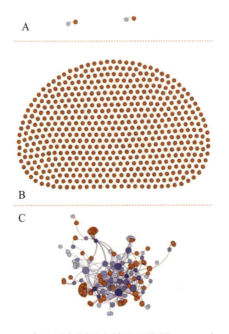

图 10-15　高血压主题用户关注网络图（2017 年 7 月）

在用户关注网络图中，节点表示用户，节点之间的有向连边表示关注-被关注关系，连边从关注者指向被关注者。同样地，通过节点颜色区分节点出度的差异，紫色系节点表示出度相对较大的用户，且颜色越深，出度越大，橙色系节点表示出度相对较小的用户，且颜色越深，出度越小；通过节点大小区分节点入度的差异，节点越大，入度越大，反之，入度越小；因此，深紫色节点表示关注了较多用户的用户，直径大的节点表示受到其他用户关注较多的用户。有别于用户问答网络，从图中可以发现，直径大的节点大多为紫色系，仅有少数为橙色系，由此可以说明，较多关注其他用户的用户相应地获得较多其他用户的关注，形成了用户聚集效应，即"马太效应"。

（2）社交特征分析

下面分别从宏观、中观和微观层面对用户网络（用户问答网络和用户关注网络）特征做进一步分析。

1）用户网络的宏观特征

用户问答网络和用户关注网络的宏观特征如表 10-16 所示。首先,用户问答网络包含 689 个节点和 850 对问答关系,而这些用户中只产生了 277 对关注关系;用户问答网络和用户关注网络的网络直径分别为 3 和 10,表明网络中任意两个节点间距离的最大值分别为 3 和 10,说明用户网络中的任意两个用户如果想进行知识交流,最多只需经过 2 个用户就可以完成知识传递,而任意两个用户如果想搭建直接的关注关系,可能需要经过 10 个用户才能完成关注关系构建。由此可以看出,在高血压主题下,相较于通过关注的方式,用户更倾向于通过问答的方式建立关联,说明在社会化问答平台中,相较于结交朋友,知识交流仍是主要功能。

表 10-16   **用户网络的结构特征**

指标类别		指标名称	用户问答网络	用户关注网络
网络概况		网络类型	有向	有向
		节点数	689	689
		连边数	850	277
		网络直径	3	10
拓扑结构	连通性	连通片（个）	54	547
		孤立点（个）	22 (3.19%)	544 (78.95%)
	稀疏性	平均度	2.467	0.804
		网络密度	0.002	0.001
	凝聚性	平均距离	1.298	4.469
		聚集系数	0.008	0.014
	均匀性	出度分布	$C = 12.22, \alpha = 2.60$	$C = 0.54, \alpha = 1.83$
		入度分布	$C = 0.75, \alpha = 2.53$	$C = 0.67, \alpha = 1.99$

其次,用户问答网络中包含了 49 个连通片和 19 个孤立点,其中孤立点表示尚未与其他用户产生知识交流的用户。用户关注网络中包含了 547 个连

通片和 412 个孤立点，其中孤立点表示尚未与其他用户产生关注关系的用户。由此可以发现，用户问答网络的连通性高于用户关注网络。

此外，用户问答网络的平均度与网络密度（2.467、0.002）均明显大于用户关注网络（0.804、0.001），而用户网络的平均距离和聚类系数（1.298、0.008）则明显小于用户关注网络（4.469、0.014）；由此说明，用户问答网络的稀疏性小于用户关注网络，而凝聚性大于用户关注网络。

与此同时，可以发现尽管实验所生成的高血压主题用户问答网络和关注网络在网络规模上远远小于电影演员合作网络、万维网、电力网和科学引文网等大型真实网络，但这两个用户网络的度分布仍然符合幂律分布。

2）网络的中观特征

网络的中观特征主要指网络的子群特征，从图 10-14 可以观察到，用户问答网络形成了 1 个大型连通片（区域 E）、若干中小型连通片（区域 B ~ D）及孤立点（区域 A）。其中，区域 A 中的用户是独立的个体（孤立点），包括两类：红色孤立点出度为 0，表示用户提出的问题尚未得到其他用户的回应，绿色孤立点出度为 1，形成了一个自环，表示用户自己回答了自己提出的问题。区域 B、C、D 均由多个小连通片组成，其中，区域 B 中的小团体形成了一对一的问答关系，即用户通过一个问题和另一位用户建立了问答关系；区域 C 中的小团体形成了一对多的问答关系，即用户通过一个问题和多位其他用户建立的问答关系；而区域 D 中的小团体形成了多对多的问答关系，即有两位以上的用户出度大于等于 2。区域 E 为用户问答网络中最大的连通片。

将区域 E 放大后进行模块划分，用户问答网络的大型连通片中包含了 18 个子模块，如图 10-16 所示。子模块构成示意图如图 10-17 的（a）~（f）所示，子模块 0-4 依次由鲜红色、青绿色、浅紫色、枚红色和橘黄色表示，而子模块 5-17 用浅灰色表示；子模块 0-4 包含的节点数量逐渐减少，子模块 5-17 的节点数量均少于子模块 4。从图中可以发现，上级模块往往通过少量的关键节点与下级子模块相连，例如，子模块 0 通过节点

N01 和 N02 与子模块 1 相连，而子模块 2 通过节点 N03、N04 和 N05 与上级子模块 0 相连，并通过节点 N011 和 N012 与上级子模块 1 相连。由此可见，这些连接各级子模块的关键节点用户在促进知识交流的过程中扮演着至关重要的角色。

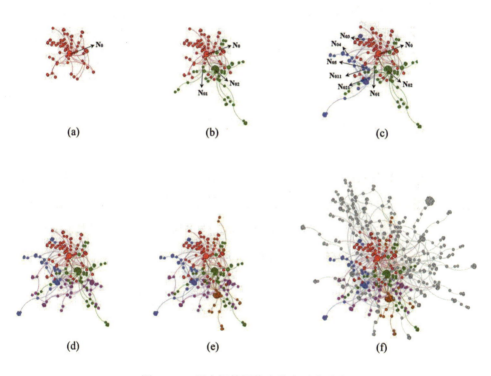

图 10-16　用户问答网络中的大型连通片

类似地，从图 10-15 可以观察到，用户关注网络也形成了 1 个大型连通片（区域 C）、两个小型连通片（区域 A）以及若干孤立点（区域 B）。有别于用户问答网络，用户关注网络中只包含了一种颜色的孤立点，原因在于用户关注网络中无法形成自环，即用户无法关注自己。此外，用户关注网络的区域 A 中只形成了 2 个一对一关注关系的小团体。

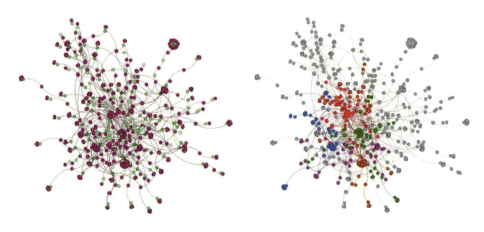

图 10-17　用户问答网络大型连通片子模块构成示意图

过滤出用户关注网络中最大的连通片进行模块划分，如图 10-18 所示。用户关注网络的大型连通片中包含了 9 个子模块，子模块 0-3 依次用蓝紫色、橘黄色、草绿色和枚红色表示，子模块 4-8 用浅灰色表示。子模块构成示意图如图 10-19 所示，同样地，上级模块通过少量的关键节点与下级子模块相连，形成整个连通片。

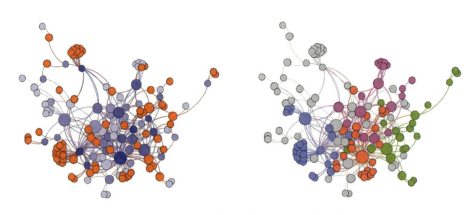

图 10-18　用户关注网络中的大型连通片

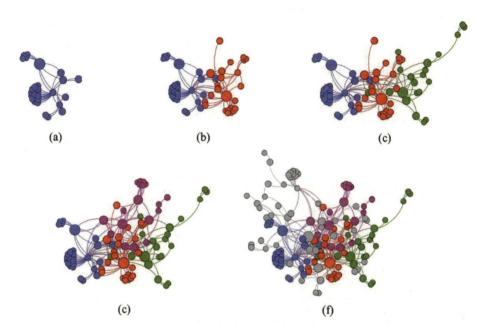

图 10-19　用户关注网络大型连通片子模块构成示意图

　　用户网络的子群概况和子群结构网络特征总结如表 10-17 所示。从表中可以看出，用户问答网络包含的连通片相较于用户问答网络，数量更多、类型更丰富且连通片规模更大，而用户关注网络中孤立点所占的比例远远大于用户问答网络。由此可以看出，用户之间问答互动的频率和方式高（多）于关注互动，且问答互动的覆盖率和延展性优于关注互动。此外，聚焦两个网络中唯一的大型连通片，用户问答网络最大子群的稀疏性低于用户关注网络、聚集性高于用户关注网络。同样表明，相较于通过关注的方式进行单向或双向联系，高血压主题下的用户更加倾向通过知识交流、共享的方式构建联系。

表 10-17　　　　　　　　　　　　**用户网络的子群特征**

类别	指标名称		用户问答网络	用户关注网络
子群 构成	大型连通片个数（节点数）		1（574）	1（141）
	中型连通片个数（节点数）		16（63）	0（0）
	小型连通片个数（节点数）		15（30）	2（4）
	非自环/自环个数（节点数）		3/19（22）	544/0（544）
	子群个数（节点数）		54（689）	547（689）
子群 特征	子群规模	节点数（占比）	574（83.30%）	141（20.46%）
		连边数（占比）	782（92.00%）	275（99.27%）
		子模块数量	18	9
	稀疏性	平均度	2.725	3.901
		网络密度	0.02	0.014
	聚集性	平均距离	1.315	4.471
		聚集系数	0.008	0.066

3）网络的微观特征

从微观层面对用户网络分析主要聚焦节点权力特征。其中，点度中心性是节点与其他节点的连接状态，在网络中与其他用户由于用户网络均为有向网络，节点的结构特征可以由节点的出度和入度进行度量。对用户问答网络和用户关注网络的出、入度序列进行分布拟合和检验，实验结果如图 10-20、图 10-21 所示。

从图中可以直观地看出，用户问答网络和用户关注网络的出、入度分布曲线均呈现"长尾"特征，与幂律分布曲线能够较好地拟合；通过 K-S 拟合优度检验方法做进一步检验（双侧检验），设定如下假设：

H1：用户问答网络的出度分布符合幂律分布；

H2：用户问答网络的入度分布符合幂律分布；

H3：用户关注网络的出度分布符合幂律分布；

H4：用户关注网络的入度分布符合幂律分布。

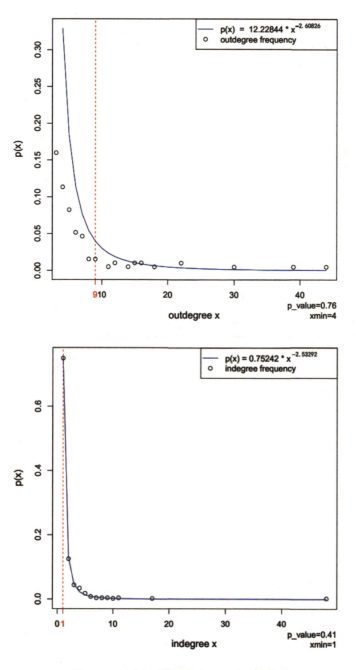

图 10-20　用户问答网络出、入度分布曲线

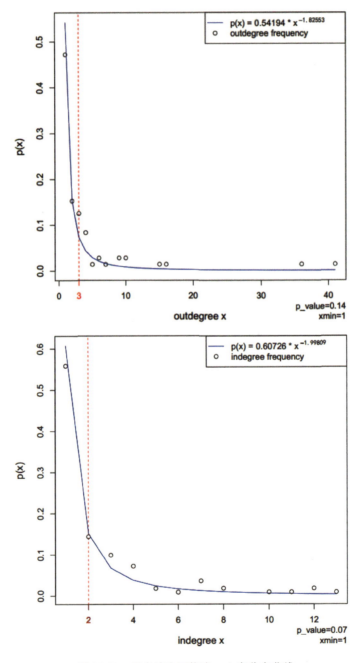

图 10-21　用户关注网络出、入度分布曲线

设定显著性水平为 0.1，K-S 检验结果显示 $p_1 = 0.76 > 0.05$、$p_2 = 0.41 > 0.05$、$p_3 = 0.14 > 0.05$、$p_4 = 0.07 > 0.05$，无法拒绝原假设 H1-H4，说明用户问答网络和用户关注网络的出、入度分布均符合幂律分布。

基于上述结论，获取用户网络出、入度分布的累计概率函数，基于"二八法则"寻找数值分布的"分界线"，分界线以左为长尾的"头部"、分界线以右为长尾的"尾部"。计算结果如图 10-22、图 10-23 所示。

因此，当网络节点出、入度分布符合幂律分布时，可以根据节点出、入度的分布特征将用户划分为 10 种类型，每种类型对应的用户数量如表 10-18 所示。在用户问答网络中，占比最大的为偏好不定型用户（88.82%），占比最小的为学习成长型用户（0.29%）；在用户关注网络中，占比最大的也为偏好不定型用户（94.48%），占比最小的为社交主动型用户（0.73%）。从分类结果可以看出，基于度分布特征的用户分类方法可以揭示用户的社交行为特征，实现用户细分。

表 10-18   用户网络用户类型分布（度分布）

用户类型		判断标准	数量	比例
用户问答网络	学习成长型	in-degree>1 且 out-degree>9	2	0.29%
	乐于助人型	in-degree>1 且 4≤out-degree≤9	4	0.58%
	善于思考型	in-degree=1 且 out-degree>9	2	0.29%
	默默学习型	in-degree=1 且 4≤out-degree≤9	4	0.58%
	偏好不定型	in-degree<1 或 out-degree<4	677	98.26%
用户关注网络	社交达人型	out-degree>3 且 in-degree>2	9	1.31%
	社交被动型	1≤out-degree≤3 且 in-degree>2	10	1.45%
	社交主动型	out-degree>3 且 1≤in-degree≤2	5	0.73%
	社交懒惰型	1≤out-degree≤3 且 1≤in-degree≤2	14	2.03%
	偏好不定型	out-degree<1 或 in-degree<1	651	94.48%

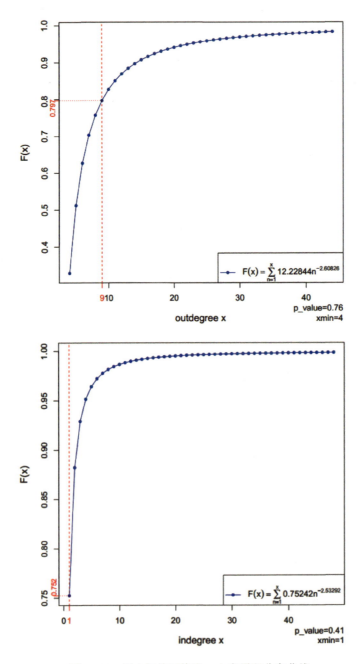

图 10-22 用户问答网络出、入度累积分布曲线

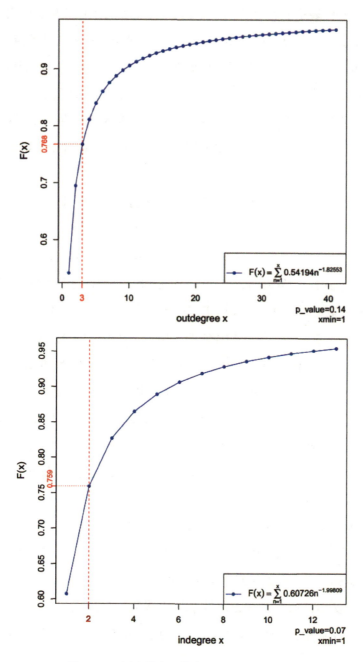

图 10-23 用户关注网络出、入度累积分布曲线

中介中心性表示节点处于其他节点对的最短路径上的程度，体现了节点的权力特征。中介节点指的就是子群中连接各级子模块的关键节点。因此，可以通过节点的中介中心性特征分析识别子群中的关键节点。类似地，对节点的中介中心性进行分布拟合与检验，实验结果如图 10-24 所示。

由于节点的中介中心性为连续变量，难以直接从分布曲线的形状判断其是否符合幂律分布，因此，通过 K-S 拟合优度检验方法做进一步检验（双侧检验），设定如下假设：

H5：用户问答网络的节点中介中心性分布符合幂律分布；

H6：用户关注网络的节点中介中心性分布符合幂律分布；

设定显著性水平为 0.1，K-S 检验结果显示 $p_1 = 0.99 > 0.05$，无法拒绝原假设 H5，说明用户问答网络的节点中介中心性分布均符合幂律分布；而 $p_2 = 0.03 < 0.05$，拒绝原假设 H6，说明用户关注网络的节点中介中心性分布均不符合幂律分布，进步通过 K-S 检验表明，用户关注网络的节点中介中心性分布也不符合正态分布（$p = 0.00 < 0.05$）或泊松分布（$p = 0.00 < 0.05$）。

基于上述结论，获取用户问答网络节点中介中心性分布的累计概率函数，基于"二八法则"寻找数值分布的"分界线"，计算结果如图 10-25 所示。但用户关注网络节点中介中心性的分布无明显特征，针对这种情况的"分界线"设定方法需要做进一步的研究，本研究暂且使用累计分布所得的"分界线"划分用户。

根据网络节点的中介中心性，可以从用户中识别出知识交流或建立社交关系的关键用户或重要用户。从表 10-19 可以看出：在用户问答网络中，在知识传播过程中的关键用户仅 1 位，重要用户 4 位，在整个用户网络中所占的比例较小，仅 0.73%，而其余均为普通用户。在用户关注网络中，在知识传播过程中的关键用户仅 6 位，重要用户 16 位，其余均为普通用户。

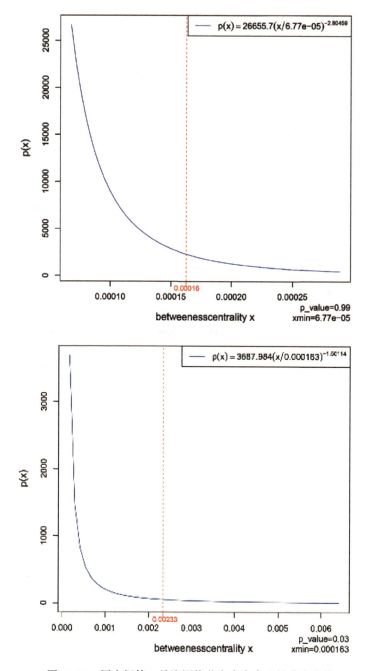

图 10-24　用户问答、关注网络节点中介中心性分布曲线

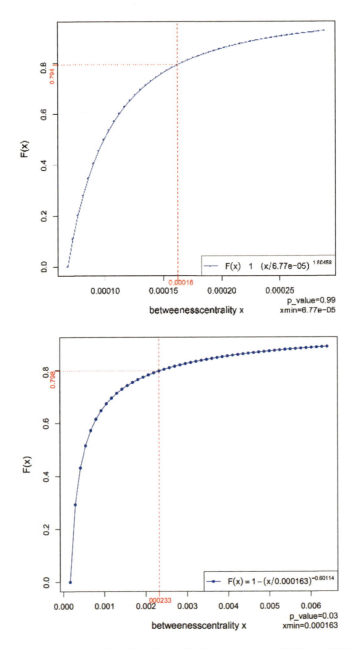

图 10-25　用户问答网络、关注网络节点中介中心性累积分布曲线

表 10-19 用户网络用户类型分布（中心性）

用户类型		判断标准	数量	比例
用户	关键用户	centrality>1.66e-04	1	0.15%
问答	重要用户	6.77e-05≤centrality≤1.66e-04	4	0.58%
网络	普通用户	centrality<6.77e-05	684	99.27%
用户	关键用户	centrality>2.3e-03	6	0.87%
问答	重要用户	1.6e-04≤centrality≤2.3e-03	16	2.32%
网络	普通用户	centrality<1.6e-04	667	96.81%

（3）用户社交画像的呈现

服务于用户社交特征发现和用户类型划分的用户社交画像包括两个部门的内容：用户问答网络及其特征和用户关注网络及其特征，如图 10-26 所示。两个部分均包含了三类用户社交特征：用户概况（拓扑结构特征）、用户关联（子群构成特征）和用户类型（节点权力特征）。其中前两类社交特征是主题下用户问答、关注情况的概括性描述，帮助平台管理人员掌握主题下用户的社交情况；而第三类社交特征用于划分用户类型，为用户分类管理提供决策依据。

10.5 用户画像在社会化问答服务中的应用价值

社会化问答平台是典型的基于用户社区的知识服务平台，构建用户画像对社会化问答服务水平的提高有极大的促进作用。

社会化问答平台中的用户信息可以分为三大类：用户基本信息、用户行为信息以及用户贡献内容。结合用户与真实世界存在的人的关联以及平台功能的特点，可以归纳出平台用户的三类主要社会属性，分别为兴趣属性、社

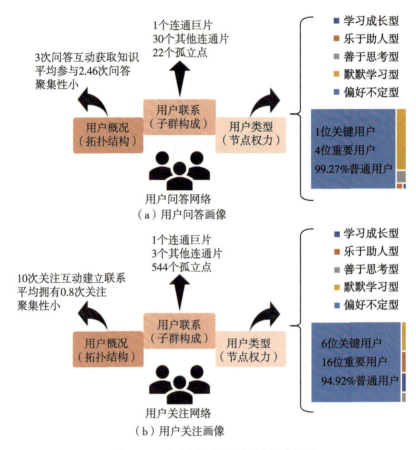

图 10-26 高血压主题下的用户社交画像

交属性和能力属性。本研究聚焦于用户兴趣画像和用户社交画像的构建，基于这两个维度的用户画像构建，可以解决社会化问答服务中两个重要的用户管理问题。

第一个管理问题是用户问题分类和主题热点识别。围绕这一问题，以高血压领域为例，首先选择了兴趣属性类别下的用户显性兴趣对应的用户信息作为用户兴趣画像的数据来源。其次，利用 BTM 主题挖掘的方法挖掘用户兴趣特征，在进行主题挖掘的过程中，结合模型训练结果在困惑度和主题结构稳定性上的表现和经验，选定了最优目标主题数（$K=20$）。在主题挖掘输出结果的基础上，通过基于 TF-IWF 和基于频率的加权方法抽取主题特征向量、文档特征向量和加权文档词汇向量。最后，以向量的形式表示文档特征向量，以此为用户提问分类的依据，以标签云图的方式表示主题热点，帮助用户快速定位高血压主题下的讨论热点。

第二个管理问题是用户社交监测和用户类型划分。围绕这一问题，首先选取了社交属性类别下的参与方式和参与程度对应的用户信息作为用户社交画像的数据来源。然后，利用社会网络分析方法挖掘用户社交特征，在进行特征挖掘之前分别绘制了用户问答网络和用户关注网络；在此基础上，分别从宏观、中观和微观层面对用户网络（用户问答网络和用户关注网络）的拓扑结构特征、子群构成特征和节点权力特征进行分析。在对网络拓扑结构特征进行分析时，主要利用了刻画网络连通性、稀疏性、凝聚性和均匀性的指标；在对子群构成特征进行分析时，主要结合了统计分析和可视化的方法；在对节点权力特征进行分析时，在对节点的点度中心度和中介中心性分布进行检验的前提下，根据每个节点在不同指标上的表现划分用户类型。最后，分别将用户问答网络的宏观、中观特征表示为短语的形式，帮助管理人员进行主题社交情况监测，将微观特征表示为分布的形式，以此为用户类别划分的依据。

领域实证案例篇

第11章　金融领域的知识组织与服务

11.1　实体层面的知识聚合

本研究以证券信息服务平台雪球网为例，展开金融领域的知识组织与服务研究。

在实体层面的知识聚合中，首先对雪球网中的证券个体信息以及其信息组织现状进行梳理，再对信息抽取结果进行误差分析，最后将转化及抽取结果进行综合，共同得到证券个体知识图谱，即证券个体知识实体及其间关联的聚合结果，并进一步展开统计分析。

（1）雪球网中的证券个体信息

雪球公司于2010年3月成立，致力于解决股票买什么好问题，旗下拥有网站"雪球网"及相应的手机应用软件"雪球"，目前具有较高的市场份额，并在行业中具有广泛的影响①。雪球网②除了提供A股开户、港美股开户、期货开户、蛋卷基金以及私募中心等交易功能外，也提供了丰富的证券个体信息内容。本研究仅针对沪深股市的信息展开聚合研究。

---

① 欢迎来到雪球［EB/OL］.［2019-07-15］. https：//xueqiu.com/about/company.
② 雪球［EB/OL］.［2019-07-15］. https：//xueqiu.com.

对于沪深股市的股票呈现雪球网使用了多种的分类标准，如基础分类中分为深市、沪市、创业板、新三板及中小企业等，也根据证监会行业的分类标准，分为保险业、仓储业及畜牧业等。这些分类都较为基础，只是帮助投资者提供了一个简单的股票列表，但是想要更多细致条件的股票查找，雪球网另外提供了"筛选器"功能，可以根据各种指标、财务等情况进行股票选择。针对每只股票的独立页面，雪球网中提供了股票的简介和业务，实时行情和K线图，以及相关帖子的内容。对于更加详细的证券披露的个体信息，是以分类列表导航的形式提供。对各类具体的证券个体信息进行查看，可发现雪球网并没有对所有的证券个体信息进行归类整理，部分个体信息是通过半结构化的表格形式呈现，还有一些内容则是跳转到了其他证券信息服务平台中。

截至2017年12月31日，雪球网沪深股市中共包含3583只股票，本研究获取了这些股票的代码及名称，并以此为基准开展后续研究。基于雪球网证券个体信息提供的现状，本研究进一步梳理了证券个体信息获取的任务，主要的信息来源分为两个部分：

一方面，获取雪球网本身中已经提供的信息。雪球网中的信息加载大部分通过脚本形式传递，因此可直接通过雪球网中API接口访问，关于公司简介、股权及财务等（半）结构化的信息可通过股票基本面接口（https：//xueqiu. com/stock/f10/$ APIName $. json? symbol = $ StockSymbol $ ）进行采集。本研究选择了证券个体的部分基本信息，包括公司简介（compinfo）、股本结构（shareschg）、主要股东（shareholder）、分红送配（bonus）、增发一览（furissue）以及主要财务指标（finmainindex），这些信息结构清晰、对证券个体进行了多维描述。

另一方面，公司的担保、投资以及并购重组公告文本雪球网并没有直接提供相应内容，而是跳转到其他网站，考虑到公告内容的一致性，本研究从其他网站进行获取。东方财富网中提供了公司公告的原始文本信息，本研究最终获取了2018年1月1日至2018年5月31日的相关公告信息，担保公告

3116 条，投资公告 1721 条，并购重组公告 2571 条，并通过人工标注的方式对各类公告中的 100 条数据进行关系标识。

针对以上获取的证券个体信息，参照模式设计的结果及知识抽取的过程，进而实现知识抽取。

(2) 信息抽取误差分析

通过 Deepdive 进行信息抽取后，得到的担保、投资和并购重组抽取结果如表 11-1 所示，表中展示了基于不同方式抽取的关系数量，其中 pos 和 neg 是基于具体的规则得到，监督学习则是通过特征的因子分析计算提取得到的。从表 11-1 中可看出利用监督学习得到的相关知识关联更为丰富，远远大于基于规则中提取的结果，这一方面是本研究的规则制订较为简单，另一方面更是由于监督学习的方式可以基于已有的标记数据提取更多的潜在关联特征。可通过多次迭代、不断地将提取关系转换为训练集，进一步发现相关特征与知识关联。

表 11-1   信息抽取结果数量

数据表	规则	数量
guaranty_label	pos：training_set	88
	pos：a 为 b 担保	4720
	监督学习	19 036
investment_label	pos：training_set	20
	pos：a 投资 b	5114
	pos：a 向 b 增资	156
	pos：a 设立 b	1768
	neg：a 和 b 合作	1224
	监督学习	12 070

续表

数据表	规则	数量
mergers_acquisitions_label	pos：training_set	56
	pos：a 与 b 发生转让	906
	pos：a 收购 c	1913
	pos：a 出售 c	1208
	neg：a 和 b 终止转让	26
	监督学习	14 532

此外，对于抽取结果还可通过 Mindtagger 进行可视化及准确性分析，图 11-1 为相关示例。其中黄色背景的为公司一，蓝色背景的为公司二，所抽取的关系为公司一为公司二进行担保，在每条抽取结果下方均可以直接以其准确与否进行判断、操作，从整体上对信息抽取的结果进行误差考察分析。但由于本例中涉及的关联较多，因此仅随机抽取了 100 条记录进行人工判断，三者的准确率分别为 82%、76%、73%。总体而言抽取结果准确性尚可，通过对结果的正确与否的学习，能够进一步完善抽取规则的制定，有助于提升后续抽取结果的准确性。

（3）知识图谱聚合结果统计

本研究利用综合信息转化及抽取结果，对证券个体知识图谱中的知识实体及关联情况进行统计分析。

1）知识实体统计

证券个体知识图谱涉及的知识实体共计有 2 603 400 个，其中人有 252 242 个，机构有 46 405 个，地方有 5460 个，无形之物有 19 218 个，事件有 2 280 075 个。具体各个子类的数量如表 11-2 所示。

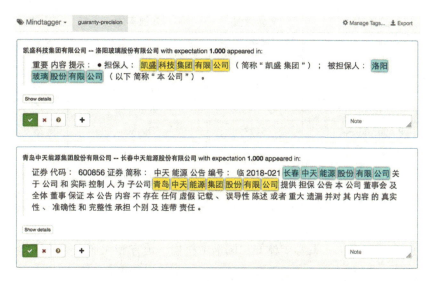

图 11-1　公司担保关联抽取结果示例

表 11-2　　　　　　　　　　证券个体知识图谱的知识实体数量

知识实体	实体数量	知识实体	实体数量
Person	**252 242**	**Intangible**	**19 218**
Organization	**464 05**	Stock	3583
School	4 903	Industry	104
Company	41 502	Position	5617
ListedCompany	3 501	FinancingProduct	9914
FinancialCompany	84	Insurance	418
InvestmentCompany	8 842	FundAssetManagementPlan	2728
SecuritiesCompany	404	CollectiveFinancialPlan	654
Banking	390	TrustPlan	4548
FundManagementCompany	182	EnterpriseAnnuity	98
InsuranceCompany	136	NationalSocialSecurityFund	75
TrustCompany	302	SecuritiesInvestmentFund	1393
QFII	219	**Event**	**2 280 075**

续表

知识实体	实体数量	知识实体	实体数量
Place	**5460**	ReportEvent	2 280 075
Country	34	Executive	793 564
State	32	Shareholder	1 285 631
City	271	Shareschg	2509
PostalAddress	5123	Bonus	25 656
RegAddress	3498	Furissue	4205
OfficeAddress	3597	FinancialIndex	168 510
Total			**2 603 400**

从表中可看出，证券个体知识图谱中机构、地方和无形之物的实体数量并不算太多，例如上市公司、注册地址、办公地址和股票数量相近，因为这些信息通常各个股票都仅有一个且都互不相同，又比如国家、省、市以及行业的实体数量涉及较少，因为这些相关的内容已经较为固定，又比如公司、金融产品的实体较为丰富，这些主要是通过股权关系产生的实体，但相对人类别的实体而言股东比例却不大。本知识图谱中股东的类别可以是个人、机构和金融产品，其中个人占据了 73%，机构类别的比例为 21%，金融产品总占比为 6%，具体如图 11-2 所示。此外，上市公司人员任职的多样性也进一步丰富了人类实体的数量。

事件实体的数量也非常多，这是由于证券个股的信息具有较强的时效性，上市公司会及时地向用户公布相关的事件，进而形成了丰富的事件实体，此外这些类别的实体还会随着时间的推移不断增涨，图 11-3 展示了各种不同类别的事件实体随着时间的增长变化情况。从图 11-3 中可看出，各类事件均表现出增长趋势，其中任职和财务指标的增长较为平缓，其他事件则在 2010 年附近呈现出快速增长的态势。

2）知识关联统计

证券个体知识图谱中涉及的知识关联共有 17 785 297 个，其中属于实体关系的有 5 435 945 个，属于知识属性的有 12 349 352 个。可发现本研究中

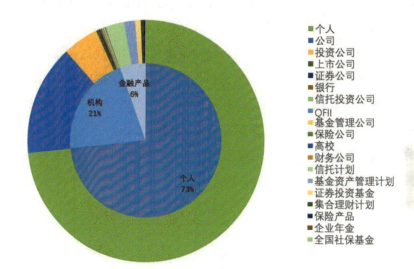

图 11-2　证券个体知识图谱中股东类别分布图

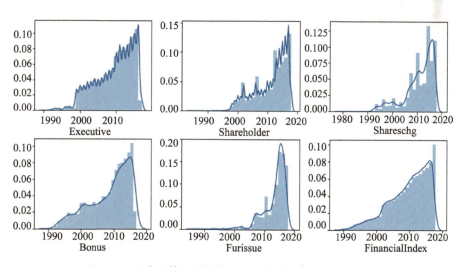

图 11-3　证券个体知识图谱中事件实体随时间的变化情况

属性关联相对较多，占比高达 69%，这一方面由于证券信息中存在较多的数值类信息，比如公司的注册资本、主要财务指标等，另一方面也是由于证券个股知识图谱中相对的实体关联类型较为简单，仅仅股东事件涉及的实体关联较为丰富。

通过知识实体间的关联，不仅可以对各类关联本身数量、趋势以及分布规律进行发现，例如可以根据上市公司与事件之间的关联，发现不同上市公司发布事件的数量情况，进而得到年报事件的上市公司数量分布图（如图11-4所示）；还可以通过这些关联发现基于不同知识实体之间的分布情况，比如可通过 industry 关联得到上市公司行业分布图，利用 regaddr 和 addrstate 两种关联得到上市公司注册地址的省份分布图等（如图11-5所示）。

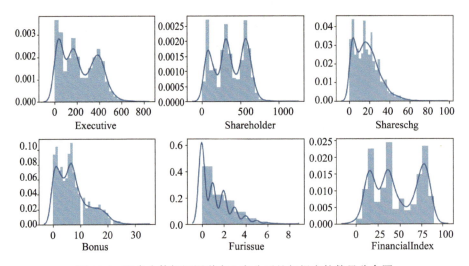

图 11-4　证券个体知识图谱中上市公司的年报事件数量分布图

从图11-4可看出，任职、股东和财务指标事件的数量分布较为平均，这是因为这些公告属于日常性的，各个上市公司都会按着规定按时发布，因此根据公司上市的时间长短各个上市公司的数量有所不同，并且相对数量较多，但是总体趋势较为平均。对于股本结构、分红送配和增发事件而言，并非日常公告事件，不仅发布的事件数量有限，且大多数上市公司发布的数量较少（小于10），表现出关联的离散分布性。

从图11-5可看出，上市公司的所属行业及注册地省份都表现出集中取向

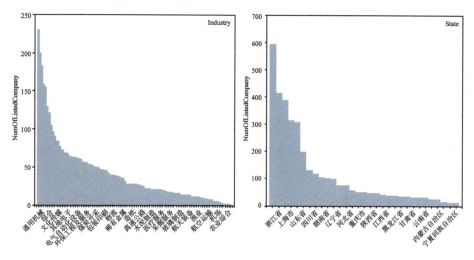

图 11-5　证券个体知识图谱上市公司的所属行业及注册地省份分布图

和核心趋势。其中较为集中的行业有"化学行业"（231）、"专业设备"（200）、"计算机应用"（184）、"通用机械"（159）和"房地产开发"（156），这些行业主要是为市场发展提供基础服务，不仅规模庞大且应用广泛，具有较多资本密集型的企业，而像城市基础建设行业如"公交"（14）、"运输设备"（12）及"机场"（4）以及具有一定垄断性质的行业如"通信运营"（6）、"林业"（6）及"石油开采"（3）等行业的上市公司数量会少许多。对于地区分布而言，广东省（594）、浙江省（416）、江苏省（388）、上海市（315）与北京市（310）表现最为突出，这与中国整体的城市发展规律也是一致的。总体可认为上市公司的行业及注册省份分布都是符合离散分布规律的，即少数的行业/省份实体聚集了较多的上市公司。

　　综上，证券个体知识图谱涵盖了股票的基本情况个方面的信息，并基于雪球网产生了较为丰富的实例。对于知识实体而言，事件类别丰富并呈现上升趋势，对于知识关联而言，可进一步通过文本挖掘技术发现更多知识实体间的关联，丰富知识图谱实体间的联系。

11.2　主题层面的知识聚合

在主题层面的知识聚合中，首先对雪球网中的财经资讯以及其信息组织现状进行梳理，针对平台特征将其分为普通讨论和精华讨论两类信息，确定输入数据后展开描述性统计分析。其后，通过模式表示与计算得到证券主题层次图（基于词汇的主题层次结果）、证券多实体主题层次图（即证券主题及其相关词汇、股票及用户知识实体之间的层次聚合结果），并对结果进行简要评价与分析。

（1）雪球网中的证券财经资讯

雪球网是以财经资讯为主体的证券信息服务平台，但与传统证券信息服务平台不同，雪球采用的是"用户生产内容"的信息生产方式，即各类财经媒体或者投资人自己发表话题，并且可直接在平台中进行信息分享与传播，这不仅为平台创造了大量的、全面的信息，也保障了信息的及时性。此外雪球网还会提供一些自制的深度访谈内容，以扩大财经资讯的适应范围。这些都有赖于用户之间的良好互动，并随着用户的增多，产生的价值也就越大①。

基于这种众包的形式，雪球网中将生产出的财经资讯统一成为讨论信息，并通过话题的热度以及用户的关注情况进行相应讨论的推送，从而实现了"人—信息—股票"三方面的链接关系。用户可以从多个维度对这些讨论进行查看：在雪球网的主页以及"今日话题"中可以查看每日阅读量排名较高的长文本信息，为用户集中推荐相关热点，但是其划分类别较为粗略，仅根据证券类型主要分为头条、直播、沪深、房产、港股、基金、美股、私募

---

① 雪球财经创始人方三文：雪球是如何滚起来的 [EB/OL]．[2019-07-15]．http：//www.pingwest.com/xueqiucaijing

与保险；在各个股票主页提供了所有提及该股票的讨论内容，这些讨论可长可短，支持文本、图片、链接以及转发等多种形式，这些讨论信息不仅可以通过时间进行排序，也可以根据热门程度进行查看，此外用户还可以根据关键词对这些讨论进行搜索以便快速发现所需内容；用户主页也提供了用户所有发布或者转发的讨论信息列表，其类型划分维度包括全部、原发布、长文、问答、热门以及交易，同样也支持相关的搜索功能。

雪球网中对于讨论信息主要是通过列表的形式、以时间轴的方法进行呈现。为了方便用户的浏览阅读，雪球网另外提供了热门、分类以及搜索功能。其中，热门功能主要是根据讨论信息的阅读量进行划分，一定程度上能够帮助用户了解到每日的重点内容，以及关于股票的重点信息，或者用户的主要观点等，但是这些热门内容往往涉及的主题多样，还需进一步划分以满足不同用户的需要。分类功能在一定程度上帮助用户找到大类，比如是关注沪深股票还是港股美股，是查看用户的长文本讨论还是转发讨论等，但是这些划分维度还是太过粗略，难以从内容本身进行区别。通过搜索功能能够帮助用户快速找到所需相关讨论列表，但往往需要用户对于自己需求有一定的了解，对于不太熟悉的领域或者用户而言在使用上往往不能较好的找到相对于的关键词。总体而言，雪球网为用户提供了丰富的讨论信息，并通过多维的呈现方式及辅助功能为帮助用户尽可能发现所需内容，但整体而言缺乏对讨论内容上的进一步挖掘与呈现。

本研究关注于沪深股票市场中的用户讨论信息，主要分为普通讨论及精华讨论信息，其中普通讨论是用户针对具体股票发表的讨论意见等，而精华讨论是用户针对具体股票或者沪深整体行情发表的、每日阅读量排名较高的长文本信息。

由于股票的讨论信息时效要求较高，因此本研究将讨论信息的采集时间区间设置为一个月，具体为 2018 年 6 月 1 日至 2018 年 6 月 30 日。采集的内容具体包括讨论的编号、发布用户、发布时间以及内容，均可通过雪球网API 获取，其中普通讨论地址为 https：//xueqiu.com/statuses/search.json？

count = 10&comment = 0&symbol = ＄StockSymbo＄&hl = 0&source = user&sort = time&page，精华讨论 https：//xueqiu. com/v4/statuses/public_timeline_by_category. json? since_id = 1&max_id = ＄CommentId＄&count = 15&category = 105。本研究涉及的知识实体主要包括用户、股票以及词汇，其中股票、用户信息可直接获取，而词汇可根据上述流程进行提取。

（2）数据描述性统计

本研究共获得普通讨论 345 215 篇，精华讨论 2791 篇。可看出，普通讨论的信息数量远远多于精华讨论，普通讨论的日均讨论数量在 1 万以上；精华讨论是以用户阅读量为依据的高质量证券讨论信息，每日信息量将近 100 篇，这不仅体现了雪球网用户的活跃性，同时也肯定了服务平台中信息的高质量性。

对讨论信息的发布具体时间分布进行统计，具体如图 11-6 所示，其中横轴为发布日期，纵轴为发布时间点。讨论信息的发布同证券市场交易时间相关，即交易日发布的信息明显多于非交易日、证券市场开盘时间的信息明显多于其他时段，充分体现了证券信息的强时效性；此外普通讨论的时效表现更为突出，这是由于普通讨论多为用户根据大盘实时动态而做出的反应，一般内容较为短小（平均长度为 177 字符），而精华讨论多是研究者针对当前经济环境、市场动向等多方面信息而做出的较为全面的分析讨论，内容往往较为丰富（平均字符数量为 2485），因此在每日交易结束后（即 15：00 之后）依据产生了较多的讨论内容。

从下载讨论中直接可获取的知识实体包括股票和用户两种类型。首先统计了讨论中涉及股票数量的情况：其中普通信息共涉及 3532 只股票（约占 99%），精华信息涉及 2331 只股票（约占 65%），在一定程度上表明了讨论股票覆盖的广泛性。其次对股票发布用户的数量进行统计：普通讨论涉及的用户总数为 59 276 个，精华讨论为 993 个，两者合计共有 59 439 个用户参与了互动讨论。最后分别对两者讨论中各只股票所相关的讨论数量、各个用户

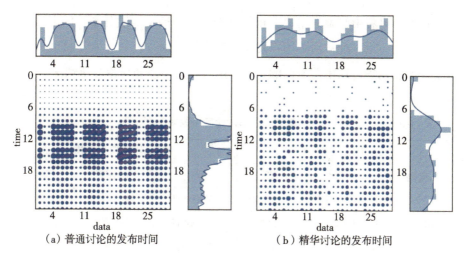

图 11-6　讨论信息的发布时间分布

所发表的讨论数量分布进行统计，结果如图 11-7 所示。

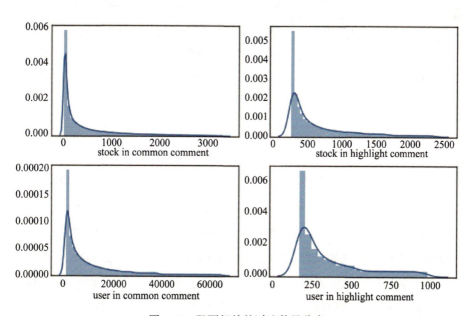

图 11-7　股票相关的讨论数量分布

从图中可看出股票和用户的相关讨论数量均满足离散分布，即少数热门股票被广泛讨论、少数活跃用户发布了较多的讨论。表 11-3、表 11-4 分别列举了普通和精华讨论中前十位的股票和用户信息及发布讨论数量情况。

表 11-3　　　　　　　　　　**普通、精华讨论前十股票**

普通讨论前十股票			精华讨论前十股票		
代码	名称	篇数	代码	名称	篇数
SZ000651	格力电器	11 040	SZ000651	格力电器	335
SH601318	中国平安	9674	SH600519	贵州茅台	228
SH600519	贵州茅台	9266	SH601318	中国平安	223
SZ000063	中兴通讯	9180	SH600276	恒瑞医药	140
SH600309	万华化学	6393	SH600036	招商银行	125
SH600036	招商银行	5177	SZ000002	万科	118
SZ300027	华谊兄弟	5176	SH601166	兴业银行	110
SZ002594	比亚迪	4853	SZ000063	中兴通讯	96
SH601166	兴业银行	4634	SH600309	万华化学	95
SZ000002	万科	4327	SZ300024	机器人	94

从表 11-3 可看出，普通讨论和精华讨论的前十位热门股票基本上一致，仅存在 2 个股票有所不同。股票对应的上市公司通常都为行业龙头，例如贵州茅台在白酒行业属于龙头老大，格力电器在电器行业具有较强的竞争力，中国平安在保险行业中独树一帜；或者其属于新概念股票，例如比亚迪在"新能源"产业上一直处于领先地位，从 2003 年起就开始致力于新能源汽车的研发与推广上，又如机器人的发展紧紧围绕着《中国制造 2025》中的重点工程及领域等。总体而言，这些股票大部分属于上证 50、深沪 300，股票行业板块较好，业绩稳定且持续增长，基本面保持良好，且具有较大的市场体量及影响力，即属于白马蓝筹股，一直倍受用户的关注。

表 11-4   普通、精华讨论前十用户

普通讨论前十用户			精华讨论前十用户		
ID	名称	篇数	ID	名称	篇数
9796081404	雪球选股	6 832	6089013236	数据宝	53
5124430882	要闻直播	2 314	3675440587	鲁政委	47
4811502214	Gquant	1 191	2504698885	大树的格局	37
2122410628	嗨牛财经	1 047	2137758205	e 公司	36
4803520123	掌涨股讯	797	5962548939	市值风云 APP	34
7096399426	耐力投资	504	8152922548	今日话题	32
3595607502	龙虎榜助手	495	2197829136	摇滚分析师	29
2143043140	稀土 2017	404	8300799401	中信建投黄文涛	29
1087249293	华尔街慢牛	399	5171159182	玩赚组合	28
4005281876	股市猎手 88	386	6237968705	宏评债论	26

与涉及股票不同，普通讨论和精华讨论的发布前十位的用户则完全不同。普通讨论中多为行情报道账号，例如雪球自身信息发布账号（雪球选股、要闻直播、龙虎榜助手等），或者其他专业财经账号（嗨牛采集、掌涨财经等），这些账号多是有专业机构打理，用于对于大盘行情、股票交易的实时更新及反馈，便于一般投资者关注跟踪，也有少数活跃投资个人用户（如耐力投资、华尔街慢牛等），他们根据个人经验，对市场或者个股给出相关建议，通常意见较为简洁短小、且主观性较强（如"＄北方华创＄回调至48.5 左右买入持有""＄音飞储存＄首板关注""＄金石东方＄强势控居，有望延续"等）。而精华讨论中多为证券市场分析类账号，包括各大证券行业的新媒体平台（如数据宝和 e 公司都为《证券时报》旗下的证券内容分析平台），还包括专业的经济学家（如鲁政委为兴业银行首席经济学家，中信建投黄文涛等），这些用户发布的多为深度证券分析内容，即专栏信息，因此能得到广泛的关注与阅读，此外精华讨论中还包括用户推荐内容的信息集合账号（如今日话题、玩赚组合等），精选并转发用户自荐或他荐的讨论内

容，通过集中的方式进行传播扩散，进而提升其影响力。

　　进一步，对两者讨论中的词汇进行提取。普通讨论中的待选词汇共计 182 450 个，精华讨论中则有 53 746 个，对各词汇的 TF-IDF 值进行计算，总体的分布情况如图 11-8 所示。同样，词汇的分布也满足幂律分布，表现出离散与集中的趋势。

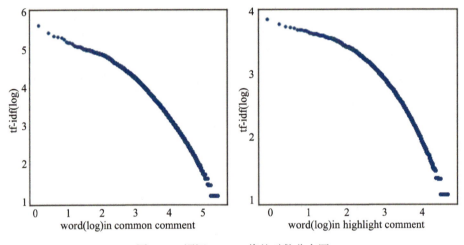

图 11-8　词汇 TF-IDF 值的对数分布图

　　同样也对讨论中 TF-IDF 值前十位的词汇以及词性、TF-IDF 值进行列表，具体如表 11-5 所示。

表 11-5　　　　　　　　　　普通、精华讨论前十位词汇

普通讨论前十位词汇			精华讨论前十位词汇		
名称	词性	TF-IDF	名称	词性	TF-IDF
公司	名词	2.28	公司	名词	4.13
市场	名词	1.40	增速	动词	3.38
投资	名词	1.15	行业	名词	2.97

续表

普通讨论前十位词汇			精华讨论前十位词汇		
企业	名词	1.10	银行	名词	2.93
中国	名词	1.08	企业	名词	2.87
行业	名词	0.97	增长	动词	2.66
产品	名词	0.82	估值	名词	2.64
增长	动词	0.79	经济	名词	2.59
发展	动词	0.77	产品	名词	2.56
资金	名词	0.74	业务	名词	2.53

可见，两者的词汇基本上相似，并且都为经济领域的常用词汇。尽管这些词汇词频较高，但是并不能由此看出讨论的具体主题及趋势，因此采用主题模型方法进行主题层次的分析计算，有助于帮助挖掘更具体细致的主题内容。

对于普通讨论，对于各股的讨论主要集中在关于涨、跌等相关内容，因此分别对各股进行主题层次图构建，有利于帮助用户快速了解相关股票的针对内容。本研究分别选择股票涉及篇次排名第一的格力电器（SZ000651）、排名在 1% 左右的长城汽车（SH601633）、排名在 20% 左右的圆通速递（SH600233）为例，并对 3 个股票的词汇进行提取。其中，格力电器共计11 040篇，涉及词汇 35 955 个；长城汽车 1877 篇，词汇数量为9293；圆通速递共计 126 篇，词汇共 2161 个。对各股票的词汇 TF-IDF 值的分布进行计算，得到图 11-9。可看出，词汇的分布依旧满足幂律分布，排名较高的词汇与全局相似但同时也体现出各自企业的特点，例如格力电器中有公司董事名字"董明珠"、其主营产品"空调"以及其竞争对手"美的"等相关词汇，在长城汽车中有汽车常用词汇"品牌""车型""销量"及"油耗"，也包含"吉利""哈弗""长城"等多品牌车名，而在圆通速递中也是"快递""物流""菜鸟"等专用词汇排名较高。

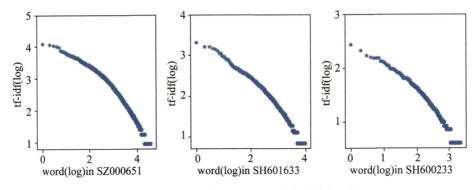

图 11-9　三者股票词汇 TF-IDF 值的对数分布图

综合以上，可见讨论词汇的分布均存在离散与集中的规律，因此在选择词汇时，根据二八原则选择待选词汇中的前 20%词汇作为讨论集中的最终词汇。根据上述内容，同时得到讨论信息中的知识实体关联情况，具体如表 11-6 所示。

表 11-6　　　　　　　　　　讨论信息的原知识实体关联

普通讨论	格力电器（7191）	长城汽车（1858）	圆通速递（432）
词汇	14 421 110	1 014 234	110 172
精华讨论	词汇（10 749）	股票（2331）	用户（993）
词汇	38 030 116	1 952 605	418 516
股票	—	165 602	10 308

从表中可看出，讨论中未进行主题识别时存在的知识实体关联均较大，特别是由于词汇的共现产生的关联，数量甚至达到了千万量级，但是这些关联中并非所有的都具有强相关性，其关联频次的分布也满足幂律分布规律。对高频知识实体关联进行统计发现，各词汇关联对中的高频对前 3 个股票的

情况如下：格力电器中为"格力—美的，格力—公司，格力—空调"、长城汽车则是"吉利—汽车，长城—吉利，长城—汽车"、圆通速递的为"公司—快递，菜鸟—物流，物流—中心"以及精华讨论中的"投资—市场，投资—公司，市场—公司"，可看出这些关联对在一定程度上还主要是以高频词汇为主，并且还有部分本身就是短语，如"格力空调""物流中心""投资市场"等。可看出，这种方式虽然在一定程度上能够发现热门讨论的内容及知识实体关联，但是这些内容往往较为通用，并不能较好地从多个侧面进行发现挖掘，并不利于用户的浏览探索。因此本研究采用 CATHY 和 CATHYHIN 主题模型方法对这些知识关联进行聚合研究，以更快发现具有多层次、多类型、关联程度高的知识实体相关主题。

根据 CATHY 和 CATHYHIN 主题模型的表示及计算参数设置，本研究进一步得到普通讨论的主题层次分布和精华讨论的多实体主题层次分布两种结果。

（3）普通讨论的主题层次图

普通讨论通常都是围绕着单个股票展开，用户不仅仅会发布一些有关股票的行情、动态相关内容，同时也会发表自己的评价及心情等。本研究主要对讨论内容的词汇进行收集，因此可采用主题层次模型进行知识聚合，为用户提供针对各股内容的主题层次情况。采用 CATHY 进行模型构建及计算后，得到的结果主要包含 3 个部分：各个主题层次的网络关联、各主题中词汇知识实体在其子主题中的概率分布以及主题中各子主题的知识实体排序结果（从高到低）。

本研究选择了 3 个股票个股的讨论集合，分别为篇次排名第一的格力电器、排名在 1% 左右的长城汽车和排名在 20% 左右的圆通速递，对各股票的主题层次结果中的词汇知识实体前 5 位进行了列举，结果如表 11-7 所示。

表 11-7　　　　格力电器、长城汽车与圆通速递主题层次结果

主题	格力电器词汇	长城汽车词汇	圆通速递词汇
1	投资，产品，经济，关注，企业	下滑，整体，销量，反转，业绩	联合，公司，公告，规划，建设
1⊙1	大盘，股市，买入，个股，下跌	油耗，资金，月销量，对比，加油	数据，行业，业务，增长，市场
1⊙2	董明珠，股东大会，董总，连任，管理层	股票，港股，股价，老魏，下跌	股票，股东，国家邮政局，物流业，竞争
1⊙3	产品，生产，提升，科技，工业	宝马，新能源，长安，数据，丰田	菜鸟，香港，航空，中国，国际机场
2	投资者，发展，优质，买入，销售	吉利，增持，市场，机会，发动机	投资额，枢纽，上市，评论员，趋势
2⊙1	巴菲特，价值，人生，财富，回报	老魏，加仓，控股，市值，下跌	股价，持有，减持，龙头，顺丰
2⊙2	个股，反弹，指数，创业板，大盘	销量，哈弗，增长，销售，车型	行业，增长，数据，板块，业务
2⊙3	空调，芯片，手机，智能，产品	股票，买入，投资者，持股，广告	香港，菜鸟，中国，航空，项目
3	中国，业绩，趋势，原因，市值	汽车，估值，补仓，破产，油耗	快递，中心，调整，股东，超过
3⊙1	茅台，赚钱，炒股，散户，眼光	世界杯，广告，估值，业绩，经营	行业，关注，增长，市场，股票
3⊙2	品牌，技术，收购，发展，多元化	自主，销售，新能源，整体，优势	板块，产品，持有，股价，股份
3⊙3	个股，指数，板块，反弹，资金	韭菜，持股，坚强，燃油，混动	香港，菜鸟，中国，航空，项目
4	话题，美的，持股，跌停，布局	深股通，持仓，散户，港股，风险	阿里巴巴，成立，网络，香港，收到

续表

主题	格力电器词汇	长城汽车词汇	圆通速递词汇
4⊙1	个股，大盘，反弹，指数，行情	港股，控股，人民币，贸易战，困境	数据，增长，行业，板块，快递
4⊙2	空调，美的，收购，新能源，装备	销量，高端，销售，品牌，合资	股票，持有，股份，股价，科技
4⊙3	眼光，思考，生意，运气，财富	发动机，水平，持股，业绩，持仓	菜鸟，香港，中国，航空，项目
5	持有，赚钱，股东，走势，分红	技术，发展，分钱，持股，价格	指数，龙头，突破，效应，成交量
5⊙1	股东，董事会，国资委，员工，收购	国家，美国，价值，合作，营销	子公司，宣布，中标，减持，联合体
5⊙2	仓位，反弹，加仓，上涨，白马股	销量，低端，轿车，月销量，差距	国际，圆通，产品，显示，经营
5⊙3	提升，规模，优势，需求，模式	股价，余额，持仓，分红，融资	市场，关注，资金，股票，科技

　　基于上表内容，进一步对各股票的讨论主题进行分析。首先，对各股的第一层次主题进行分析：格力电器第一层次的子主题主要从股票"产品现状""发展动态""行业趋势""竞争产品""走势情况"五个方面展开；长城汽车的子主题的关注内容在"产品业绩""市场机会""汽车油耗""合作收购""股票收益"五个内容；圆通速递则分为"合作规划""公司评论""发展动态""投资合作""经营情况"五个子主题。总体而言，这些子主题主要围绕着公司的产品内容及经营现状、行业的发展机会及趋势、竞争合作和股票的行情及走势等四个方面，并结合各自公司的发展特性与实时事件加以体现。其次，再对股票普通讨论的第二层次主题内容进行分析，主要包括三种类型的子主题：第一种为股票讨论中常用词汇（如股票、股价、股市、持有、持仓、增仓、减仓、上涨以及下跌等），比如格力电器中的1⊙1、2

⊙2、3⊙3、4⊙1 和 5⊙2，长城汽车中的 1⊙2、2⊙3 和 5⊙3，圆通快递的 3⊙2和4⊙2；第二种是由上级主题常用词汇构建出的主题内容，比如格力电器的主题1⊙3 为其上层主题 1 "产品现状" 的相关词汇，主要与公司产品的生产内容相关；第三种类型则是基于针对子主题具体事件而产生的，比如格力电器的1⊙2 是基于董明珠是否会连任董事长展开的相关讨论产生的主题，长城汽车的 3⊙1 围绕着公司在世界杯中投放了汽车广告的讨论开展，圆通快递的 1⊙3、2⊙3、3⊙3 和 4⊙3 基本都是同一内容，即有关公司合作在香港机场建立物流中心的事件展开，相关讨论如图 11-10 所示。

（a）"公司产品的生产内容"的讨论　（b）"董明珠是否连任董事长"的讨论

（c）"合世界杯投放汽车广告"的讨论　（d）"合作建立香港机场物流中心"的讨论

图 11-10　子主题相关讨论示例

针对以上的词汇知识实体结果，分别对根主题以及第一层级的子主题进行 HPMI 值计算，结果如表 11-8 所示。可看出：三者的 HPMI 值都是基本相似，在 0.5~0.6，说明主题中词汇知识实体具有正相关；总体的 HPMI 值中格力电器>长城汽车>圆通速递，一定程度上体现出篇幅数量对结果的影响，当讨论达到一定数量时，往往才会表现出多层次的主题内容；对于不同层次的 HPMI 值，第一层次>根主题，表明层次越高的主题往往内容更加具体，涉及的讨论越加集中，因此词汇知识实体间的相关性也会相应提升一些。

表 11-8　　普通讨论中子主题中知识实体关联 HPMI 值（K=5）

知识实体关联	格力电器	长城汽车	圆通速递
根主题的子主题	0.5190	0.4796	0.4953
主题 1 的子主题	0.6050	0.4985	**0.5467**
主题 2 的子主题	0.6313	0.4856	0.5080
主题 3 的子主题	0.5841	0.5999	0.4747
主题 4 的子主题	0.6264	0.5612	0.5074
主题 5 的子主题	**0.6468**	**0.6259**	0.5127
总体	0.5938	0.5356	0.5063

综上所述，从上述分析可看出，CATHY 模型在一定程度上较好地体现出了各股票当前的讨论热点问题及事件，但是在表现上还是存在一定的局限性：

①证券市场中常见词汇往往会出现在多个子主题类别中，这是由于普通讨论往往都是紧紧围绕着大盘行情、股票买卖直接展开的，因此对于产品、行业以及市场相关的内容往往也会包含相关内容，因此在各个子主题中均有可能出现。

②对于讨论篇数较少的讨论，使用层次越大的子主题效果越不好，且会出现很多子主题不断重复出现的现象，这是由于讨论数量以及涉及的词汇都较少，当主题划分较多时，难免会出现这种情况（总体 HPMI 值也随着讨论数量的增多而相应提高），因此对于各股的主题模型的层次数量和子主题数量可根据实际篇数量进行调整。

（4）精华讨论的多实体主题层次图

从之前的描述性统计结果中可看出，精华讨论通常以整体分析为主，内容涉及广泛，且往往会对多个股票进行综合比较讨论，因此可以采用多实体主题层次模型进行知识聚合，为用户提供精华内容的词汇（主题）、股票以及发布用户的层次情况。采用 CATHYHIN 进行模型构建及计算后，得到的结果主要包含 3 个部分：各个主题层次的网络关联、各主题中所有知识实体在其子主题中的概率分布以及主题中各子主题的知识实体排序结果（从高到低）。

本研究首先对第一层次的 5 个子主题中各知识实体的前十位进行了列举，结果如表 11-9 所示。从表中可看出，5 个子主题各具特点，在词汇、股票以及用户 3 种知识实体上差异较大，根据每个子主题的前十位知识实体归纳子主题分布为资本重组、债券融资、供给侧改革、高端制造和价值投资 5 个方面。

表 11-9　　　　　　　　第一层次子主题的前十位知识实体

主题	内　　容
1	词汇：{公告，股份，股东，披露，控股，股权，股本，事项，董事会，转让} 股票：{长园集团，红宇新材，哈工智能，锦富技术，天马股份，雷曼股份，坚瑞沃能，沃尔核材，天成自控，辉丰股份} 用户：{e公司，经济观察报，市值风云 APP，Z 帅的比较，挖贝网，富凯财经，金融虫，投资时报，环球老虎财经，野马财经}
2	词汇：{银行，债券，流动性，违约，杠杆，信用，金融，融资，监管，贷款} 股票：{兴业银行，招商银行，中信证券，平安银行，农业银行，中国银行，海通证券，工商银行，中信银行，光大银行} 用户：{摇滚分析师，喻刚，光大固收研张旭，戴志锋，西塔金融，屈庆债券论坛，银行家杂志，郭施亮，鲁政委，王剑}

续表

主题	内　　容
3	词汇：{高位，订阅，库存，维持，行情，供给，指数，分析师，煤炭，供需} 股票：{宝钢股份，三钢闽光，方大特钢，韶钢松山，华菱钢铁，紫金矿业，柳钢股份，八一钢铁，安阳钢铁，凌钢股份} 用户：{谢超-策略，鹏飞论钢，天风钢铁侠，萝卜投研，宏评债论，招商策略张夏，事件研究员，北海居，中信建投策略，陈果A股策略}
4	词汇：{厂商，生产，技术，高端，应用，销量，布局，领域，销售，制造} 股票：{比亚迪，机器人，太阳能，上汽集团，京东方，国轩高科，索菲亚，国新能源，翰宇药业，长安汽车} 用户：{白发林奇，大树的格局，牛氓的胜利，调研君，读财报做投资，张竞扬-摩尔精英CEO，星夜独行，一牛股市，乐道财报，格老巴老的价值投资}
5	词汇：{选择，现金流，价值，时间，商业模式，能力，机会，回报，思考，人口} 股票：{贵州茅台，东阿阿胶，老百姓，片仔癀，云南白药，天士力，恒瑞医药，爱尔眼科，泸州老窖，海天味业} 用户：{覃覃财经，贫民窟的大富翁，巴赫师，飞龙在天论道，华宝医药_医疗，群兽中的一只猫，边塞小股民，多维矩阵投资策略，巴菲特读书会，铁歌的读书圈}

　　具体各主题的内容如下：①主题1"资本重组"：主题中词汇涉及多为信息披露中的常见词汇，其中股权转让为资产重组的一种主要方法，对于上市公司的资本重组相关事件以及披露报道，往往容易成为市场的热点话题，因此发布用户中一般以财经媒体居多。②主题2"债权融资"：主题涉及的词汇主要与融资相关，债券是直接融资，银行为间接融资，通常融资与整个金融市场的流动性、杠杆比率等直接相关，另一方面信用危机等往往会促发融资的违约发生等，同时主题相关股票主要为金融机构，如银行、证券等。③主题3"供给侧改革"：钢铁、煤炭、石油石化及有色金属等几大行业在近十年以来一直存在产能过剩的现象，导致产业利润大幅下降，"三去一降

一补"政策的提出,有助于压缩淘汰落后产能,从而使生产要素价格提高,相关行业也迎来了新的发展生机。④主题 4 "高端制造":制造业一直是我国国民经济的主体,新一轮的科技革命与产业变革加速了中国制造业发展质量和水平的提升,《中国制造 2025》提出从制造大国向制造业强国转变,最终实现制造业强国的一个目标,涉及的新一代信息技术产业、高档数控机床和机器人、节能与新能源汽车、生物医药及高性能医疗器械等 10 个重点领域相关上市公司也一致备受着关注。⑤主题 5 "价值投资":主题设计的词汇体现出发布用户的投资哲学,往往涉及具有经典的商业模式、属于非周期性行业的股票等。

以上各主题基本包含了证券市场用户主要关注的相关话题,从不同层面上加以展开。本研究进一步对以上各主题的下一层次的子主题进行梳理,对各主题中的知识实体的前五位进行列举,分别得到表 11-10、表 11-11、表 11-12、表 11-13 和表 11-14,具体如下。

表 11-10　　　主题 1 "资本重组"的子主题前五位知识实体

主题	内　　容
1⊙1	词汇:{担当,夸大,机械设备,资源整合,冷链}
	股票:{正业科技,惠博普,天广中茂,宝德股份,康拓红外}
	用户:{金融虫}
1⊙2	词汇:{中标,调仓,增减,竞价,协议书}
	股票:{小康股份,东北制药,长春一东,普洛药业,中国长城}
	用户:{Z 帅的笔记,观点地产新媒体,公告淘金,恋家好先生,富凯财经}
1⊙3	词汇:{首次公开发行,信息披露,发行价格,保荐,存托凭证}
	股票:{中兴通讯,中国银行,新华网,常山北明,维维股份}
	用户:{经济观察报,野马财经,金三板三胖哥,要闻直播,挖贝网}
1⊙4	词汇:{审计报告,董秘,增值,计提,财务数据}
	股票:{步森股份,欢瑞世纪,华谊兄弟,斯太尔,骅威文化}
	用户:{市值风云 APP,e 公司,覃覃财经,摸鱼小组,孙旭龙}

续表

主题	内　容
1⊙5	词汇：{研究院，示范，签约，培训，绿色} 股票：{神州高铁，天沃科技，隆鑫通用，东华科技，联得装备} 用户：{郑亚苏金融观察，何适投资，大公，金策师财经，船长---}

　　主题 1"资本重组"的子主题主要包括：主题 1⊙1 有关"资源整合"内容，该子主题仅一个相关用户，该用户为华创证券的机械首席分析师，相关的发帖内容也主要涉及机械行业，并对行业中的资源整合情况进行了相关分析说明；主题 1⊙2 为"竞价中标"方面的内容，其中相关词汇有与活动流程相关的，比如竞价、再者中标，进而签订协议书相关等，股票较多涉及的为医药以及新能源等行业；主题 1⊙3 的词汇为"发行"相关，对于股票的首次公开发行应该进行信息披露，往往会涉及价格、保荐信息、存托凭证等方面内容；主题 1⊙4 关于"信息披露"，相关词汇主要为信息披露中的信息沟通问题，往往都会提及审计、财务数据等内容；主题 1⊙5 针对"签约合作"展开，通常可能包括涉及与企业与研究院之间的签约、合作等问题。从整体上看，该主题及其子主题中的各类知识实体都涉及面广泛且关联性不明显，这是由于资源重组虽然常用词汇类似，但实际上涉及的上市公司及企业千差万别，因此该主题类别并不利于发现新兴话题，但易于探测到有相关动态的股票。

表 11-11　　**主题 2"债券融资"的子主题前五位知识实体**

主题	内　容
2⊙1	词汇：{转债，条款，阅读，转股，回售} 股票：{海通证券，浦发银行，乐视网，光大证券，蓝思科技} 用户：{光大固收研究张旭，西塔金融，老凯李，宁远谈资，陆家嘴金融港}

主题	内　　容
2⊙2	词汇：{公司债，采掘，科技类，中票，短融} 股票：{新华保险，东方财富，财通证券，陕西煤业，吉艾科技} 用户：{摇滚分析师，喻刚，e公司，宏评债论，证券市场周刊}
2⊙3	词汇：{银行存款，知识产权，表述，保留，告知} 股票：{太平洋，农业银行，珀莱雅，招商证券，当升科技} 用户：{戴志锋，中信建投黄文涛，富国红利增强，HTFE，红利基金}
2⊙4	词汇：{不良率，不良贷款，股份制，金融业，覆盖率} 股票：{民生银行，招商银行，建设银行，平安银行，中国银行} 用户：{银行家杂志，证券市场周刊，要闻直播，五迷，民银智库}
2⊙5	词汇：{外汇储备，升值，经济体，美元汇率，贸易顺差} 股票：{兴业银行，农产品，申万宏源，复星医药，上海家化} 用户：{鲁政委，王胜申万宏源，财经马红漫，覃覃财经，张明0927}

主题 2 为 "债权融资"，其下的各类主要也仅围绕相关话题展开：主题 2⊙1 有关 "股票转债" 内容，可能涉及的包括可转债、债转股、股票回购等相关行为；主题 2⊙2 则是针对 "债务融资工具" 方面的问题，例如中票和短融均是属于信用债，科技类等或属于债务发行主体等；主题 2⊙3 的词汇更多的是 "观点声明" 相关，这些文章多是对行情报道的研究报道，因此往往会提出风险提示和免责声明等相关内容，因此涉及的股票类型也比较多样；主题 2⊙4 关于 "资产质量指标"，比如银行的不良率、拨备覆盖率等；主题 2⊙5 针对 "宏观经济"，宏观经济主要在汇率层面带来影响，如美元升值、人民币贬值、贸易顺差等，可能涉及的还包括中美贸易争端等相关内容。总体而言这些主题涉及融资的各个方面，相关的股票也集中在金融机构。

表 11-12   主题 3 "供给侧改革" 的子主题前五位知识实体

主题	内容
3⊙1	词汇：{钢铁行业，铁矿石，焦炭，焦煤，钢铁企业} 股票：{宝钢股份，三钢闽光，方大特钢，韶钢松山，华菱钢铁} 用户：{鹏飞论钢，天风钢铁侠，飞笛-早知道，天风煤炭_彭鑫，天风证券研究所}
3⊙2	词汇：{电池，硫酸，稀土，贸易商，新能源} 股票：{紫金矿业，锡业股份，盛屯矿业，华友钴业，中国铝业} 用户：{金属侠李斌，HTFE，分析师谢鸿鹤，熊园，崔浩瀚}
3⊙3	词汇：{新格局，计算机，电话，专用设备，电子} 股票：{超图软件，航天信息，用友网络，烽火通信，日海通讯} 用户：{谢超-策略，调研君，数据宝，屈庆债券论坛，光大固收研究张旭}
3⊙4	词汇：{试行，仅供，造纸，维稳，家具} 股票：{晨鸣纸业，索菲亚，山鹰纸业，中顺洁柔，太阳纸业} 用户：{史凡可，全铭_东吴，摇滚分析师，东吴机械军工陈显帆，喻刚}
3⊙5	词汇：{伊朗，欧元，计价，油价，政治} 股票：{中国神华，陕西煤业，农产品，中国石油，天津港} 用户：{宏评债论，鲁政委，张明0927，金融虫，价值 at 风险}

主题 3 主要关于"供给侧改革"，从上表可明显看出各子主题主要从不同的行业进行展开：主题 3⊙1 与"钢铁"相关，词汇涉及钢铁原材料，股票均是钢铁行业的，此外还可注意到发布用户中天风证券分析师占主要部分；主题 3⊙2 则为"矿业及有色金属"，词汇主要为相关的原材料、产品以及发展新概念等内容；主题 3⊙3 为"通信设备"，词汇主要为通信基本电子设备，股票也都是较为知名的相关上市公司；主题 3⊙4 关于"造纸和家具"，其中涉及的词汇和股票均包含造纸及家具两部分内容；主题 3⊙5 针对"石油"问题，涉及的包括相关的政治交涉、经济影响等相关词汇。综上可以看出，主题 3 的子主题都是仅围绕着"供给侧改革"相关行业开展的，其

主要目的在于调整经济结构，使劳动力、土地、资本、制度创造、创新等相关要素实现最优配置，进而提升经济增长的质量和数量①。其中钢铁、矿业及有色金属、造纸与家具、石油等都是与原材料相关的，一方面考虑到原有的产能过剩，需优化产业结构、提升产业质量，另一方面也强调"绿水青山就是金山银山"，坚持人与自然的和谐共生。而通信设备行业则有所不同，其改革更多的是从创新产品、资源共享等方面入手，最终完成相关的改革与推进。

表 11-13　　　　主题 4 "高端制造"的子主题前五位知识实体

主题	内　　容
4⊙1	词汇：{门店，家居，品类，经销商，制作} 股票：{索菲亚，尚品宅配，好莱客，欧派家居，美凯龙} 用户：{全铭_东吴，史凡可，奇货可居的商人，tksun，钉科技}
4⊙2	词汇：{临床，药物，治疗，患者，医院} 股票：{信立泰，恒瑞医药，复星医药，乐普医疗，爱尔眼科} 用户：{牛氓的胜利，万古流名，格老巴老的价值投资，价投 N 次方，富国医药}
4⊙3	词汇：{互联网，移动，用户，智能手机，场景} 股票：{机器人，科大讯飞，立讯精密，信维通信，华天科技} 用户：{张竞扬-摩尔精英 CEO，乐道财报，智东西，forward222，机会宝}
4⊙4	词汇：{电池，车型，锂电池，新能源，电动车} 股票：{国轩高科，上汽集团，亿纬锂能，杉杉股份，当升科技} 用户：{汽车 K 线，白发林奇，猫视汽车，阿手投资笔记，富国新能源车}
4⊙5	词汇：{董明珠，苹果公司，笔记本电脑，塑料，越南} 股票：{中国神华，长电科技，中国石油，TCL 集团，沈阳机床} 用户：{风云之声，IT 爆料汇，李勇飞_易轩，加贝致赢，一石双击}

---

①　百度百科：供给侧结构性改革［EB/OL］.［2019-07-15］. https：//baike. baidu. com/item/供给侧结构性改革.

　　从上表可看出主题 4 "高端制造" 的子主题也是从行业入手的，包括的行业有主题 4⊙1 为 "家具定制" 相关主题，涉及的上市公司多在提供了家具定制服务，该服务紧紧抓住消费者的痛点，爆发出蓬勃的生命力，但随着诸多企业蜂拥而至，如何提升竞争力也一直值得思考；主题 4⊙2 针对 "生物医药"，医药行业一直都是热门行业，本主题中涉及了大部分是在医药方面具有竞争力的股票，相关词汇主要谈论的也为医药涉及的基本事件；主题 4⊙3 则为 "新一代信息技术"，该主题中词汇多关于新一代信息技术中相关概念，一方面有基本产品及媒介，另一方面也强调产品的用户需求及应用场景等，股票方面对信息技术中的软硬件、应用等多方面均有所涉及；主题 4⊙4 与 "新能源汽车" 有关，主要以新能源汽车的发展为主线，主要涉及在电池、电动车以及等新能源方面较为突出的公司股票；主题 4⊙5 关于 "基础制造" 问题，涉及的词汇和股票包括一些热门的制造产品、原材料及公司高层，也体现出劳动力转移的趋势，如 "越南"，在产业转移和产业升级等方面较为关注。党的十八大提出了用信息化和工业化两化深度融合来引领和带动整个制造业的发展，相关的重点领域均在这方面做出了诸多优化和升级，对应的上市公司也在中国制造新发展的趋势上起到了带头示范作用，因此相关股票表现也备受关注。

表 11-14　　　主题 5 "价值投资" 的子主题前五位知识实体

主题	内　容
5⊙1	词汇：{流动资产，净额，流动负债，管理费用，主营业务} 股票：{亨通光电，永辉超市，长城汽车，同花顺，宋城演艺} 用户：{巴赫师，多维矩阵投资策略，面包财经，摸鱼小组，价值 at 风险}
5⊙2	词汇：{促销，食品，白酒，品类，高端} 股票：{五粮液，山西汾酒，口子窖，古井贡酒，水井坊} 用户：{xuehu5417，中国基金报，证券市场周刊，野马财经，调研君}

续表

主题	内　　容
5⊙3	词汇：{医院，医药行业，临床，治疗，患者}
	股票：{信立泰，乐普医疗，通化东宝，爱尔眼科，美年健康}
	用户：{价投 N 次方，静水流深道悟思静，华宝医药_医疗，闫天一，医药并购圈}
5⊙4	词汇：{转折，行业龙头，取代，工业，定价权}
	股票：{格力电器，中国平安，招商银行，华泰证券，东方财富}
	用户：{星夜独行，大树的格局，恋家好先生，巴探员小黄，飞龙在天论道}
5⊙5	词汇：{房子，房价，租金，父母，家庭}
	股票：{万科，美凯龙，好莱客，保利地产，苏宁易购}
	用户：{覃覃财经，巴菲特读书会，骷髅大白兔，叫我村支书，天风证券研究所}

对于主题 5 "价值投资" 而言，其子主题主要从以下 5 个方面展开：主题 5⊙1 以 "基本面分析" 为主，提及的词汇多为常进行基本面分析的财务指标，因此涉及的股票类别有一定差别；主题 5⊙2 与 "高端白酒" 相关，首先在词汇中已经提及了 "白酒" "高端" 等概念，其次相关的股票基本都为国内市场中较为知名的高端白酒，虽然贵州茅台不在其中，但在主题 5 中总体股票中贵州茅台讨论最多；主题 5⊙3 与 "健康中国" 有关；共建共享、全民健康是建设健康中国的战略主题①，在政策和健康问题的环境下，大健康产业得到了快速发展，针对健康管理、医疗医药、康复智能、养老养生的相关企业都得到了关注；主题 5⊙4 的企业均属于 "行业龙头"，涉及的股票均为各领域中的行业龙头，这些企业具有较强的综合实力，并且注重推行改革与创新发展；主题 5⊙5 与 "房地产" 相关，相关的词汇均围绕着房子展开，但相关股票的涉及面更加广泛，有房地产行业的股票，如万科、保利地

---

① 百度百科："健康中国 2030" 规划纲要 [EB/OL]. [2019-07-15]. https://baike. baidu. com/item/ "健康中国 2030" 规划纲要.

产，也有房地产周边产业，如美凯龙包括家居装饰及家具商场的经营、好莱客专注于家具制造、苏宁易购专注在家用电器方面。可看出以上 5 个子主题较好得体现了"价值投资"的特点，价值投资往往偏重基本面分析，并注重行业特征，投资者往往会选择稳健发展（如白马蓝筹股）、围绕与老百姓刚性需求（衣食住行等）息息相关的产业展开。

同样，对以上不同类别的知识实体关联进行 HPMI 值计算，得到表 11-15。可看出：所有的 HPMI 值都为正数，各类知识实体之间均存在正相关关系，其取值范围在 0.2~0.9，相对单实体的主题层次结果范围更加广泛一些；不同层次的 HPMI 值，同样具有第一层次>根主题的规律；对于不同的知识实体对 HPMI 差异较大，同类型的知识实体对>不同类别的知识实体对，这是由于不同类别的知识实体对往往间接关联居多，进而会在一定程度上降低 HPMI 的取值。

表 11-15　精华讨论中根主题的子主题知识实体关联 HPMI 值 （$K=5$)

知识实体关联	词汇-词汇	词汇-股票	词汇-用户	股票-股票	股票-用户	全部
根主题的子主题	0.4504	0.2396	0.2406	0.7200	0.2703	0.3842
主题 1 的子主题	0.6532	0.3477	0.3379	0.8297	0.3397	0.5016
主题 2 的子主题	**0.7296**	0.3098	0.3419	0.6156	0.3124	0.4619
主题 3 的子主题	0.6722	**0.3614**	**0.3471**	**0.9477**	**0.3721**	**0.5401**
主题 4 的子主题	0.6627	0.3418	0.3239	0.8282	0.3327	0.4979
主题 5 的子主题	0.5700	0.2758	0.2776	0.7171	0.2861	0.4253
总体	0.6230	0.3127	0.3115	0.7764	0.3182	0.4684

基于以上对各层次主题的列举和分析，最终可得到精华讨论的主题层次图，具体如图 11-11 所示。下图中仅展示了各主题中提炼的名称，实际各个主题还包括其中的词汇、股票和用户三类各自排名较高的知识实体详情。

从图 11-11 可看出通过 CATHYHIN 模型的知识聚合结果表现较好，其精

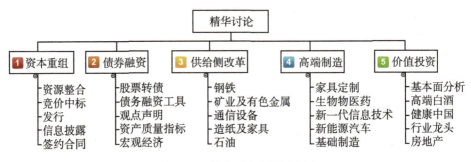

图 11-11　精华讨论主题层次图

华讨论的主题层次图较好得囊括了当前中国证券市场的各个方面，不仅能够发现热门话题，同时还可以找到相关的核心股票与用户。

11.3　行为层面的知识聚合

在行为层面的知识聚合中，首先对雪球网中的证券行为信息进行梳理及采集，基于网络构建方法分别生成用户直接关注股票网络、用户间接关注股票网络和股票投资共现网络。其后通过计算网络结构、层次化社团检测和中心性分析，对两类证券行为网络进行分析挖掘。

（1）雪球网中的证券行为信息

雪球网还是一个投资社交网站，在专业的财经媒体提供的信息之外，还存在大量真实的投资用户提供的信息，并且通过投资用户之间的互动、交流产生了更多独特的、高质量的内容，可进行进一步挖掘。一方面，雪球网将关注点放到了每一位投资者身上，采用"关注"的方式让投资者与自己感兴趣的股票及其他投资者建立链接，进而通过有效的算法实现证券信息个性化的需求；另一方面，雪球网也提供了丰富的投资组合信息，用户可以方便地进行创建组合、调整仓位等操作，能够有效、实时的反映出其投资智慧。

基于以上两方面的互动行为，本研究进一步对关注行为和投资组合中的相关显性关联进行提取。

1）关注行为

雪球网中为用户提供了"找人"功能，不仅实时列举了分析师/研究员、私募、媒体/研报三个领域中最具有影响力的前十位用户，同时也提供了雪球网中"雪球官网""雪球达人秀""主题投资""软件与互联网服务"等54个子领域的活跃用户。本研究以雪球网2018年6月涉及的活跃用户为研究对象展开研究，具体情况如表11-16所示。

表 11-16　　　　　　　　活跃用户所涉及的领域及数量

领域	数量	领域	数量	领域	数量
A 股投资达人	97	分析师/研究员	29	纺织服装	10
投资新秀	80	电商零售	26	滚雪球小帮手	10
软件与互联网服务	69	低风险投资	24	保险保安全	8
TMT	66	交运与汽车	24	分级基金达人	8
私募	66	电子设备及服务	23	雪球官方	8
媒体/研报	60	房地产	23	并购重组	7
美股达人	60	中小盘成长股	23	LED 节能环保	6
基金达人	58	策略/宏观	21	采掘	5
雪球达人秀	55	财务分析达人	18	金属新材料	5
食品饮料	53	通信设备与服务	18	期货股指对冲	5
公募基金	48	旅游餐饮	17	建筑建材	4
医药业	47	文体娱乐	16	农林牧渔	4
港股达人	45	蓝筹股投资者	13	主题投资	4
银证保信托	44	量化投资	13	可转债	3

续表

领域	数量	领域	数量	领域	数量
投资顾问	36	化工	12	商业逻辑	3
雪球新兴实力派	35	能源环保	12	军工国防	2
家电家居日化	33	技术趋势派	11	AR/VR	1
银行业	30	资产配置	11	农业	1

研究共涉及用户 918 个，本研究以这些活跃用户为基础展开后续研究。其中较为活跃的用户主要为综合性的达人、研报或者媒体相关，还包括热门行业，如互联网、TMT 和私募等。但是这些分类也并非互相独立的，很多活跃用户也属于多个领域，比如用户"荔慎投资梁军儒_6474180344"属于雪球达人秀、A 股投资达人、中小盘成长股、食品饮料、旅游餐饮以及医药业六个领域等，图 11-12 展示了所属不同领域个数的用户数量，大部分（66%）的用户是仅在一个领域较为活跃，而活跃多领域的用户以两三个领域数量居多。

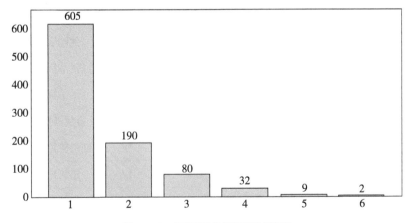

图 11-12 活跃用户所属领域情况

在用户页面包含用户的基本信息，关注的用户、粉丝，发帖的基本情况，关注的股票，股票组合等相关内容。雪球网对相关内容提供了 API 接口，可直接根据用户 id（UserId）进行获取，其中关注用户接口为：https：//xueqiu. com/friendships/groups/members. json? uid = $ UserId $ &page = $ page $ &gid = 0，关注股票接口为：https：//xueqiu. com/v4/stock/portfolio/stocks. json? size = 10000&type = 1&pid = 1&category = 2&uid = $ UserId $。本研究对以上 918 个用户的关注用户和股票信息进行了采集，提取这些活跃用户的发帖情况以及其中涉及的股票信息。

基于以上步骤，最终得到以下三种关联信息：①用户—关注—用户：共有 900 个用户关注了其他用户，而 18 个用户并未展开关注，如雪球官方账户"要闻直播_ 5124430882"等；②用户—关注—股票：其中 918 个用户中仅 781 个用户关注了相关股票，137 个用户未进行关注，主要包括美股达人、港股达人及基金达人等相关用户；（3）用户—发布—股票：基于 2018 年 6 月的发表情况，共计有 373 个用户对进行了相关讨论。

2）投资组合

雪球组合是众多投资者在雪球内创建的投资组合，以反映用户的投资智慧，目前网站中已形成了 100 多万个组合，但这些组合质量及收益参差不齐，并非都表现良好。雪球官方账号"玩赚组合"中为用户提供了平台中各类赚钱的组合，往往具有较高的收益率，广受平台用户追捧，因此本研究提取了"玩赚组合"中所有提及的组合（https：//xueqiu. com/v4/statuses/user _timeline. json? user_id = 5171159182），共计 3161 个组合，进一步对组合中的股票及其行业、具体仓位进行下载，去除截至 2018 年 6 月 30 日仓位中仅只有一只股票及非沪深股票的组合，最终得到了 1603 个沪深组合。

组合共涉及 29 个行业，每个组合中股票所属的行业数量分布如图 11-13 所示。其中有 167 个组合中的多只股票属于同一行业，其他 90% 的股票组合往往包含多个领域。因此本研究在对股票投资共现网络构建的同时，也考虑股票的行业属性，挖掘常用的行业组合。

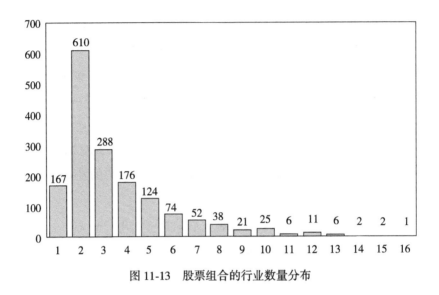

图 11-13　股票组合的行业数量分布

基于以上步骤得到了三个网络,本研究将用户与股票之间的直接和间接关注网络进行对照,并根据股票组合的共现情况对涉及的领域行业分布进行发现。

(2) 用户关注股票网络

首先对用户直接关注及间接关注股票网络的拓扑结构进行了解,表 11-17 展示了网络在相关指标的测度情况,同样稀疏性、凝聚性和均匀性的指标均是基于连通巨片展开。

表 11-17　　　　　　用户关注股票网络的拓扑结构

性质	指标	用户直接关注股票网络	用户间接关注股票网络
基本属性	节点总数	4501	4501
	—用户节点数	918	918
	—股票节点总数	3583	3583
	边数	42 480	313 136

续表

性质	指标	用户直接关注股票网络	用户间接关注股票网络
连通性	连通巨片的规模	4065	2649
	—用户规模	725	813
	—股票规模	3340	1836
	其他连通片的数量	0	0
	孤立节点数量	436	1852
稀疏性	密度	0.018	0.210
	平均度	20.900	236.418
	—用户平均度	58.593	385.161
	—股票平均度	12.719	170.553
稀疏性	平均强度	—	326.932
	—用户平均强度	—	532.621
	—股票平均强度	—	235.850
凝聚性	平均距离	3.225	2.257
	—用户平均距离	2.812	2.480
	—股票平均距离	3.839	2.012
	用户聚类系数 C_u	0.038	0.151
	用户聚类系数 C_u^{min}	0.270	0.680
	用户聚类系数 C_u^{max}	0.051	0.174
	股票聚类系数 C_s	0.079	0.421
	股票聚类系数 C_s^{min}	0.371	0.748
	股票聚类系数 C_s^{max}	0.101	0.448
	网络聚类系数	0.039	0.368

从表中可看出，除孤立节点之外，两种网络均存在一个连通巨片。在直接关注网络中，其中79.0%的用户均有关注的股票，涉及的股票内容广泛，占深沪股票总量的93.2%；间接关注网络中用户的数量更多，达到了

88.6%，但是涉及股票并不多，仅有一半（51.2%）在其中，这是由于用户发布股票往往表现出幂律分布，因此用户间接关注到的股票也主要以热门、活跃股票为主。但从总体上，两者网络依旧均有强连通的特征。

在稀疏性方面，尽管两者存在一定差异，但整体表现出稠密的特征，特别是间接关注网络中。用户平均度反映了每个用户的平均关注股票的数量，其中用户直接关注股票网络达到了 58.593，而间接关注股票网络更是达到了385.161，并且每个用户与股票之间平均通过 1.4 个（532.621/385.161 = 1.4）其他用户建立关系，可见这些活跃用户在雪球网中往往会集中关注股票，但是通过对其他用户的关注还可获得更大范围内股票的行情动态。股票平均度反映了每个股票的平均被关注的情况，直接网络中平均每个股票被12.719 个活跃用户关注，而在间接网络中达到了 170.553，即平均每个股票都会被 1/5（18.5%）的总体用户关注到。整体而言，这些用户与股票之间的关联非常丰富，网络具有强稠密性。

在网络凝聚性方法，以平均距离和聚类系数两种指标进行说明。平均距离上，由于网络本身属于二分网络，因此用户与用户之间、股票与股票之间的最小距离为 2，从测度值上看，两者网络从整体、用户以及股票节点方面都仅略高于 2，可见同类节点之间的易形成共同关注或被关注的链接，进一步表明了网络的丰富性。网络聚类系数中，两者分别为 0.039、0.368，均明显高于相对应的随机网络。可见整体网络还是表现出"小世界"的特征。

用户及股票的聚类系数实际上衡量的是节点之间的重叠程度，对比两者网络，间接关注网络的值明显高于直接关注网络，说明在间接网络中用户与用户、股票与股票之间的共同关注/被关注更加丰富，这一定程度上是由于在间接网络中平均度更大，节点本身的连接更丰富，因此也更易于形成重叠交集；对比用户和股票的聚类系数值，股票之间更易于多次被用户共同关注，而用户之间共同关注的股票数量并不太多，这是由于用户本具有一定的领域性，并且每种类别股票也具有多支，故关注股票也存在一定差异性，但对于股票而言，热门股票被大量用户关注，更易于与其他股票产生连接；对于 3 种基于不同基准产生的聚类系数，其中标准和基于最大邻接的差异不大，而基于最小邻接的值则明显高很多，这与网络节点度分布趋势一致。

对于网络均匀性的考察方面，本研究得到两者网络相关指标的分布图以及幂指数，具体如图 11-14、图 11-15 所示。在用户直接关注股票网络中，用户度分布的幂指数为 0.718，股票度分布的幂指数为 1.556，说明用户关注行为并不存在明显差异，用户关注股票的数量较为平均，而股票却呈现出集中与离散的趋势，即少量股票被大多数用户所关注。而用户及股票的邻近分布中，幂律指数更加接近于 0，表明节点之间分布较为平均，即大多数用户的共同关注股票的用户数量基本差异不大、大多数股票被相同用户关注的股票数量的分布较为均衡。总体，用户直接网络中仅股票度具有不均匀的特征，其他分布表现出一般正态分布的趋势。

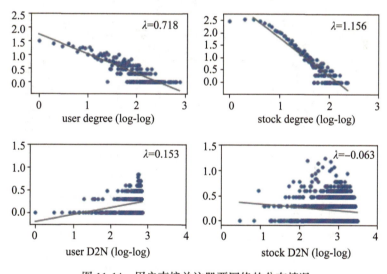

图 11-14　用户直接关注股票网络的分布情况

在用户间接关注股票网络中，用户和股票的度分布和强度分布表现一致，其幂指数仅在 0.2 附近，集中性不明显。并且在节点邻近分布中，仅有些许"短尾"，其他用户或股票的邻近节点数量基本一致。可见间接网络与

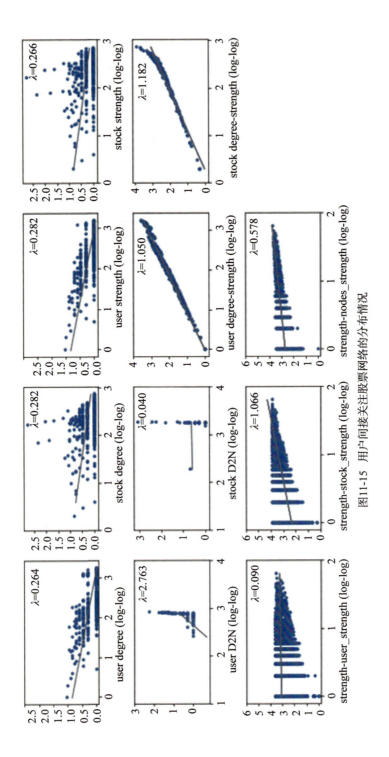

图11-15　用户间接关注股票网络的分布情况

直接网络类型，网络分布均匀，并且表现得更加明显。对于权重分布的考虑，其中权重分布的幂指数为 1.383，用户度—强度的幂指数为 1.050，股票度—强度的幂指数为 1.182，均大于 1，说明节点权重的增长速度大于线性增长，具有强化作用。对于边权重的分布而言，本研究考察了基于用户度、股票度以及两者度综合的相关情况，总体都体现出"万有引力"的特点，其中以股票度的幂指数大于 1，表明一个表现越突出的股票越容易多次被其他用户产生关注。

总体而言，用户关注股票网络基本保持着强连通性、稠密、小世界以及分布均匀的特征，仅在直接关注网络中股票度出现明显的幂分布，这主要是由于股票节点中以所有股票为研究对象，必定出现热门冷门的差异，而用户均选择的活跃用户，这些用户的强互动性让网络表现出紧密的关联。

对两种网络进行社团发现，前者划分为 5 个社团模块度为 0.249，后者分为 3 个社团模块度为 0.228，两者的模块度也并不高，社团之间还是存在诸多的关联，具体如图 11-16 所示。整体而言划分的社团并不多，且从股票的关注程度来看，往往点度中心度较高的股票均在一个社团之中，因此社团划分的结果往往只是将热门股票和活跃用户划分出来，但由于整体网络的强连通性，并不能得到明显的、具有不同特征的子群。

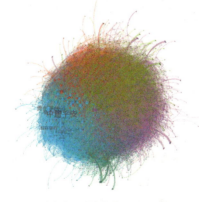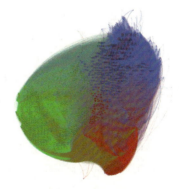

（a）用户直接关注股票网络　　　　（b）用户间接关注股票网络

图 11-16　用户关注股票网络的社团结构

采用不同的中心度测度方法得到了两者网络中不同类型节点的排名情况。表 11-18 为用户直接关注股票网络的各个中心度排名前 20 位的用户节点和股票节点。

表 11-18　　　　　　用户直接关注股票网络的中心度排名（前 20 位）

排名	点度/接近中心度		中间中心度		点度/接近中心度		中间中心度	
	用户	领域	用户	领域	股票	行业	股票	行业
1	375	AI,FI	375	AI,FI	复星医药	医药生物	贵州茅台	食品饮料
2	592	IR	172	ES,CE	中信证券	非银金融	恒瑞医药	医药生物
3	591	IR	560	IR	贵州茅台	食品饮料	复星医药	医药生物
4	560	IR	592	IR	恒瑞医药	医药生物	中信证券	非银金融
5	497	GS,ER	252	PI	招商银行	银行	招商银行	银行
6	721	FD,ER,HD	591	IR	海螺水泥	建筑材料	上海家化	化工
7	394	ST,SI,FA	394	ST,SI,FA	上海家化	化工	白云山	医药生物
8	235	PI,AI	497	GS,ER	万华化学	化工	万华化学	化工
9	62	US	513	MA	浙江龙盛	化工	海螺水泥	建筑材料
10	172	ES,CE	367	AI,FD	白云山	医药生物	片仔癀	医药生物
11	367	AI,FD	235	PI,AI	恒生电子	计算机	恒生电子	计算机
12	141	FL	492	GS,PP	上汽集团	汽车	浙江龙盛	化工
13	416	ST,LI,FD	797	DC	中国石化	化工	民生银行	银行
14	708	BT	182	ES,FD,BM	安琪酵母	农林牧渔	中国石化	化工
15	509	TT	62	US	华夏幸福	房地产	华夏幸福	房地产
16	411	ST,GS	721	FD,ER,HD	片仔癀	医药生物	上汽集团	汽车
17	423	SE	423	SE	保利地产	房地产	华海药业	医药生物
18	513	MA	416	ST,LI,FD	民生银行	银行	长电科技	电子
19	775	HD,BI	429	SE	江西铜业	有色金属	黄河旋风	机械设备
20	368	AI	708	BT	宇通客车	汽车	安琪酵母	农林牧渔

注：AI A 股投资达人，BI 蓝筹股投资者，BM 建筑建材，BT 银证保信托，CE 通信设备与服务，DC 交运与汽车，ER 电商零售，ES 房地产，FA 财务分析达人，FD 食品饮料，FI 期货股指对冲，FL 基金达人，GS 中小盘成长股，HD 家电家居日化，IR 投资新秀，LI 低风险投资，MA 并购重组，PI，医药业，PP 私募，SE 雪球新兴实力派，SI 主题投资，ST 雪球达人秀，TT 技术趋势派，US 美股达人。

从表 11-18 可看出，两类节点中点度和接近中心度排名较高的节点一致，中间中心度则略有差异，其中用户涉及的领域多样、分布广泛，这些用户往往涉及领域广泛、关注面多，而股票节点则多以医药生物、化工行业为主，均属于热门股票。

用户间接关注股票网络中，用户和股票之间的连接密切，诸多节点均与其他同类节点产生了联系，其中有 61 名用户均与其他所有用户存在共同关注的股票，有 110 只股票均与其他所有股票被用户同时关注过。因此这些节点的点度中心度、中间中心度和接近中心度都处于较高的水平。进而对这些用户与股票的领域进行分析，同样用户领域分布平均，而股票同样以医药生物和化工等行业为主。

对以上网络中各中心度之间的相关性进行测度，结果如表 11-19 所示。对于用户节点，点度中心度与接近中心度基本一致，也就是说那些关注数量多或关注内容热门的用户往往易于与其他用户产生相似，并且不易于受其他用户的影响，中间中心度与其他两者中心度相关性并不高，这些用户往往关注的领域跨度更大，进而与不同领域的用户达成联系。对于股票而言，三者中心度的相关性不高，特别是用户间接关注股票网络基本不相关，一般认为点度中心度高的股票多为热门股票，中间中心度高的股票往往较为综合优质，易被不同类别的用户所同时关注，而接近中心度高的股票受其他股票的影响较小，往往易于与其他股票同时被关注。

表 11-19　　　　　　　用户关注股票网络中心度的相关性

相关性	用户直接关注股票网络		用户间接关注股票网络	
	用户	股票	用户	股票
点度中心度与中间中心度	0.544	0.734	0.235	0.003
点度中心度与接近中心度	0.974	0.679	0.981	0.002
中间中心度与接近中心度	0.663	0.554	0.314	0.005

综上所述，两者网络的特征类似：结构上保持着强连通、稠密、小世界和分布均匀的规律；社团划分数量不多，且独特性不明显；在中心性方面有益于发现热门及综合性的股票。但两者网络也存在一定的差异：①间接关注网络中节点之间的关联更加紧密，无论是网络密度、平均度以及网络聚类系数等都远远高于直接关注网络；②间接关注网络中节点度、节点强度以及邻近节点分布更加趋紧于平均分布，网络节点并不呈现出集中性的特征；③在中心性的测度中间接关注网络中存在多个具有广泛联系的用户或股票，节点受到其他节点的影响较小。整体上，直接关注网络体现了平台中用户与用户、股票与股票之间的差异性，用户根据自己的喜好或投资理念选择关注的股票，实时跟踪股票的全部动态情况，而间接关注网络让平台中用户能够较为平均、广泛地获得其他股票的动态情况，有易于用户快速了解沪深股票的整体行情及变化、跟踪热门股票的动态趋势以及发现新兴股票的市场动向等。

（3）股票投资共现网络

对股票投资共现网络进行多层面的分析。首先对其网络结构进行了解，网络共涉及股票节点 2073 个，共现关联共计 21 102 条边。在网络连通性方面，网络存在巨片，共计 1971 只股票，此外还存在 45 个小连通成分，其中 36 个成分仅包含 2 个股票、7 个成分包含 3 个股票，另外两个成分分别包含 4、5 只股票，由于本研究选择的股票组合，即每个股票必然与其他股票相连，因此网络不存在孤立节点，总体而言，网络具有强连通性。以下分析均基于对巨片的测度考察。

在网络稀疏性上，网络密度仅为 0.011，可见股票之间的共现程度不高。平均度反映了每个股票的平均共现的股票数量，平均强度反映的是总共现次数，股票投资共现网络中平均度 21.339，平均强度为 24.965，一方面可以看出每个股票平均可与 20 个（1%）股票共现，但通常不会与同只股票共现多次。在网络的凝聚性方面，网络的平均距离为 3.231，即股票之间可通过

3个左右的股票即可形成关联。另一方面网络的聚类系数为0.662，共计包含120 270个三元闭包，处于较高水平，说明这些股票用户中两只股票若均与第三只股票共现，那么这两只股票共现的可能性也较高。从以上结果可看出，股票投资共现网络表现出"小世界"的特征。

对于网络均匀性的考察方面，本研究对多种分布情况均进行了幂律回归，计算得到各分布的幂指数。对于节点度和强度分布而言（如图11-17），其幂指数均大于1，可见对于网络存在明显的集中效应，具有"无标度"的规律，即少数的股票与较多其他股票形成了组合关系，也就是说少数股票易于成为用户的投资选择。

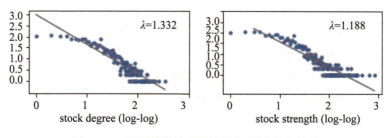

图 11-17　股票投资共现网络的度/强度分布情况

对于加权网络，本研究还选择了三种指标对权重的分布规律进行测定，结果如图11-18所示。其中权重分布考察了权重和与边数的关联，其中幂指数为1.170，满足一般加权网络的取值范围［1.01-1.5］[1]。对于边权重的分布而言，考察的是给定边权重和与之相连节点的权重的关系，通常边的权重与节点权重之间满足幂律分布，类似与万有引力定律，其幂指数接近于1，虽然一个表现越突出的股票与其他股票越容易产生多次共现关联，但是这种影响并不明显。另外就是度-强度指标也是衡量权重强化作用的指标，其幂

---

① Mcglohon M, Akoglu L, Faloutsos C. Weighted graphs and Disconnected Components: Patterns and A Generator ［C］. ACM SIGKDD International Conference on Knowledge Discovery and Data Mining. ACM, 2008：524-532.

指数也大于 1，即节点权重的增长速度大于线性增长，与上述的分布结果表现一致。

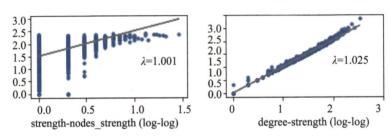

图 11-18　股票投资共现网络的权重分布

采用层次化社团检测算法对股票投资共现网络进行划分得到了 18 个社团，其模块度值为 0.435，社团之间存在的一定的差异，具体社团结果以及关联如图 11-19 所示。其中节点的颜色代表股票所属的社团，节点的大小代表股票度的大小，即越大的股票节点表明与其他股票的组合次数越多。

本研究进一步对前 8 个社团中股票所属行业的前三行业进行了统计，结果如表 11-20 所示。综合而言可看出：社团 1 中包含的都是一些热门股票（节点度高），比如格力电器、美的集团等属于家用电器行业，贵州茅台、双汇发展等属于食品饮料行业，招商银行、兴业银行和民生银行等银行业中发展良好，这些股票通常都表现良好，属于投资者较为青睐的股票，因此往往投资推荐中也会将这类优绩股组合在一起；社团 2 在网络结构中处于较为分散、跨度较大，与其他社团均有所交集，表明这类行业备受关注，易作为投资者的优先选择；其他社团既与别的社团存在一些关联，同时也独具自己的小团体，节点向外围散开而成。总体，投资组合中涉及的行业还是多样的，既可以是相关的（如电子与电子设备等），也可以是独立的（如传媒与有色金属等）。

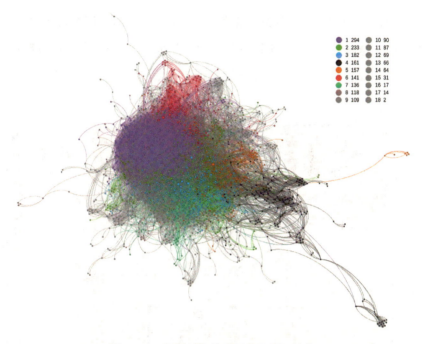

图 11-19 股票投资共现网络的社团结构

表 11-20   股票投资共现网络的社团行业情况

社团	前三行业	社团	前三行业
1	银行、食品饮料、家用电器	6	钢铁、银行、房地产
2	计算机、非银金融、电子	7	医药生物、非银金融、计算机
3	电子、有色金属、电子设备	8	有色金属、公用事业、国防军工
4	综合、房地产、商业贸易	9	国防军工、通信、电子
5	传媒、建筑材料、有色金属		

    基于股票所对应的行业可形成行业之间的关联强度，进而使用余弦相似性①对行业之间的关联进行计算，并且对行业的社团进行划分，其结果如图

———————

    ① Xia P, Zhang L, Li F. Learning Similarity with Cosine Similarity Ensemble ［J］. Information Sciences, 2015, 307（C）：39-52.

11-20 所示。其中坐标轴为 29 个相关行业，坐标中表示了两个行业之间的相关的强度，越接近于 1，表明行业相关程度越大、颜色越深。行业被分为了五个社团，每个方块中代表一个社团的行业节点。

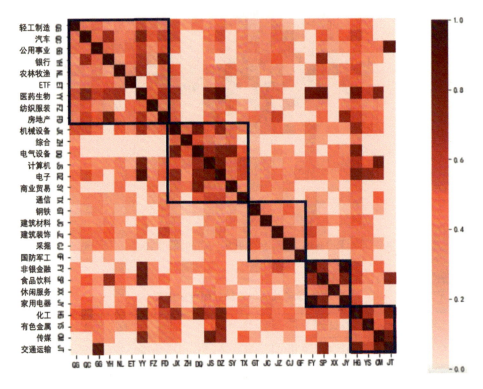

图 11-20　股票投资共现网络的行业相关性

　　按照社团中包含节点数量对社团进行排序，社团 1 包含 9 个行业，分别为轻工制造、汽车、公用事业、银行、农林牧渔、ETF、医药生物、纺织服装以及房地产，这些行业涉及广，因此内部的相关程度并不特别高；社团 2 主要包括电气设备、电子、通信、机械设备、计算机、商业贸易以及综合行业，节点内部联系紧密与其他的行业关联相对较少，这些行业本具有一定的关联性，因此很容易组合在一起；社团 3 为钢铁、建筑装饰、建筑材料、采掘以及国防军工，这些行业相关性总体上较小，可认为这些行业并不被投资者广泛看好；社团4由非银金融、食品饮料、休闲服务以及家用电器行业构成，其相关性与社团2类似，但由于这些行业中存在诸多发展表现优质的股票，因此容易形成优质股票的组合推荐；社团5为化工、有色金属、传媒与交通运输行业，由于本身行业相似性共现的概率高。

行业结构的划分与上述基于股票的划分行业结果实际上也有所不同，比如化工行业与其他行业均有所联系，属于易于组合的行业，但在股票社团行业结果中并没有体现，这是由于化工行业股票涉及广泛，虽然与其他行业常常被组合在一起，但是投资者选择的具体股票却往往不同，因此化工行业的股票往往会分配到不同的股票社团中；又比如生物医药行业并没有和与之相关性较高的非银金融、计算机等行业划分到同一个领域，这主要是因为生物医药虽然与部分行业常常被组合在一起，但是与很多行业均没有关联，这在一定程度上表明了对其行业投资用户的偏好性等。

进而还可通过中心性分析对股票投资共现网络的重要节点及其行业进行分析，排名前20位的节点如表11-21所示。同时也对所有节点三者中心度结果的相关性进行了计算，其中点度中心度与中间中心度的相关系数为0.625、与接近中心度为0.561，中间中心度与接近中心度的相关值为0.224。基于以上结果，可认为股票在网络中起到的作用有所差异：热门的股票主要为中国平安，格力电器，招商银行，兴业银行以及新城控股，它们在三类指标中都表现突出；乐视网、东方园林等虽然点度中心性不高，但是在其他两者中表现良好，说明这些股票的组合较为广泛，往往和多只股票及不同的社团股票进行组合。从行业视角来看，房地产、生物医药、非银金融和银行等领域为热门领域，其中房地产在各个指标中都表现良好；中间中心度排名较高的股票中还包括一些计算机行业，而在另外两者中并无体现，一定程度上说明该行业的广泛连接性。

表 11-21　　　　　　股票投资共现网络的中心度排名（前 20）

排名	点度中心度		中间中心度		接近中心度	
	股票	行业	中间中心度	行业	接近中心度	行业
1	中国平安	非银金融	中国平安	非银金融	中国平安	非银金融
2	格力电器	家用电器	格力电器	家用电器	格力电器	家用电器
3	招商银行	银行	乐视网	传媒	新城控股	房地产
4	兴业银行	银行	中信证券	非银金融	招商银行	银行
5	新城控股	房地产	新城控股	房地产	海螺水泥	建筑材料
6	信立泰	医药生物	招商银行	银行	信立泰	医药生物
7	美的集团	家用电器	兴业银行	银行	华夏幸福	房地产
8	恒瑞医药	医药生物	东方园林	建筑装饰	美的集团	家用电器
9	万华化学	化工	万华化学	化工	万华化学	化工
10	海螺水泥	建筑材料	双鹭药业	医药生物	兴业银行	银行
11	贵州茅台	食品饮料	科大讯飞	计算机	万科	房地产
12	保利地产	房地产	宋城演艺	休闲服务	保利地产	房地产
13	万科	房地产	信立泰	医药生物	中信证券	非银金融
14	中信证券	非银金融	亨通光电	通信	东方园林	建筑装饰
15	伊利股份	食品饮料	三泰控股	计算机	贵州茅台	食品饮料
16	五粮液	食品饮料	万科	房地产	乐视网	传媒
17	亨通光电	通信	金牌厨柜	轻工制造	恒瑞医药	医药生物
18	上汽集团	汽车	广联达	计算机	东阿阿胶	医药生物
19	中国建筑	建筑装饰	华夏幸福	房地产	五粮液	食品饮料
20	东阿阿胶	医药生物	保利地产	房地产	亨通光电	通信

通过以上分析，一方面可以看出股票投资共现网络在基本结构上与通常的共现网络保持着一致性，即小世界和无标度的特征明显；另一方面通过对网络的社团、重要节点及其行业的分析，构建出用户在选择投资组合时的股票及行业偏好。

11.4 基于知识聚合的金融领域知识服务

针对证券知识大图的结果，本研究列出了部分常用的证券知识大图应用场景，并对其知识服务及类型、需要使用的图理论进行了说明，具体如表11-22 所示。

表 11-22   证券知识大图的应用场景

应用场景示例	知识服务	服务类型	图理论	
平台中的热门话题及股票	导航浏览	知识获取	图查询	
股票 A 的相关知识实体	信息搜索	知识获取	图广度遍历	Neo4j
股票 A 的最终股东	信息搜索	知识获取	图深度遍历	
股票 A 与股票 B 的关联	信息搜索	知识获取	路径探寻	
股票 A 可能进行组合的股票	股票推荐	知识推荐	节点特征表示	node2vec
股票 A 的相关股票、用户	股票推荐	知识推荐	节点特征表示	metapath2vec/
用户 A 可能的活跃领域	用户分类	知识发现	节点特征表示	metapath2vec++

其中知识获取主要从导航浏览与信息搜索两个方面展开，均可基于图数据库 Neo4j 展开；知识推荐主要从节点的属性与元路径两个方面进行节点的特征表示，进而考察节点之间的相似性，实现股票相关知识实体的推荐；知识发现在节点相似性的基础上，进一步通过多分类算法，挖掘平台中潜在知识实体的模式。

基于以上思路，本研究针对雪球网展开实证研究，并对计算结果与当前雪球网中的已有知识组织形式及结果进行对比分析，以探索有效合理的证券信息服务平台应用建议。

11.4.1　知识获取服务

用户可以通过信息平台中的导航以及搜索系统对所需信息进行获取，采用 Neo4j 数据库查询 MATCH 语句能够较为方便快捷地获得所需，进而可展开相关图深度遍历、图广度遍历以及路径探寻研究。本章从讨论主题的导航浏览以及股票实体的信息搜索两个方面进行简要的案例说明。

1）讨论主题的导航浏览

本研究提取了相关主题的标签，对精华讨论进行总结说明。在此基础上，还可以通过关联知识实体的元链接，提升信息之间的易达到性。但实际上用户更加关心的并非相关提交股票或者用户的主页内容，而是基于不同主题而展开的部分信息浏览途径，因此增加对于讨论主题具体知识实体及讨论的导航有利于用户快速找到更关心的内容。

本研究以主题"价值投资"为例，可通过图数据查询，根据各类条件分别利用 MATCH 查询语句，查出各类相关知识的有关信息并进行相关展示，具体如图 11-21 所示。图中不仅给予"价值投资"主题与其他主题之间的联系，同时也对主题不同类型的知识实体排面前 10 位的信息呈现出"分面检索"的入口，即对该主题下各具体知识实体的相关精华讨论数量进行了说明，通过对具体知识实体类别的点击查看，能将相关的精华讨论进行列举。例如词汇"商业模式"在该主题下的相关精华讨论数量为 47 篇，通过点击可进一步查看具体讨论，本例列举了前 5 条相关讨论标题，多是在围绕着企业、行业发展的"价值投资"情况展开。

2）股票实体的信息搜索

本研究选择知识关联最为丰富的"招商银行股份有限公司"上市公司以及其发行股票"招商银行"为研究对象，以此展开相关的信息搜索结果说明。

价值投资	上层主题：无，下层主题：基本面分析，高端白酒，健康中国，行业龙头，房地产
词汇	选择(224)　现金流(140)　价值(255)　时间(369)　商业模式(47) 能力(342)　机会(243)　回报(81)　思考(94)　人口(40)
股票	贵州茅台(114)　东阿阿胶(24)　老百姓(32)　片仔癀(18)　云南白药(19) 天士力(14)　恒瑞医药(70)　爱尔眼科(22)　泸州老窖(16)　海天味业(23)
用户	覃覃财经(12)　贫民窟的大富翁(6)　巴赫师(4)　飞龙在天论道(6)　华宝医药_医疗(5) 群兽中的一只猫(4)　边塞小股民(3)　多维矩阵投资策略(8)　巴菲特读书会(6)　铁歌的读书圈(3)

价值投资+商业模式（47）：

- 格力美的怎么买？答案在这里
- 纯属瞎蒙：医药子行业全景扫描
- 图解"护城河"001—锦江股份：关键看房间单价
- 追踪优秀上市公司（医药生物行业）十年十倍系列（2018.06.13）
- 薛云奎：穿透"华谊兄弟"10年财报

图 11-21　"价值投资"主题的导航浏览

首先，可对上市公司的基本相关知识实体进行查询，即对上市公司的基本简介进行了解，采用图的广度遍历方法即可。通过 MATCH（n：ListedCompany{name:"招商银行股份有限公司"}）-[r]-(m) RETURN n，r，m 可得到所有与名字为招商银行股份有限公司之间相连的所有知识实体以及其间的关系。但在实际的搜索过程中还需要添加一些条件，比如返回实体/事件的最新状态，可通过找到事件的最新时间 max（m.data）或者关联的时间状态排序 ORDER BY r.data LIMIT n 进行控制。在本例中，需要对任职、股东、股权结构、增发、分红、财务指标分别进行时间限制，进而综合得到最后的结果，具体如图 11-22 所示。

从图中可较为直观地看到知识实体类型，并通过对知识节点或者关联的进一步查看发现属性情况。但是直接通过这种节点中心式的可视化方法，在信息获取的直观性上并不具备优势，通常还是需要以此查询方式为基础，对结果进行结构化的呈现转化，力求提升平台在信息搜索中的效率。

281

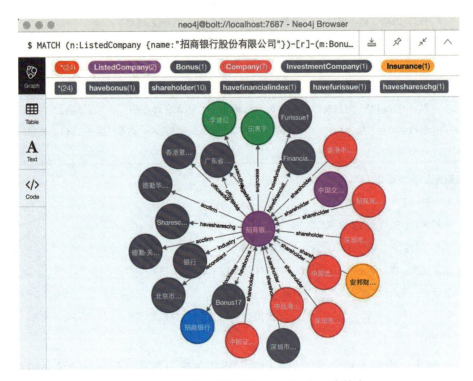

图 11-22 "招商银行股份有限公司"的基本简介

其次企业的股权关系是投资者了解一个上市公司背景以及发展潜质的重要依据，对企业的股权关系进行查询也是应用广泛的知识获取方式。在雪球网的服务平台中，通常以结构化的关系表"股东名称—机构类型—排名—持股数—持股比例"对相关情况进行梳理，虽然较为直观，但往往这种关联较为简单，仅能勘察企业的直接股东，但不能追踪溯源找到企业的实际最终控制人。本章利用图广度遍历，利用 MATCH（n：ListedCompany {name:" 招商银行股份有限公司" }）-〔r：shareholder ＊〕-（m）RETURN n，r，m 能找到企业股权的多层次关系，同样在实际查询中也需要对每一层的股东有效性进行判断，具体结果如图 11-23 所示。

在本例中，节点的排序表明股东顺序的排名，其具体的持股数量及比例

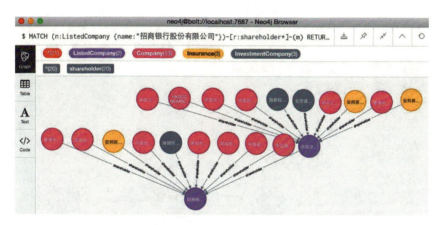

图 11-23 "招商银行股份有限公司"的股东

在关系的属性值中进行体现，节点的颜色体现了股东的实体类别，如一般公司、保险产品、投资公司等，节点的层次也体现了股权控制的距离。比如"中国交通建设股份有限公司"对"招商银行股份有限公司"的持股比重为1.78%，排名第 10 位，进而又发现了中国交建的股东情况。但是在本例中仅存在上市公司的一些股权情况，因此对于很多机构并不知道其具体的控股情况，因此发现的层次有限。如果能加入更多工商、投资数据，能够发现更多隐性的股权关系。

最后，发现两家上市公司之间的关联路径能够帮助投资者理清两者公司之间的紧密程度，本研究选择"青岛啤酒股份有限公司"为对象，通过MATCH path＝（n：ListedCompany {name:"招商银行股份有限公司"｝）-[r：shareholder＊]-（m：ListedCompany {name:"青岛啤酒股份有限公司"｝）RETURN path 发现两者公司之间的有效路径，进而发现其间的多层次股权投资关联，得到的结果如图 11-24 所示。两者当前在十大股东上存在一个共同股东，进而通过"中国交通建设股份有限公司"又形成了 3 条路径，总体在股东关系上具有较为紧密的联系。

对于企业之间的路径不仅可以对所有的连通路径进行查询，利用函数

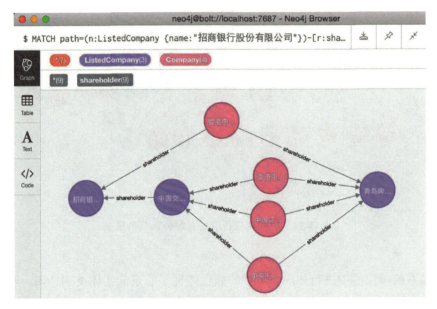

图 11-24　"招商银行股份有限公司"的路径探寻

shortestPath（ ）、allshortestPaths（ ）还可对两者之间的最短路径进行发现，例如"招商银行股份有限公司"与"东方集团股份有限公司"两者公司发行的股票在投资组合网络中的所有最短路径可利用 MATCH path = allshortestPaths（（n：Stock {name:"招商银行"｝）-［r：co_occur *］-（m：Stock {name:"东方集团"｝））RETURN path 进行查询，结果如图 11-25 所示。可看出，两者之间虽然没有直接组合在一起，但通过与其他股票的共现关系，进而形成了三条路径为 2 的相互关联。

11.4.2　知识推荐服务

知识推荐是解决信息过载的有效服务之一，基于用户、股票已有的特征可为投资者提供更多相关的信息推荐，其方式主要包括两种：其一，基于证券知识大图已有的知识节点关联，直接利用图的节点相似度计算方法，并通过 MATCH 语句进行多层级的关联查询；其二，利用深度学习方法，基于知

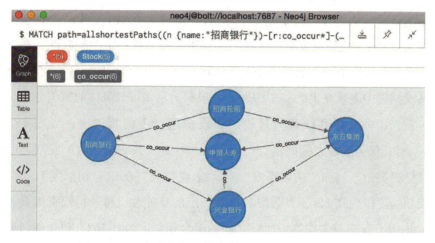

图 11-25 "招商银行股份有限公司"的最短路径探寻

识实体的关联信息发现知识实体特征，进而利用机器学习的方法解决节点的相似性问题。本研究重点探索后者方法对知识聚合结果的推荐服务案例分析，从节点属性及元路径两方面展开。

1）投资组合的股票推荐

投资者往往会采用分散、多样化的投资策略，以降低股票个体波动的风险，尽可能仅承受系统性风险的扰动，因此投资组合是蕴藏了投资者的偏好及智慧。上文构建了基于投资组合的股票投资共现网络，对热门股票及行业组合进行了分析，下面进一步基于该关联，利用 node2vec 方法提取出股票在投资组合上的特征表现，挖掘不同股票间的投资组合可能性。

对 node2vec 的基础参数设置如下：特征维度数量 $d = 64$，随机游走次数 $r = 10$，随机游走的长度 $l = 80$，上下文节点数量 $k = 10$，回归概率参数 $p = 1$，离开概率参数 $q = \{0.5, 2\}$。其中 $q = 0.5$ 时偏向发现联系紧密的相关股票节点，$q = 2$ 时为更易于发现在网络中具有相似结构作用的股票节点。

基于以上设置首先测度股票投资网络挖掘结果的准确性。将股票投资网络连边按照 9 : 1 分成训练集与测试集，利用 node2vec 进行节点特征表示后，采用余弦相似度对边的相似性进行计算，进而得到测试集中 AUC 值，以衡量预测结果的精准度。当 $q=0.5$ 时，AUC 的值为 0.921，当 $q=2$ 时，AUC 的值为 0.883。从结果表明两者在关联预测上均具有一定的准确性，在发现关联紧密的股票节点上表现更好。下文将基于以上参数设置，针对在股票投资共现网络中表现突出的"中国平安"股票为示例展开具体的案例分析。

首先，可以计算任意两只股票在投资组合上的相似度，当 $\mathrm{Sim}_{q=0.5} > \mathrm{Sim}_{q=2}$ 时，认为股票之间的组合性更强，当 $\mathrm{Sim}_{q=0.5} < \mathrm{Sim}_{q=2}$ 时，股票之间的替代性更突出。例如"中国平安"与"华媒控股"的组合相似度为 0.607，替换相似度仅为 0.111，表明两者具备一定的互补性、易进行投资组合，又如"中国平安"与"中国银河"之间的组合相似度为 0.162，替换相似度为 0.488，两者都为非银金融行业，它们进行组合的概率不太，更多情况下属于行业具体股票的不同选择。

其次，还可对已投资平安银行的用户给予相关股票建议。表 11-23 中列举出了不同条件下与"中国平安"最为相似的股票，$\mathrm{Sim}_{q=0.5}$ 较高的股票可与平安银行进行组合，分散投资风险，$\mathrm{Sim}_{q=2}$ 可作为替换项，进而调整对中国平安的投资比重。对比股票共现频次的结果，其更加突出一些热门股票，而利用特征表示更容易从股票的投资组合情况中发现针对不同侧重点的相似股票。

表 11-23　　　　　"中国平安"的投资组合相似股票

排名	$q=0.5$		$q=2$		共现频次	
	股票	相似度	股票	相似度	股票	比重
1	太极股份	0.748	保利地产	0.693	格力电器	1.000
2	泰豪科技	0.666	美的集团	0.647	招商银行	0.763
3	古井贡酒	0.660	长江电力	0.634	美的集团	0.526
4	吴江银行	0.648	新和成	0.623	贵州茅台	0.474
5	美的集团	0.647	宁波华翔	0.614	保利地产	0.447

续表

排名	q=0.5		q=2		共现频次	
	股票	相似度	股票	相似度	股票	比重
6	联化科技	0.639	福耀玻璃	0.614	万科	0.421
7	文化长城	0.633	金正大	0.605	平安银行	0.368
8	联创互联	0.633	太平洋	0.600	海螺水泥	0.342
9	太平洋	0.629	首开股份	0.599	伊利股份	0.342
10	省广集团	0.629	航民股份	0.596	新城控股	0.342

图 11-26、图 11-27 进一步展现了节点特征表示以及"中国平安"邻接节点的可视化结果（维度=2D、困惑度=12、学习率=10）。总体上，通过降维处理将节点划分到了不同的维度空间中，越相近的节点其特征向量越为相似，节点的颜色表明了股票的行业划分。两者结果对比而言，$q=0.5$ 时节点之间的紧密程度更高，每个节点存在诸多邻近节点，表明了股票可选择的其他组合股票数量较多；$q=2$ 时形成了更多的小团体，即股票具有相似结构的其他节点并不丰富。从股票的行业属性上看，并不存在明显的行业特征，

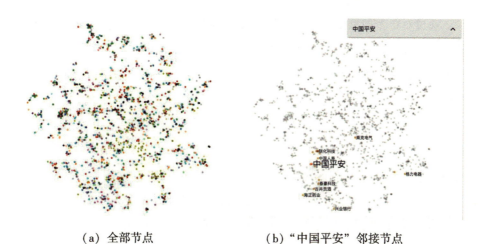

（a）全部节点　　　　　（b）"中国平安"邻接节点

图 11-26　节点特征表示的可视化结果（$q=0.5$）

即不同的行业之间均存在一定的投资组合可能性。通过搜索得到的"中国平安"股票及其邻接股票，在整体图上距离较近，且对比结果与上述表 11-23 基本一致，可见降维结果的有效性。

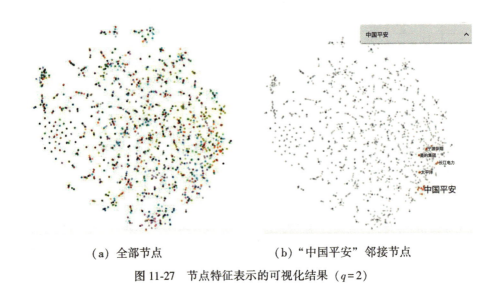

（a）全部节点　　　　　　　（b）"中国平安"邻接节点

图 11-27　节点特征表示的可视化结果（$q=2$）

2）股票的知识实体推荐

通过对单个股票的浏览，投资者往往也会留意平台中相关股票或者用户的推荐，以发现更多可能感兴趣的信息内容。在雪球网中通常通过用户关注行为展开推荐，本节利用 metapath2vec、metapath2vec++方法提取出股票在关注路径上的特征表现，挖掘股票的相关知识实体。

对 metapath2vec、metapath2vec++的基础参数设置如下：特征维度数量 $d=64$，随机游走次数 $r=10$，随机游走的长度 $l=80$，上下文节点数量 $k=10$，元路径框架 = $\{USU_f,\ USISU_f,\ USU_p,\ USISU_p\}$。其中 U 为用户、S 为股票、I 为股票的所属行业，用户与股票之间通过关注行为（follow）、发布行为（publish）进行连通，股票与行业之间的为所属关系。

同样也将用户关注股票、用户发布股票关系连边按照 9：1 分成训练集与测试集，利用节点特征表示后，采用余弦相似度对用户与股票之间的相关性进行计算，进而得到测试集中 AUC 值，以衡量预测结果的精准度，具体如表11-24所示。

表 11-24 **metapath2vec／metapath2vec++预测结果的 AUC 值**

元路径框架	metapath2vec	metapath2vec++
USU_f	0.856	0.721
$USISU_f$	0.755	0.655
USU_p	0.663	0.624
$USISU_p$	0.753	0.697

从表中可以看出：整体 AUC 值并不太高，主要是受到本身网络均匀性以及节点间紧密联系的影响，但最终值均大于 0.5，具备一定的预测性；同时由于预测关联涉及用户和股票两种类型，而在 metapath2vec++中更加突出同种类型节点的相关性，进而精准度会略低于 metapath2vec 的效果；最后针对不同的元路径框架其效果也有一定差异，行业关联的加入在发布关联中作用更加显著，一定程度上肯定了用户关注信息的广泛性，以及发布内容的专业性。

基于以上参数设置，本研究进一步以全部数据集进行节点特征学习，并生成了相关的可视化结果（维度＝2D、困惑度＝16、学习率＝10），具体如图11-28、图 11-29 所示。其中橙色节点为股票，蓝色节点为用户，红色节点（少量）为行业。首先，对比基于不同方法生成的可视化结果，metapath2vec 在计算知识实体特征向量的时候不考虑节点的类型，因此不同类型的节点分布于这个图中，metapath2vec++则将不同类型节点分开计算，因此不同类型的节点在图中区分明显，成为不同的区域。其次，对比不同元路径框架的可视化结果，USISU 由于在节点路径上增加了行业信息，因此相对 USU 而言，具有相同行业属性的节点更容易具有相似的特征表示结果。最后，对比不同用户互动行为的可视化结果，基于关注元路径的节点分布更多均匀。

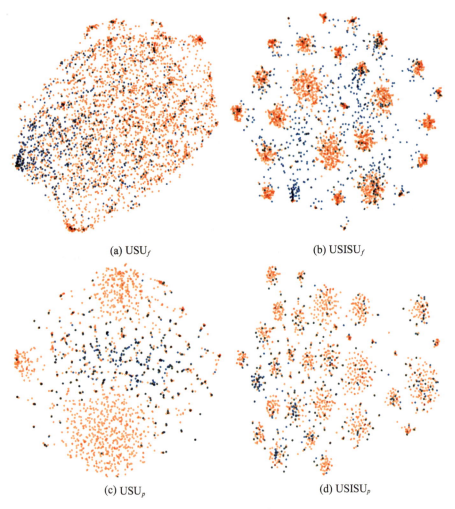

(a) USU$_f$　　　　　　　　　　　(b) USISU$_f$

(c) USU$_p$　　　　　　　　　　　(d) USISU$_p$

图 11-28　节点特征表示的可视化结果（metapath2vec）

　　单独提取 metapath2vec 算法中基于 USISU 元路径框架中的股票节点特征向量，并基于股票的行业信息进行可视化，得到的结果如图 11-30 所示。不同颜色的节点代表着不同的行业，本研究进一步对各颜色代表的行业属性进行了标注。从图 11-30 中可明显看出同行业股票存在着聚类特征，即相同行业特征向量相似、不同行业间存在一定的差异。细观关注互动和发布互动的

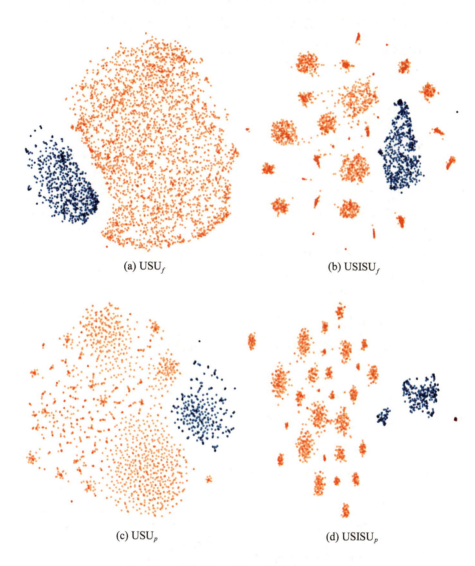

(a) USU$_f$

(b) USISU$_f$

(c) USU$_p$

(d) USISU$_p$

图 11-29　节点特征表示的可视化结果（metapath2vec++）

股票特征表示结果，化工、机械设备行业始终处于较为中心的位置，易于与其他行业存在间接的关联性，还有一些行业始终相近，比如通信、传媒与计算机行业，表明了三者之间的相似性，也有一些行业始终处于较为边缘的位置，例如建筑材料、农林牧渔、公用事业等，可见行业互动性相对独立。总体而言，基于元路径框架的路径选择能够较好地体现出实体之间的特定关联，以发现不同特性侧重的相关知识实体。

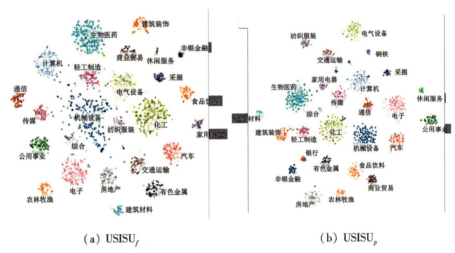

（a）USISU$_f$　　　　　　　　　　　（b）USISU$_p$

图 11-30　股票节点特征表示的可视化结果（metapath2vec）

进一步以用户关注、发布数量均较多的"复星医药"为例，基于不同元路径知识实体的相似性给予相关推荐，具体如表 11-25、表 11-26 所示。

表 11-25　　基于 metapath2vec 的"复星医药"相关知识实体推荐

排名	USU$_f$		USISU$_f$		USU$_p$		USISU$_p$	
	知识实体	相似度	知识实体	相似度	知识实体	相似度	知识实体	相似度
1	华东医药	0.675	医药生物	0.808	专注医疗消费	0.667	丽珠集团	0.590
2	爱尔眼科	0.669	没时间的王无理	0.761	an 小安	0.640	华润双鹤	0.575
3	大道至简-荣令睿	0.666	富国医药	0.751	艾德生物	0.615	专注医疗消费	0.562

续表

排名	USU_f		$USISU_f$		USU_p		$USISU_p$	
	知识实体	相似度	知识实体	相似度	知识实体	相似度	知识实体	相似度
4	夜雨听风话炒股	0.646	赛托生物	0.743	富国医药	0.614	康美药业	0.562
5	格力电器	0.645	云南白药	0.743	信立泰	0.609	王雅媛 victoria	0.544
6	索菲亚	0.644	恒瑞医药	0.743	京新药业	0.599	中源协和	0.543
7	南宁百货	0.634	科伦药业	0.739	赵约瑟-BMC	0.597	麦趣尔	0.539
8	海天味业	0.632	华东医药	0.735	大道平淡平安	0.595	科伦药业	0.539
9	滴水石	0.630	理邦仪器	0.733	Stevevai1983	0.586	九典制药	0.538
10	欧派家居	0.630	振东制药	0.733	华海药业	0.586	华大基因	0.535

表 11-25 中是通过 metapath2vec 算法的推荐结果，与"复星医药"中最相关的 10 个知识实体，即有股票也包括用户（斜体标识）和行业（下划线标识）知识实体。可发现，利用 USU_f 的推荐结果大部分为股票知识实体，且大多也同为热门股票；在 USU_p 中则涉及更多的用户知识实体，这些用户往往发布了较多与"复星医药"或相似股票的讨论内容；基于 USISU 元路径框架能够发现同行业中的其他股票，但在关注与发布结果上存在差异，体现出行业内股票的不同侧重方面。

表 11-26　基于 metapath2vec ++ 的"复星医药"相关股票推荐

排名	USU_f		$USISU_f$		USU_p		$USISU_p$	
	股票	相似度	股票	相似度	股票	相似度	股票	相似度
1	慧金科技	0.869	九安医疗	0.892	威孚高科	0.659	恒康医疗	0.750
2	中国天楹	0.860	安图生物	0.891	广发证券	0.646	易明医药	0.712

续表

排名	USU$_f$		USISU$_f$		USU$_p$		USISU$_p$	
	股票	相似度	股票	相似度	股票	相似度	股票	相似度
3	多伦科技	0.859	理邦仪器	0.890	华海药业	0.640	康弘药业	0.699
4	华光股份	0.857	透景生命	0.880	春秋航空	0.638	柳州医药	0.698
5	汇源通信	0.857	海虹控股	0.878	中国石油	0.629	国药股份	0.697
6	中农立华	0.855	迈克生物	0.877	建设银行	0.627	华大基因	0.697
7	达华智能	0.855	鱼跃医疗	0.875	大秦铁路	0.626	福安药业	0.682
8	蓝焰控股	0.854	京新药业	0.870	双鹭药业	0.626	尔康制药	0.681
9	伟明环保	0.854	沃华医药	0.869	京新药业	0.618	云南白药	0.677
10	大唐发电	0.852	山大华特	0.868	爱尔眼科	0.613	中新药业	0.677

表 11-26 是利用 metapath2vec++算法面向股票知识实体间相似度计算的结果推荐。同样，特征生成的网络以及元路径框架本身就强调了股票推荐的侧重点，因此对不同结果的推荐列举，能够为用户提供多维度的知识推荐服务。

11.4.3　知识发现服务

知识发现是从大量数据中识别出可信的、新颖的、可用的且可被理解的模式的高级处理过程①。相对以上两类知识服务，知识发现更加强调对证券知识大图中潜在知识模式的发现。本研究以用户类别的多分类模式发现为例，利用图挖掘方法进一步对聚合结果展开分析。

对于新进用户的类型发现、以及老用户的类型转移等问题能够进一步帮助投资者发现更多相关的股票、其他用户、话题以及讨论等知识实体。因此，利用股票的特征表示结果，基于活跃用户与这些股票之间的互动关系，

---

① Fayyad U. From Data Mining to Knowledge Discovery in Databases [J]. Ai Magazine, 1996, 17 (3)：37-54.

并对活跃用户的类别进行自定义标记，以此展开多分类模式的发现研究。

首先，针对 918 个活跃用户本研究按照雪球网中标记的活跃领域，将其划分为"官方用户""综合达人""投资策略""特定领域用户"四种类型。其中"官方用户"主要指雪球网平台本身的账号，例如"要闻直播""雪球私募"等，"综合达人"主要是在平台中较为综合性的意见主导用户，"投资策略"指那些关注于价值投资、投资方式探讨的用户，"特定领域用户"主要是在具体的股票领域中具有一定建树与关注度的用户。

其次将活跃用户按照 9∶1 分成训练集与测试集，利用不同元路径框架的节点特征表示结果进行用户类别的学习及分类研究，进而得到测试集分类结果的 Macro-$F1$ 和 Micro-$F1$ 值，以衡量分类效果，具体如表 11-27 所示。

表 11-27 　　　　　　　　　　用户分类的 Macro-$F1$ 和 Micro-$F1$ 值

用户特征向量	Macro-$F1$	Micro-$F1$
USU_f	0.203	0.438
$USISU_f$	0.171	0.521
USU_p	0.265	0.658
$USISU_p$	0.167	0.500
USU_f+$USISU_f$	0.146	0.411
USU_p+$USISU_p$	0.244	0.579
USU_f+USU_p	0.237	0.447
$USISU_f$+$USISU_p$	0.336	0.527
USU_f+$USISU_f$+USU_p+$USISU_p$	0.329	0.514

首先，针对不同的计算方式结果有所差异：Macro-$F1$ 的取值范围在 [0.15~0.35] 之间，Micro-$F1$ 的范围为 [0.45~0.65]，这是由于 Macro-$F1$ 的计算过程中是平等地看待各个类别，因此受到稀有类别的影响，在本例中"官方用户"相对其他类别数量较少，一定程度上影响了分类的整体效果，

而在 Micro-F1 的计算过程中则重点考量了常见类别的准确率与召回率，在本例中"综合达人"和"特定领域用户"均较为丰富，该结果主要衡量了两者的精准度。其次，对于输入不同的特征向量结果其效果也并不相同：对于 Macro-F1 的值具有不同类型向量综合，部分提升了分类的效果，特别是用户的关注领域与发布领域的综合结果，而在 Micro-F1 的计算中，除了用户关注股票的元路径的效果略低以外，其他并没有明显差别。可见对于"官方用户"在关注与发布行为中存在明显的差异，其他类别用户在这些行为中往往具有一致性。

从整体而言，不同条件下的 F1 值均不太高。一方面研究数据不充分，本例中仅选择了 2018 年 6 月在雪球网中的官方提供的活跃用户为例，这些用户的选择标准以及与普通用户的差异在本研究中并不能较好地体现，另一方面分类的输入维度不够丰富，本研究仅选择了节点的特征向量结果，进而结合用户节点的主题特征，能够更好地达到效果。同时本例中用户的类别由人工标注，缺乏官方或者大众智慧（标签）的评判标准，进而也会影响分类结果。

但不管怎样，利用该方法还是能在一定程度上发现一些潜在的知识模式。基于分类标准能够对平台中的用户类型进行大范围的评判、标注，进而能自动化地对用户进行活跃性判断，也能有针对性地对用户进行知识推荐等相关服务。

11.4.4　比较分析

前文针对知识聚合的结果，借助图存储和图挖掘的理论与方法，针对雪球网中的具体股票展开了应用探索，并以具体的股票案例为例，给予了相关知识服务的建议。实际上，雪球网本身在知识组织与服务上相对于其他证券信息服务平台已经具有一定的特色。本节将两者进行对比，进一步为雪球网中的知识服务提供相关建议。

雪球网本身非常注重股票的分类查找、讨论的主题呈现以及用户直接行为等方面的知识组织内容，一方面保障了整个平台的有序化运作，另一方面也会后续知识服务的提供奠定了较多的基础。本节主要针对上述证券知识大图的应用案例，与雪球网中现有模式进行对比，具体如表 11-28 所示。

表 11-28　　　　**雪球网现状与证券知识大图应用的对比结果**

维度	雪球网现状	证券知识大图应用
导航浏览	基于"深沪""房产"及"港股"等大类	从主题出发，具体关联到用户、股票、词汇知识实体
信息搜索	利用数据关系查询，返回知识实体的主页	采用子图查询，可返回知识实体具体内容
股票推荐	行情排行榜、热度排行榜，热门组合，股票影响力用户、同关注股票、行业股票	提供知识实体的特征表示结果，为股票各维度的推荐提供基础
用户分类	关注具有影响力、活跃的用户，通过平台标注进行分类	针对所有用户，基于相关行为发现用户类型

对于讨论导航与信息搜索方法，雪球网形式较为单一、维度不够丰富，利用证券知识大图能为用户提供更加精准的内容检索，一方面采用分面检索能有效过滤掉不相关、不感兴趣的内容，另一方面采用子图查询模式更加灵活多样。此外，已有的丰富语义关联有利于平台搜索朝着语义搜索等智能化方向转变。

在股票推荐上，雪球网主要考虑了从股票行情以及用户的互动频次展开相关推荐，利用图挖掘的方法则能够更加准确地表达知识实体的特征，以便从不同的侧重内容展开。如在投资组合中的股票推荐上，雪球网直接推荐当前收益率较高或者热门股票组合，而本例中则可根据投资者自身的行业或股票偏好，推荐其他替代性或者互补性的股票。

在用户分类的模式方面，雪球网仅仅对具有影响力、活跃的类别进行了划分，在一定程度上致力于为普通投资者提供相应的达人推荐，但忽略了对于普通用户类型的划分。利用证券知识大图中用户与已有股票、主题等知识实体之间的互动行为，找到用户类别的划分模式，以发现为新进投资者的类型，或老投资者的类型转移行为等。但在具体的类型标识过程中，还需进一步结合雪球网现有的标准，或者基于大众用户的标识行为进行细化。

值得注意的是，由于本研究选取数据的阶段性与部分性，两者在服务应用的结果上并不具备可比性，因此本节主要讨论的是两者在服务方式的差异。总体而言，利用证券知识大图的应用可作为雪球网现有服务模式的补充，可进一步提升知识服务的精度。

第 12 章　健康领域的知识组织与服务

知识融合提供了一种将知识内容以更有效的形式关联起来的方式①。通过知识融合，可以将不同来源的知识及其依附的载体通过一定的方法和技术手段进行知识抽取和转换，获得隐藏在知识源中的知识单元及其关联关系，进而在概念层和语义层面上对其进行分析、评估和合并，形成可以解决具体领域问题的知识库或知识图谱，为用户提供更加智能化的智慧健康知识服务。本章的主要目的是将从多源异构的健康信息资源中抽取出的知识进行表示和融合，探索多源异构智慧健康知识融合的过程和实现路径，从而实现大规模智慧健康领域知识图谱的构建。

12.1　健康领域的知识融合流程

在大数据环境下构建智慧健康领域知识图谱，需要将分布在互联网、科学文献数据库、专科诊疗数据集等多个地方的医疗保健常识、医学研究发现和临床诊疗经验等进行知识抽取、转换、评估和融合，以为用户提供更加智能化、个性化的智慧健康知识服务。本研究将多源异构智慧健康知识融合的任务和流程归纳为如图 12-1 所示。

---

① 唐晓波，魏巍．知识融合：大数据时代知识服务的增长点 [J]．图书馆学研究，2015（5）：9-14.

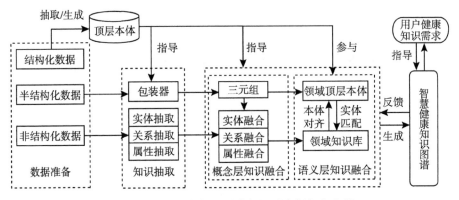

图 12-1　多源异构智慧健康知识融合任务和流程

首先，需要从结构化的医学本体（知识库）中抽取出可以重用的部分概念和关系，结合相关领域资料构建基础的领域顶层本体，确定该领域内共同认可的词汇，以辅助和指导下一步的知识抽取和融合工作；其次，需要从半结构化网页百科数据资源和非结构化生物医学文献、网络社区资源等自由文档中抽取出实体、关系、属性三元组，将其进行主题内容挖掘和语义标注，并采用基于本体的知识表示方式进行统一表示；再次，在领域顶层本体的基础上，填充从多源异构健康信息资源中抽取出的知识资源，将其经过概念层知识融合和语义层知识融合；最后形成可以解决具体领域问题的大规模语义知识库，即智慧健康领域知识图谱。

12.1.1　智慧健康领域顶层本体构建

本体是共享概念模型的明确的形式化规范说明，因此，在开展智慧健康知识抽取、知识融合和知识图谱构建过程之前，需要预先构建智慧健康领域顶层本体，以定义一组数据及其结构以供其他程序使用。智慧健康领域顶层本体是关于各种疾病的医学概念及概念间关系的术语集合，是为了实现智慧健康知识库的共享与扩展性而需要设计的，其中大部分的内容可引用已有的临床术语集合或疾病本体来实现，如临床医学语 SNOMED-CT、一体化医学语言系统 UMLS、医学主题词表 MeSH、疾病分类 ICD 等。

12.1.2 智慧健康知识抽取和知识表示

智慧健康领域知识库是关于各种医疗保健知识的经验知识库，包括治疗慢病的各种病因、有效药物、治疗过程、治疗周期、禁忌等知识，这是智慧健康知识图谱的核心。在智慧健康领域知识库构建之前，需要从多源异构的健康信息资源中抽取相关的概念和知识等。在我们的相关研究中，曾详细介绍了面向结构化、面向半结构化、面向非结构化智慧健康知识抽取的任务和流程；并以高血压生物医学文献为例，采用深度学习方法（BiLSTM-CRF 和 Att-BiLSTM 模型）对其知识抽取过程进行分析；同时，为了探索从多源异构的健康信息资源中抽取出的三元组之间的关系，将其形成的实体-关系图谱进行主题内容挖掘和语义标注①。但是，在上述研究构建的高血压领域的实体-关系图谱中，各层节点之间的关系还不够明确，无法进行知识层面的知识融合。因此，需要进一步挖掘各层节点之间的关系，并将其以统一的知识表示方式进行表示。

12.1.3 多源异构智慧健康知识融合

为了形成可以解决具体领域问题的智慧健康领域知识图谱，需要在领域顶层本体的基础上，将从多源异构健康信息资源中抽取出的知识资源进行融合和扩充。在此过程中，不仅涉及细粒度的实体、关系、属性等概念层面的融合；还涉及语义知识层面的本体、知识库和知识图谱之间的融合。本研究将从这两个方面探索多源异构智慧健康知识融合的实现路径。

12.2 健康领域知识融合的实现路径

知识融合的目标是融合各层面的知识，比如说来源于不同知识库中的同一实体、多种不同来源数据中的知识、跨语言知识融合（中英文知识体系结

---

① 周利琴.面向智慧健康的多源异构知识融合研究［D］.武汉大学，2019.

构融合）、知识在线融合等，基本的问题都是研究如何将多个来源的关于同一实体或概念的描述信息融合起来。

12.2.1 概念层知识融合

概念层知识融合主要是指将从多源异构健康信息资源中抽取出的细粒度三元组（实体、属性和关系）扩充到智慧健康领域顶层本体中，实现领域顶层本体的扩充。在此过程中主要涉及实体融合、属性融合和关系融合。

(1) 实体融合

实体融合是指对知识的实体对象进行去重、纠错、降噪与合并，从而产生新的实例集合的过程[①]。从多源异构健康信息资源中抽取出的实体与智慧健康领域顶层本体中的实体可能存在两种关系：一种是智慧健康领域顶层本体中存在与之相同或等价的实体，对此类实体只需要找到与之映射的实体，进行实体链接；另一种是智慧健康领域顶层本体中不存在与之映射的实体，对此类实体需要进行类别标注，将其进行实体分类，然后根据分类标准将其扩展至对应的分类下。在实体融合过程，最重要的环节是计算实体相似度，最后将相同或等价实体进行实体链接，将非等价实体进行实体分类。

1) 实体相似度计算

现有的关于实体相似度计算的方法主要有基于聚合的实体相似度计算（包括加权平均、手动制定规则、构建分类器等）、基于聚类的实体相似度计算（包括层次聚类、相关性聚类、Canopy+K-means……）等。基于聚合的实体相似度计算方法中最关键的问题是需要生成训练集，在此过程中比较容易出现训练集的生成、分类不均衡以及误分类等问题；基于层次聚类的实体相似度计算方法主要通过计算不同类别数据点之间的相似度，对在不同层次的数据进行划分，最终形成树状的聚类结构；Canopy 聚类最大的特点是不需要

---

① 周利琴, 范昊, 潘建鹏. 网络大数据中的知识融合框架研究 [J]. 情报杂志, 2018（1）：145-150.

事先指定 K 值（即 clustering 的个数），因此具有很大的实际应用价值，经常将 Canopy 和 K-means 配合使用。

另外一种比较受欢迎的实体相似度计算方法是基于知识表示学习-知识嵌入（Embedding）的方法。这种方法将知识图谱中的实体和关系都映射到低维空间向量，直接用数学表达式来计算各个实体之间的相似度，而且不依赖任何的文本信息，获取到的都是数据的深度表示。典型的基于 Embedding 学习的方法是 Bordes 等①提出的 TransE 模型，该模型将实体映射到一个低维的嵌入空间，将两个实体之间的关系转化为实体在嵌入空间中的一个翻译，即将三元组 (h, r, t) 的关系向量 l_r 表示为头向量 l_h 和尾向量 l_t 之间的位移。如图 12-2 所示。

当 $l_t = l_h + l_r$ 表明两个实体是等价实体。实体与向量之间的关系如图 12-3 所示。当实体与向量之间的关系：KINGS-QUEENS = KING-QUEEN，则考虑两对实体之间存在某个相同的关系。比如说本体 1 中存在头实体 Heart failure，且 Heart failure（心力衰竭）+Diagnosis（诊断）= Hypertension（高血压）；本体 2 中存在头实体 Coronary artery disease，且 Coronary artery disease（冠心病）+Diagnosis（诊断）= Hypertension（高血压），则考虑 Heart failure 和 Coronary artery disease 是否等价实体。示意图如图 12-4 所示。

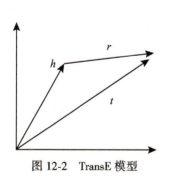

图 12-2　TransE 模型

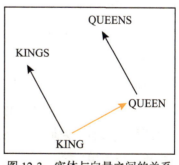

图 12-3　实体与向量之间的关系

①　Bordes A, Usunier N, García-Durán A, Weston J, Yakhnenko O. Translating Embeddings for Modeling Multi-relational Data [J]. Advances in Neural Information Processing Systems, 2013: 2787-2795.

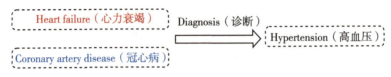

图 12-4　等价实体示意图

在此过程中，需要考虑如何将两个实体嵌入到同一个低维空间的问题。通常采用预链接实体对的方法，即借助训练数据，将两个三元组糅合在一起进行共同训练，并将预链接实体对视为具有 SameAs 关系的三元组，从而对两个实体的空间进行约束；或者采用双向监督训练，将两个实体单独进行训练，使用预链接数据交替进行监督。

2）实体链接

实体链接（Entity Linking）是一种典型的实体消歧方法，该方法通过将不同知识库或本体中的同义实体的不同指称（mention）采用统一的 URL 进行一致化表示，将带有歧义的实体指称映射至与其语义匹配的特定词条中，从而解决词汇的一词多义和一义多词问题，实现实体消歧①。

实体链接通常包括命名实体识别（Named Entity Recognition）、候选实体生成和实体消歧三个基本环节。其中，最重要的问题是实体消歧。目前常用的实体消歧算法主要有单实体消歧（包括基于分类器、基于排序和基于深度学习的方法等）和多实体联合消歧（包括基于随机游走、基于密集子图、基于中心度计算的方法等），这两种实体消歧方法具有一定的互补性，例如单实体消歧算法的优势在于消歧中采用多种特征，且不受文本长度的限制，而多实体联合消歧算法的优势是可有效利用实体中的依赖关系，因此，通常将这两种方法相结合使用。

在本体 1 和本体 2 的实体链接过程中，通常采用的方法是：待本体 1 和

①　林泽斐，欧石燕．多特征融合的中文命名实体链接方法研究［J］．情报学报，2019（1）．

本体 2 的向量训练达到稳定状态之后，对于本体 1 中每一个找到链接的实体，则在本体 2 中找到与之相同或相近的等价实体进行消歧；对于本体 1 中每一个没有找到链接的实体，在本体 2 中找到距离最近的实体向量进行链接，距离计算方法可采用任何向量之间的距离计算，例如欧式距离和 Cosine 距离。

3）实体分类

实体分类的目标主要是将从多源异构的健康信息资源中获取的实体进行类别标注①。按照实体分类粒度的不同，可以将实体分类方法划分为粗粒度分类和细粒度分类，其中，粗粒度主要是将实体分为人名、地名、机构名等类别，而细粒度分类则是根据本体或知识图谱中的试探性信息进行更加细致全面的类别标注。由于本研究的实体抽取对象是多源异构健康信息资源中的自然语言文本数据，因此，本研究的实体分类方法主要采用的是细粒度分类。

（2）属性融合

属性融合是对知识概念/实体的属性进行对比、分析、转换和合并的过程，根据知识服务的需要，可以对知识对象的特征进行归纳、选择和重组②。在属性融合过程中，最重要的环节是计算属性的相似度。现有的属性相似度计算方法主要有最小编辑距离（Levenshtein distance）、集合相似度计算（包括 Jaccard 系数、Dice 系数等）、基于向量的相似度计算（包括 Cosine 相似度、TF-IDF 相似度计算等）等。

1）最小编辑距离

最小编辑距离的目的是用最少编辑操作将一个字符串转成另一个，如下：

---

① Nadeau D, Sekine S. A survey of named entity recognition and classification ［J］. Lingvisticae Investigationes，2007，30（1）：3-26.

② 周利琴，范昊，潘建鹏 . 网络大数据中的知识融合框架研究 ［J］. 情报杂志，2018（1）：145-150.

$$'\text{Lvensshtain}' \xrightarrow{\text{插入}'e'} '\text{Levensshtain}'$$

$$'\text{Levensshtain}' \xrightarrow{\text{删除}'s'} '\text{Levenshtain}'$$

$$'\text{Levenshtain}' \xrightarrow{\text{替换}'a'\to'e'} '\text{Levenshtein}'$$

上述将 "Lvensshtain" 转换为 "Levenshtein"，操作 3 次，编辑距离就是 3。

2）集合相似度计算

集合相似度计算主要包括 Dice 系数和 Jaccard 系数。其中，Dice 系数用于度量两个集合的相似性，因为可以把字符串理解为一种集合，因此 Dice 距离也会用于度量字符串的相似性，而 Jaccard 系数适合处理短文本的相似度。Dice 系数定义和 Jaccard 系数如公式（12-1）和公式（12-2）所示：

$$\text{sim}_{\text{Dice}}(s,\ t) = \frac{2|S \cap T|}{|S| + |T|} \tag{12-1}$$

$$\text{sim}_{\text{Jaccard}}(s,\ t) = \frac{|S \cap T|}{|S||T|} \tag{12-2}$$

可以看出，Jaccare 系数与 Dice 系数的定义比较相似。这两种方法都需要将文本转换为集合，除了可以用符号分割单词外，还可以考虑用 n-gram 分割单词，用 n-gram 分割句子等来构建集合，计算相似度。

3）基于向量的相似度计算

基于向量的相似度计算主要包括 Cosine 相似度、TF-IDF 相似度计算等。其中，TF-IDF 主要用来评估某个字或者某个词对一个文档的重要程度。定义如下：

$$tf_{i,\ j} = \frac{n_{i,\ j}}{\sum_{k} n_{k,\ j}} \tag{12-3}$$

$$idf_i = \log \frac{|D|}{1 + |\{j: t_i \in d_j\}|} \tag{12-4}$$

$$\text{sim}_{\text{TF-IDF}} = tf_{i,\ j} \times idf_i \tag{12-5}$$

比如说某个语料库中有 5 万篇文章，含有 "健康" 的有 2 万篇，现有一篇文章，共 1000 个词，"健康"出现 30 次，则：

$$\text{sim}_{\text{TF-IDF}} = \frac{30}{1000} \times \log \frac{50\,000}{20\,000 + 1} = 0.012 \tag{12-6}$$

早期在实体链接过程中主要通过计算描述实体的属性相似度来判断实体是否相同。但是，这种方法无法处理实体语义异构的情况，例如"high blood pressure"和"hypertension"，它们表示同一个实体，但是基于上述属性相似度计算方法无法将其判断为同一个实体。因此，在属性融合过程中，可以先采用此类方法进行初步的合并和融合，再进一步解决实体语义异构问题。

（3）关系融合

关系是实体与实体之间、实体与属性之间的一种逻辑联系。由于自然语言表达的随意性，多源异构健康信息资源中存在大量同义和多义的现象，且关系会随着场景、时间和活动等情况发生变化。如何对这些动态产生的多种关系进行刻画，并将其进行融合和扩充，是关系融合的研究范畴。关系融合是对知识源的关系进行去重、合并，同时也对关系进行推理、演绎和挖掘，产生新的关系集合的过程①。关系融合的主要目标是将从多源异构健康信息资源中获取的实体关系进行动态扩展，从而实现知识库/本体的动态扩充，以增强知识库/本体的实时性、全面性和覆盖性。

从多源异构健康信息资源中抽取出的实体关系与智慧健康领域顶层本体中的实体关系存在两种可能的情况：一是智慧健康领域顶层本体中存在与之相映射的实体关系，即存在相同或等价的实体关系，对此可将其进行去重、合并；另一种是智慧健康领域顶层本体中不存在与之相映射的实体关系，对此则需要将其进行扩展，实现关联扩充。据此可以看出，关系融合建立在实体融合的基础上，关键都在于判定两个实体，或描述实体的关系是否等价实体/关系。针对这一关键问题，现有研究主要有集中在两个方面：一种是传

---

① 周利琴，范昊，潘建鹏. 网络大数据中的知识融合框架研究 [J]. 情报杂志，2018（1）：145-150.

统的通过对比描述关系的词汇之间的语义相似度，对描述实体的关系进行语义层面的理解；另外一种是最近比较流行的基于嵌入学习的方法，将实体关系进行结构映射①。

1）基于语义相似性度量的关系融合

基于语义相似性度量的方法主要是通过对描述关系的词汇之间的语义相似性进行计算，判断是否是等价关系或包含关系。语义相似性计算通常有两种方法：一种是采用基于语义词典的方法，利用词汇在特定词典中的距离（最短路径）来计算词汇之间的语义相似度，这种方法比较简单、直接，但是现有的词典大多是通过人工方式构建，通常无法覆盖所有的词语；另外一种方法是基于大规模语料库，根据抽取词汇的上下文信息或 n-grams 的分布性质来度量词汇间的语义相似性，这种方法可以在一定程度上提高关系计算的准确性，但是自然语言文本中许多词语的含义是模糊的，存在多种解释，导致这种方法也存在一定局限性。综上可以看出，不管是基于语义词典还是基于大规模语料库，这两种方法都过度依赖外部的语义词典和语料库，当语义词典中存在词语缺失或语料库内容稀疏时，对于关系计算的结果都会大打折扣。

2）基于嵌入学习的关系融合

嵌入学习是一种基于能量模型的方法，该方法将实体关系映射到一个低维的嵌入空间，通过在嵌入空间中寻找合适的能量函数来学习实体的嵌入表示，同时利用实体的嵌入表示表达实体之间的关系，进而判断两个描述实体的关系是否为同一种关系②。给定一个实体关系，将其简化为三元组形式 (h, r, t)，其中 h 和 t 分别是表示关系的头部实体和尾部实体，r 表示实体 h 和 t 之间的一种关联关系。嵌入方法首先需要将实体 h 和 t 映射

---

① 林海伦，王元卓，贾岩涛，等．面向网络大数据的知识融合方法综述［J］．计算机学报，2017（1）：1-27.

② Bordes A, Usunier N, García-Durán A, Weston J, Yakhnenko O. Translating embeddings for modeling multi-relational data［J］. Advances in Neural Information Processing Systems, 2013：2787-2795.

到一个语义空间，学习其在该空间的向量表示 l_h 和 l_t，并通过能量函数 $f_r(h, t)$ 度量（h, r, t）在嵌入空间中的合理性，而 r 在嵌入空间的表示 l_r 则通过 l_h 和 l_t 表达。

由于 TransE 模型仅适用于 1-1 的实体关系，在处理 N-1、1-N、N-N 关系的时候存在问题；并且，TransE 模型是将实体和关系嵌入在同一个空间，实体和关系是完全不同的对象，导致很难用同一个共同的语义空间对其进行表示。因此，本研究将重点介绍 Lin 等①提出的 TransR 模型。该模型利用两个不同的语义空间（实体空间和关系空间）对实体和关系进行建模，其基本思想如图 12-5 所示。

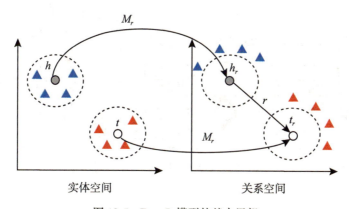

图 12-5 TransR 模型的基本思想

在 TransR 模型中，对于任意一个三元组（h, r, t），首先需要将 h 和 t 映射到 k 维空间 h，将 r 嵌入到 d 维空间；对于每一个关系 r，设置一个投影矩阵 M_r，$M_r \in R^{k \times d}$，然后在 M_r 的作用下将实体空间的实体映射到关系 r 对应的关系空间，映射结果分别为 $h_r = hM_r$ 和 $t_r = tM_r$，从而得到 $h_r + r \approx t_r$，打分函数定义为 $f_r(h, t) = \| h_r + r\text{-}t_r \|_2^2$。这种关系特定的映射可以保证具

① Lin Y, Liu Z, Sun M, et al. Learning entity and relation embeddings for knowledge graph completion [C]. Processings of the 29th AAAI Conference on Artificial Intelligence, Austin, USA, 2015: 2181-2187.

有相同关系的头部/尾部实体（圆圈）在嵌入空间中彼此接近，而没有关系的实体（三角形）在嵌入空间中则离得较远。

12.2.2　语义层知识融合

语义层知识融合主要是指语义层面的本体、知识库和知识图谱之间的融合。将从多源异构健康信息资源中抽取出的知识进行本体表示，再将其与智慧健康领域顶层本体融合，实现本体的扩充和融合。其基本流程如图 12-6 所示。

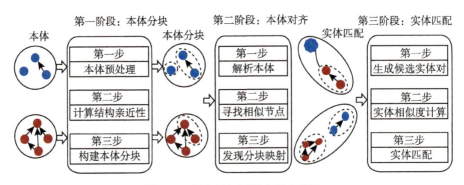

图 12-6　语义层知识融合基本流程

语义层知识融合可以分为三个阶段，第一阶段是本体分块，第二阶段是本体对齐，第三阶段是实体匹配。在第一阶段中，首先需要对本体进行预处理。原始数据的质量会直接影响到最终融合的结果，不同数据集对同一实体的描述方式往往是不相同的，对这些数据进行语法正规化、数据归一化处理是后续提高知识融合精确度的重要步骤。其次，需要计算本体结构的亲近性，对本体或知识图谱进行分块（Blocking）处理，分块是从指从给定的本体/知识图谱的所有实体对中，选出潜在匹配的记录作为候选项，并将勾选项的大小尽可能地缩小。最后，根据相应的算法构建本体分块。

在第二阶段中，需要对本体的分块进行解析，分析各个本体块中的类、概念和属性等结构；同时，采用语言学算法将映射单元数目与本体概念数目，以及本体间使用的原语数目进行对比，寻找相似本体块中的节点；然后，发现分块之间的映射，将本体块进行对齐。

在第三阶段中，需要计算各本体块中的实体相似度和属性相似度，发现实体间的映射，对实体进行去重、解析和匹配；然后，将相同或相似的等价实体进行链接，将不同的等价实体进行分类之后再链接到本体/知识库中；最后，输出知识融合结果。

（1）本体分块

随着语义 Web 的迅猛发展，本体的规模越来越庞大，采用传统的本体映射方法往往难以应对大规模本体中所具有的概念数目庞大、概念之间关系复杂等问题，因此，需要对大规模本体进行分块①。本体分块的目的是保证负载均衡（Load Balance），即要保证所有块中的实体数目相当，从而保证分块对本体融合性能的提升程度。本体划分通常是根据概念间的结构亲近性，例如类的层次关系、属性的层次关系和定义域等。划分的原则是采用自底向上的方法，需要保证通过划分之后，每个聚类内节点间的内聚度较高，不同聚类内节点间的耦合度较低。

一个常用的本体分块算法如下：设 O 是一个本体，E 是 O 中所包含概念的集合。针对 E 的每一个划分 G，把 E 分成一个聚类集合 $G = \{g_1, g_2, \cdots, g_n\}$，满足（1）$\forall g_i, g_j, i, j = 1, 2, \cdots, n$ 且 $i \neq j$，$g_i \cap g_j = \phi$；（2）$g_1 \cup g_2 \cup \cdots \cup g_n = E$。设 b_i 是对应于 g_i 的唯一本体分块（$(i = 1, 2, \cdots, n)$。b_i 是一个 RDF 句子的并集（$b_i = sent_1 \cup \cdots \cup sent_m$），其中每个 $sent_k(k = 1, 2, \cdots, m)$ 满足 $sent_k$ 的主语属于 g_i。$b_i, b_j, \forall i, j = 1, 2, \cdots, n$ 且 $i \neq j$，$b_i \cap b_j = \phi$。其中，RDF 句子是 RDF 三元组的集合，可以保证匿名节点的完整性。

---

① 赖雅，王润梅，徐德智. 基于参考点的大规模本体分块与映射 [J]. 计算机应用研究，2013, 30 (2): 469-471.

（2）本体对齐

由于相同范围的本体通常是根据不同来源的数据各自研发而成，其术语表达和概念关系存在较大差异，因此，需要对本体进行对齐。本体对齐技术是一种将不同来源的本体概念和关系进行整合的知识工程方法，其目的是发现不同本体的本体块之间的语义关系，从而判断来自不同本体中的两个本体块是否指向现实世界中的同一种对象，进而实现本体之间的匹配和链接①。

本体对齐的实质是相似度的匹配，即计算待匹配本体中的实体、属性、关系词的相似度，利用相关算法和参数设置，最终得到本体对齐的结果。本体对齐中比较常用的方法有 GMO②（Graph Match for Ontology）算法，GMO是基于图结构的本体匹配方案，它使用 RDF 二部图来表示本体，并通过在二部图中递归传播相似性来计算实体和三元组之间的结构相似性。

另外，常用的本体对齐工具有 Falcon-AO③、Rimom④ 和 Logmap⑤ 等。其中，Falcon-AO 是一个自动的本体匹配系统，它可以将 RDF（S）或 OWL所表达的实体数目相当的 Web 本体进行本体对齐。Rimom 是清华大学李涓子教授团队研发的本体对齐系统，其综合采用基于语言特征与基于结构特征相似性的方法，可以取得很好的本体对齐效果。Logmap（Logic-based Methods for Ontology Mapping）采用各种基于逻辑的方法，可以对大型本体进

---

① 郝伟学，于剑，周雪忠．本体对齐技术概述及其在中医领域的应用探讨［J］．世界科学技术——中医药现代化，2017，19（1）：63-69.

② Lembo D, Santarelli V, Savo D F. Graph-Based Ontology Classification in OWL 2 QL［M］. The Semantic Web：Semantics and Big Data，2013.

③ http：//ws. nju. edu. cn/falcon-ao/

④ Li J, Tang J, Li Y, et al. RiMOM：A dynamic multistrategy ontology alignment framework［J］. IEEE Transactions on Knowledge &Data Engineering，2009，21（8）：1218-1232.

⑤ Aroyo L, Welty C, Alani H, et al.［Lecture Notes in Computer Science］The Semantic Web-ISWC 2011 Volume 7031 ‖ LogMap：Logic-Based and Scalable Ontology Matching［C］. International Semantic Web Conference. Springer, Berlin, Heidelberg，2011：273-288.

行对齐。

(3) 实体匹配

实体匹配主要是研究如何从多源异构数据中挖掘出指向现实世界中同一对象的实体[1]。传统的实体匹配方法主要有 Volz 等[2]提出的实体匹配框架 SILK，Niu 等[3]提出的半监督学习实体匹配模型，Li 等[4]提出的通过构建虚拟文档向量解决大规模实体匹配的问题，以及 Zhuang 等[5]提出的 Hike 框架等。随着知识嵌入（knowledge embedding）技术的发展和应用，Zhu 等提出了面向异质知识图谱的实体对齐方法，将实体和各种知识图谱的关系共同映射到一个低维的语义空间，再利用梯度下降的方法进行联合迭代，实现实体匹配。这些实体匹配方法都是将多数据源转化为多组两两数据源匹配的问题，而且大多采用 RDFS 和 OWL 等本体语言进行构建，以三元组形式表示实体概念、关系和属性等信息，语义表达和关系表达等信息都比较丰富。

实体匹配的流程主要包括生成候选实体对、实体相似性度量和实体匹配。在候选实体对生成过程中，如果两个实体具有相同或等价的名称、相同的属性值或文本关键词，那么这两个实体很大概率是等价实体。基于这样的假设，可以分别根据实体的名称和属性的索引值来生成候选实体对。实体相似度计算主要用于评估两个实体之间的相似程度关系，可以通过以下公式进

① 王凌阳，陈钦况，寿黎但，陈珂. 多源异构数据的实体匹配方法研究 [J/OL]. 计算机工程与应用. http://kns.cnki.net/kcms/detail/11.2127.tp.20181227.1753.034.html.

② Volz J, Bizer C, Gaedke M, et al. Silk-A Link DiscoveryFramework for the Web of Data [J]. LDOW, 2009, 538.

③ Niu X, Rong S, Wang H, et al. An effective rule miner for instance matching in a web of data [C]. Proceedings of the 21st ACM international conference on Information and knowledge management. ACM, 2012.

④ Li J, Wang Z, Xiao Z, et al. Large scale instance matching via multiple indexes and candidate selection [J]. Knowledge-Based Systems, 2013, 50 (3): 112-120.

⑤ Zhuang Y, Li G, Zhong Z, et al. Hike: A Hybrid Human-Machine Method for Entity Alignment in Large-Scale Knowledge Bases [C]. the 2017 ACM. ACM, 2017.

行计算：

$$\mathrm{sim}(e_1, \ e_2) = w_1 \cdot \mathrm{sim}(e_1. N, \ e_2. N) + w_2 \cdot \mathrm{sim}(e_1. P, \ e_2. P) \quad (12\text{-}7)$$

其中，$\mathrm{sim}(e_1. N, \ e_2. N)$ 表示实体名称的相似度；$\mathrm{sim}(e_1. P, \ e_2. P)$ 表示实体属性的相似度，w_1，w_2 分别代表这二者对应的权重。

另外，现有的实体匹配系统主要有 Dedupe① 和 Limes②，Dedupe 是一个用于模糊匹配，记录去重和实体解析的 python 库，而 Limes 是一个基于度量空间的实体匹配发现框架，适合于大规模数据链接。通过实体匹配系统，可以将重复、冗余的实体进行清洗和合并，解决本体/知识库中实体的复用问题。

综上所述，多源异构智慧健康知识融合主要有两条实现路径，一是通过实体融合、属性融合和概念融合，将从多源异构健康信息资源中抽取出的知识（三元组）融合到智慧健康领域顶层本体中，实现领域顶层本体的扩充，此过程中涉及实体相似度计算、属性相似度计算、语义关系度量、实体链接、实体分类等过程；二是将从多源异构健康信息资源中抽取出的各种医疗保健知识表示为本体/知识库的形式，通过本体分块、本体对齐、实体匹配等过程，实现语义层本体、知识库的融合。这两层知识融合的最终目的都是将多源异构的智慧健康知识融合起来，形成可以解决具体领域问题的智慧健康知识图谱。

本研究将以智慧健康领域的高血压疾病为例，首先，基于 Disease Ontology 疾病本体和《高血压防治指南》构建高血压领域顶层本体（Top-Level Ontology，简称 TO）；其次，根据从大规模生物医学文献中抽取出的实体-关系图谱，对其进行主题抽取和知识表示，形成高血压领域经验知识本体（Empirical Ontology，EO）；最后，将高血压领域顶层本体"TO"和高血压领域经验知识本体 EO 进行合并和融合，探索多源异构知识融合的过程和实现路径，最终形成可以解决具体领域问题的高血压领域知识图谱。

---

① http：//www. openkg. cn/tool/dedupe［EB/OL］.［2019-07-15］.

② http：//www. openkg. cn/tool/limes［EB/OL］.［2019-07-15］.

12.3　健康领域的本体构建

目前较为成熟的本体构建方法主要有 METHONTOLOGY 法和七步法，这两种方法被广泛应用于领域本体构建中。由于七步法是半自动构建，比METHONTOLOGY 法的手工构建方式更加方便快捷，因此，本研究将采用七步法，基于 Disease Ontology 疾病本体和《中国高血压防治指南 2010》构建高血压领域顶层本体。

12.3.1　高血压领域顶层本体构建

高血压领域顶层本体构建主要包括以下几个步骤：①确定本体涵盖的领域和范围；②考虑复用现有本体；③在本体中枚举重要概念；④定义类以及类的层次结构；⑤定义类的属性；⑥定义属性的约束条件；⑦创建实例。创建过程如图 12-7 所示。

图 12-7　本体构建过程

在第一步中，主要考虑本体适用的领域，创建本体的目的，创建本体的数据来源和研究对象等；第二步主要考虑复用现有的、比较常用的领域本体和数据库；第三步可以参照现有的各类叙词表，从中提取重要的概念等；第四步要考虑是采用自顶向下还是自底向上的方式构建本体，在此过程中，需要定义类及类的层次结构；第五步主要考虑定义类的属性，包括内在属性和外在属性；第六步主要是定义属性的约束条件，包括属性值的数据类型和个数；第七步主要是根据之前的各步骤，创建一个实例。本体构建是一个反复迭代的过程。

根据本体构建过程，首先，需要确定高血压领域本体的范围。高血压领域本体构建主要采用《中国高血压防治指南 2010》中的相关知识。《中国高血压防治指南 2010》是根据我国心血管病流行趋势和循证医学研究的进展，参考国内外最新研究成果和各国指南编制而成，坚持预防为主、防治结合的方针，提出符合我国人群特点的防治策略，对于患者具有重要的指导意义。

其次，需要考虑复用现有医学本体。DO 疾病本体是以本体概念构建的人类疾病分类系统，包含 12 564 个疾病名词和 341 850 条对外部数据库的引用记录，映射了 MeSH、ICD、NCIs thesaurus、SNOMED 等医学资源的术语集，对人类疾病做了系统、详细的划分。但是，DO 中缺乏对每种疾病的详细病因、治疗、药物等方面的描述。因此，本研究的高血压领域本体构建将复用 DO 中的部分内容，并对其缺乏的相关内容进行补充和完善。

然后，在本体中枚举重要概念。例如高血压的顶层概念如表 12-1 所示。

表 12-1　　　　　　　　　　高血压本体的顶层概念

顶层概念	包含内容	属性说明	关系说明
高血压	高血压下属的各种类型，如继发性高血压、原发性高血压、妊娠高血压等	定义、英文称谓、死亡率、发病率、同义词等	各种高血压之间的上下位关系、疾病之间的因果、影响关系、并发症关系等
病因	遗传、环境（外部环境、内部环境），如气候、压力等，以及各种疾病、身体器质变化导致的慢病	别称，等	

续表

顶层概念	包含内容	属性说明	关系说明
治疗手段	药物治疗、外科手术、物理疗法、化学疗法、精神疗法等各种治疗方法的具体内容	简称，别称，等	治疗手段的使用设备、使用药物、适用人群、前导治疗、后续治疗过程、检查项目等
临床表现	体征，如体温、血压等，以及各种症状，如发热、水肿等	别称，等	临床表现和高血压之间的对应关系
检查项目	包含内容	检测项目具体名称，如胆固醇含量等	检查设备与各种仪器设备之间的关系
病人	人群分类、患病时间、地区等	各种病理特征	
医疗设备仪器		用途、用法、注意事项，等	
其他	包含和慢病相关的各种其他概念类型，如各种微生物/激素/酶/抗生素/微量元素等		

同时，列举高血压类的核心概念，如诊断类概念（病史、相关检查、血压测定等）、分类类概念（按血压水平和心血管风险分类等）、治疗类概念（治疗目标、策略、药物等），高血压防治指南中的部分核心概念如表 12-2 所示。

表 12-2　　　　　　　　　**高血压防治指南部分核心概念**

	病史	高血压家族史、病程、既往史、继发性高血压
高血压诊断类概念	病史	高血压家族史、病程、既往史、继发性高血压
	体格检查	血压、心率、BMI、库欣面容
	实验室检查	基本检查：血液生化、全血细胞计数、尿液分析等
		推荐检查：ABI、尿蛋白定量、餐后 2H 血糖等
		选择检查：MRI、血浆肾素活性、血和尿醛固酮等
	血压测量	诊室血压、动态血压、家庭血压
	靶器官损害	心脏、肾脏、血管、眼底、脑

续表

高血压分类类概念	按血压水平	1 级高血压（轻度）、2 级高血压（中度）、3 级高血压（重度）
	按心血管风险	低危、中危、高危、很高危
高血压治疗类概念	治疗的目标	分为标准目标、基本目标
	治疗的策略	低危患者、中危患者、高危 & 很高危患者策略
	非药物治疗	减少钠盐摄入、控制体重、戒烟、限酒、体育运动
	药物治疗	单一药物治疗、联合药物治疗

　　进一步，需要定义类以及类的层次结构，类的属性、属性的约束条件（包括数据类型属性和对象类型属性）等。高血压领域本体中的部分属性关系及解释如表 12-3 所示。

表 12-3　　　　　　**高血压领域本体中的部分属性关系及解释**

数据类型属性及解释	高血压病史	患者是否有相关病史
	年龄	患者年龄
	性别	患者性别
	收缩压	患者血压收缩压的值
	舒张压	患者血压舒张压的值
	危险因素个数	患者存在的危险因素
对象类型属性及解释	高血压类型	患者的高血压类型
	高血压风险	患者的高血压风险水平
	生化检查指标	患者的各项指标结果
	心电图指标	患者的心电图结果
	尿液检测	患者各项尿液参数分析
	靶器官水平	患者靶器官损坏情况
	用药建议	对患者的用药建议

　　将高血压领域本体中的类"高血压患者"具有的一系列属性表示为 OWL 格式，如图 12-8 所示。

```
<owl:Class rdf:ID="高血压患者">
<owl:ObjectProperty rdf:ID="靶器官损害情况">
<rdfs:domain rdf:resource="#高血压患者"/>
</ows:ObjectProperty>
<ows:objectProperty rdf:ID="危险因素">
<rdfs:domain rdf:resource="#高血压患者">
</owl:ObjectProperty>
<owl:DatatypeProperty rdf:ID="年龄">
<rdfs:domain rdf:resource="#高血压患者">
<rdfs:range rdf:resource="http://www.w3.org/2001/XMLSchema#string"/>
</owl:DatatypeProperty>
<owl:DatatypeProperty rdf:ID="伸缩压">
<rdfs:domain rdf:resource="#患者"/>
<rdfs:range rdf:resource="http://www.w3.org/2001/XMLSchema#int"/>
</owl:DatatypeProperty>
<rdfs:domain rdf:resource="高血压患者"/>
</olw:DatatypeProperty>
<owl:DatatypeProperty rdf:ID="性别">
<rdfs:domain rdf:resource="#高血压患者"/>
<rdfs:range rdf:resource="http://www.w3.org/2001/XMLSchema#string"/>
</owl:DatatypeProperty>
<owl:DatatypeProperty rdf:ID="舒张压">
<rdfs:domain rdf:resource="#高血压患者"/>
<rdfs:range rdf:resource="http://www.w3.org/2001/XMLSchema#in"/>
</owl:DatatypeProperty>
```

图 12-8　高血压领域本体中类的属性

　　根据前面定义的类、概念和属性，创建高血压领域本体的实例。高血压领域本体患者类的一个实例患者，具有一系列数据属性，如图 12-9 所示。

```
</患者>
<患者 rdf:ID="患者_1">
<姓名 rdf:datatype="http://www.w3.org/2001/XMLSchema#string">张三</姓名>
<有伸缩压 rdf:datatype="http://www.w3.org/2001/XMLSchema#string">173</有伸缩压>
<年龄 rdf:datatype="http://www.w3.org/2001/XMLSchema#string">52</年龄>
<有舒张压 rdf:datatype="http://www.w3.org/2001/XMLSchema#string">100</有舒张压>
<性别 rdf:datatype="http://www.w3.org/2001/XMLSchema#string">男</性别>
</患者>
```

图 12-9　高血压领域本体的部分实例

12.3.2　高血压领域顶层本体展示

本研究主要采用 Protégé 工具,采用手工可视化的方式半自动化构建高血压领域本体。同时根据面向结构化医学本体/知识库的知识抽取方法,复用疾病本体 DO 中的部分概念实体关系;最后,形成的高血压领域顶层本体如图 12-10 所示。

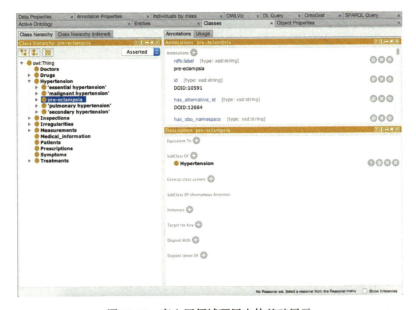

图 12-10　高血压领域顶层本体基础展示

最终构建的高血压领域顶层本体 TO 的部分实例如图 12-11 所示。

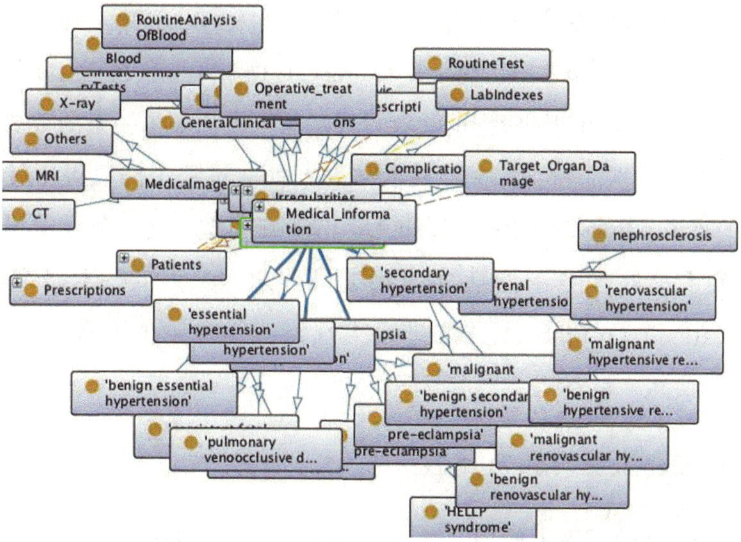

图 12-11　高血压领域顶层本体的部分实例

12.4　健康领域的知识抽取和表示

基于深度学习方法，从与高血压相关的大规模医学文献中抽取出了 337 984个三元组，形成了一个大规模的高血压领域实体-关系图谱。但是这个图谱中三元组之间的关系比较复杂，用户难以根据此图谱找到自己需要的智慧健康知识。因此，需要从该图谱中进一步抽取不同的主题知识，并采用统一的知识表示方式对其进行组织，形成更加直观的领域经验知识本体或知识库。

12.4.1　基于深度学习的知识抽取和语义标注

为了解决大规模自由文档中的知识抽取和术语组织问题，本研究将采用深度学习方法对大规模生物医学文献进行知识实体抽取和关系抽取。BiLSTM-CRF 模型①比 LSTM、LSTM-CRF、BiLSTM 等模型具有更好的泛化能力，在知识实体抽取方面具有很大优势。而 Att-BiLSTM（Attention-Based Bidirectional Long Short-Term Memory Networks）模型②是在 Bi-LSTM 模型的基础上，利用基于词和句子级别的注意力机制捕获表征实体关系的重要文本内容以形成更高层次的特征向量，在实体关系抽取过程中能取得比较好的效果。总的来说，BiLSTM-CRF 模型和 Att-BiLSTM 模型在通用领域的不同实体与实体关系抽取任务中能达到或接近最佳水平。因此，本研究将采用 BiLSTM-CRF 和 Att-BiLSTM 方法进行大规模医学文献的实体抽取和关系抽取。

（1）数据采集与预处理

在 PubMed 数据库中使用"Hypertension［MeSH Terms］"为检索策略，共检索到 1945—2018 年与高血压有关的文献 241 025 篇，时间截至 2018 年 9 月 18 日。下载文献题录数据，将其保存为 XML 格式。

首先，通过 Python 的工具包 Gensim③ 中的 word2vec 算法将原始的文献题录数据的摘要转换为词向量，转换过程中使用领域词表（SNOMED CT、MeSH Terms、ICD10）作为指导，计算向量空间的相似度，将语义相近的词在词向量空间里聚集在一起，为后续的文本分类、聚类等操作提供便利。将词向量维度设置为 400，共生成 121 998 个词向量。

其次，将文献题录数据中的摘要进行分句。由于英文不同于中文可以直

---

① Huang Z, Xu W, Yu K. Bidirectional LSTM-CRF Models for Sequence Tagging［J］. Computer Science, 2015.

② Zhou, P, Shi W, Tian J, et al. Attention-based bidirectional Long Short-Term Memory Network for relation classification［C］. Proceedings of the 54th Annual Meeting of the Association for Computation Linguistics, pages 207-212, Berlin, Germany, August 7-12, 2016.

③ Khosrovian K, Pfahl D, Garousi V. GENSIM 2.0: a customizable process simulation model for software process evaluation［C］. International Conference on Software Process, 2008.

接使用"。"分局，英文句号"."和小数点为相同字符，直接按"."分句
将导致较大误差。因此，我们采用正则表达式的方式，例如："."左右均为
字母则分句，而左右均为数字则不分句。通过对 241 025 篇文献题录数据进
行分句，最终得到 2 679 252 个句子。

　　然后，将词形进行规范化处理，主要包括词干提取和词形还原。词干提
取主要是采取"缩减"的方式对词进行规范，提取词的词干或词根形式，但
是不一定能够表达完整语义，例如"dogs"可以处理为"dog"，但是
"drove"无法处理为"drive"。而词形还原是把一个任何形式的词汇还原为
一般形式，能够表达完整语义，例如"driving"可以处理为"drive"。本研
究使用 NLTK 工具包中的词形还原方法 WordNetLemmatizer（）将词形进行
还原和规范化处理。

　　最后，进行同义词合并。即将同一实体的不同表现形式进行合并，可以
有效降低运算量，提高运算效率。本研究通过编写正则表达式对同义词进行
匹配，得到同义词表。例如：根据 hypertension（HTN）、hypertension（HT）
可以得到 hypertension、HTN、HT 为同义词，可以将其替换为标准的表达
形式。

　　（2）Att-BiLSTM 模型构造

　　Att-BiLSTM 模型包括五个部分：①输入层（input layer），主要是将文
本输入到模型中；②嵌入层（Embedding layer），主要是将文本转换为词向
量；③Bi-LSTM 层，主要是根据嵌入层的词向量来提取实体特征；④ 注意
力机制层（Attention layer），主要是利用基于词和句子级别的注意力机制
捕获表征实体关系的重要文本内容以形成更高层次的特征向量；⑤输出层
（output layer），实体关系识别和输出。其中，最终要的三个环节主要是：
词嵌入、双向网络、Attention 机制、实体关系分类。其网络结构如图 12-12
所示。

　　1）词嵌入（Word Embeddings）

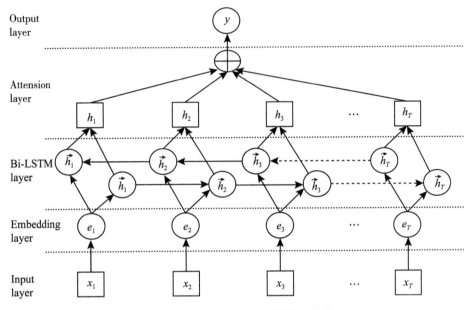

图 12-12　Att-BiLSTM 模型的网络结构

假设给定句子中包含 T 个 words，每个句子可以表示为 $S = \{x_1, x_2, \cdots, x_T\}$，每个单词 $word\ x_i$ 被转换为实值向量 e_i。对 S 中的任意单词，首先需要查找嵌入矩阵 $W^{word} \in R^{d^w \mid V \mid}$，其中 V 是固定大小的词汇，d^w 是嵌入词的大小。矩阵 W^{word} 是要学习的参数，d^w 是要由用户选择的超参数。将单词 x_i 转换为 e_i 主要通过如下公式：

$$e_i = W^{word} v^i \tag{12-8}$$

其中 v^i 是大小为 $\mid V \mid$ 的向量，当其值为 1 的时候，值指数为 e_i，其他位置为 0。然后，句子作为实值向量 $emb_s = \{e_1, e_2, \cdots, e_T\}$，输入到下一层。

2）双向网络（Bidirectional Network）

LSTM 模型是 Hochreiter 和 Schmidhuber① 于 1997 年提出的，主要用于克服梯度消失问题。LSTM 模型的主要思想是通过记忆单元来保存上下文信息，

---

① Hochreiter S, Schmidhuber J. Long short-term memory [J]. Neural Computation, 1997, 9 (8): 1735-1780.

以减少长期依赖。LSTM 模型主要由四个组件组成：输入门 i_t 主要对应于加权矩阵 W_{xi}，W_{hi}，W_{ci}，b_i；忘记门 f_t 主要对应于加权矩阵 W_{xf}，W_{hf}，W_{cf}，b_f；输出门 o_t 主要对应于加权矩阵 W_{xo}，W_{ho}，W_{co}，b_o；所有这些门都设置为生成一些度，使用当前输入 x_t，上一步生成的状态 h_{i-1}，以及该细胞的当前状态 c_{i-1}，用于决策是否接受输入，忘记之前存储的记忆，输出稍后生成的状态，如下方程式所示：

$$i_t = \sigma(W_{xi}x_t + W_{hi}h_{t-1} + W_{ci}c_{t-1} + b_i) \tag{12-9}$$

$$f_t = \sigma(W_{xf}x_t + W_{hf}h_{t-1} + W_{cf}c_{t-1} + b_f) \tag{12-10}$$

$$g_t = \tanh(W_{xc}x_t + W_{hc}h_{t-1} + W_{cc}c_{t-1} + b_c) \tag{12-11}$$

$$c_t = i_t g_t + f_t c_{t-1} \tag{12-12}$$

$$o_t = \sigma(W_{xo}x_t + W_{ho}h_{t-1} + W_{co}c_t + b_o) \tag{12-13}$$

$$h_t = o_t \tanh(c_t) \tag{12-14}$$

因此，当前细胞状态 c_t 将由之前细胞状态和当前信息产生的权重之和计算而来[①]。Bidirectional LSTM 网络通过引入前向层（forward）和后向层（backward）这两个并行层，对 LSTM 模型进行扩展，使得该模型可以利用上、下文的信息进行序列标注。输出的第 i^{th} 各单词 word 可以表示为：

$$h_i = [\vec{h}_i \oplus \overleftarrow{h}_i] \tag{12-15}$$

这里，我们使用元素和将正向和反向输出进行结合。

3）Attention 机制

注意力神经网络最近被广泛应用于问题回答、机器翻译[②]、语音识别[③]和图像识别等过程中，并取得很多重要成果。本研究根据注意力机制用于实

① Graves A, Mohamed A R, Hinton G. Speech Recognition with Deep Recurrent Neural Networks [C]. 2013 IEEE International Conference on Acoustics, Speech and Signal Processing. IEEE, 2013.

② Hermann K M, Kočiský, Tomáš, Grefenstette E, et al. Teaching machines to read and comprehend [J]. 2015. In advances in Neural Information Processing Systems, pages 1684-1692.

③ Chorowski J, Bahdanau D, Serdyuk D, et al. Attention-based models for speech recognition [J]. Computer Science, 2015, 10 (4): 429-439.

体关系分类和识别。将 LSTM 层的输出向量设置为 H，$H =$ $[h_1, h_2, \cdots, h_T]$，其中 T 表示句子的长度，句子的表示形式是这些输出向量的加权和：

$$M = \tanh(H) \tag{12-16}$$

$$\sigma = \text{soft max}(w^T M) \tag{12-17}$$

$$r = H\alpha^T \tag{12-18}$$

当 $H \in R^{d^w \times T}$，d^w 是词向量，w 是一个经过训练的参数向量，w^T 是转置向量。w，α，r 分别是 d^w，T，d^w 的维度。最终，我们将句子对的实体关系分类表示为：

$$h^* = \tanh(r) \tag{12-19}$$

4）实体关系分类（classifying）

使用 softmax 分类器来预测句子 S 中离散的集合 Y 的标签 $\hat{y}$。分类器将隐藏层 h^* 作为输入：

$$\hat{p}(y|S) = \text{softmax}(W^{(S)} h^* + b^{(S)}) \tag{12-20}$$

$$\hat{y} = \arg \max_y \hat{p}(y|S) \tag{12-21}$$

成本函数是真实类标签 $\hat{y}$ 的负对数可能性：

$$J(\theta) = -\frac{1}{m} \sum_{i=1}^{m} t_i \log(y_i) + \lambda \parallel \theta \parallel_F^2 \tag{12-22}$$

其中，$t \in \Re^m$ 为热代表地面真值，$y \in \Re^m$ 是通过 softmax 分类器为每个类估算出的概率（m 是目标数量的类别），λ 是二级正规化超参数。本研究中，我们将 dropout① 与二级正规化超参数相结合以减少过拟合。

（3）知识抽取结果分析

首先，手工标注 200 篇摘要（共计 3718 个句子，43 211 个词），标注为三种形式：B-S（实体开始单词）、B-I（和上一个单词共同构成实体）和 O（非实体）。然后，基于 BiLSTM-CRF 模型抽取 241 025 篇文献摘要（包含

----

① Hinton G E, Srivastava N, Krizhevsky A, et al. Improving neural networks by preventing co-adaptation of feature detectors [J]. Computer Science, 2012, 3 (4)：212-223.

2 679 252个句子）中的实体，抽取结果如表12-4所示。

表 12-4　　　　　　　　　　　句子中的实体数量

实体数	0 或 1	2	3	4	其他	共计
句子数	1 087 629	443 982	412 270	255 209	480 162	2 679 252

　　根据上表可以看出，包含0或1个实体的句子有1 087 629个，实体数为2的句子有443 982个，实体数为3的句子有412 270个，实体数为4及以上的有735 312个。由于关系存在于两个实体之间，故实体数为0或1的句子无须考虑；实体数为2的句子有443 982个，可以直接输入到Att-BiLSTM模型中进行关系抽取；实体数为3的句子有412 270个，可以通过对实体进行相似度计算，将其划分为两个实体对，然后输入Att-BiLSTM模型中进行关系抽取。例如：句子"Hypertension and insomnia are common diseases in the elderly."可以抽取出｛Hypertension，insomnia，diseases｝三个实体，通过相似度计算可以得到｛Hypertension，insomnia｝相似度更高，从而可以将其划分为｛Hypertension，diseases｝和｛insomnia，diseases｝两个实体对。相似度无法很好区分的实体则不做计算；另外，实体数为4个及以上的句子中，由于实体间关系比较混乱，通过Att-BiLSTM模型抽取出的实体关系中含有更多噪声，在本研究中暂不做考虑。最终得到<实体1><关系/属性><实体2>三元组，部分三元组如表12-5所示。

表 12-5　　　　　　　　　　抽取出的部分三元组

实体 1	关系/属性	实体 2
insomnia	TAG	referral hypertension
insomnia	Incidence-group	patient
hypertension	TAG	metabolic syndrome

续表

实体 1	关系/属性	实体 2
diabetes	Incidence-group	Chronickidney disease
ambulatory BP	monitoring	Diagnostic-condition
white matterlesions	lacunar infarcts	Indication
proteinuria	Renalinflammation	Remarks
captopril	Indication	organ damage
diabetes	Incidence-group	mellitus
Participants	Bodycomposition	Symptom
renal biopsy	Cause-effect	Malignanthypertensive
maintenance therapy	Indication	recurrentovarian cancer
nebivolol treatment	benefit	Incidence-group
microarray	quantitative PCR analyses	Prevention
Cardiovascular disease	theelderly	Indication
hypertension	treatment	Replace
systolic bloodpressure	girl	Prevention
treatment	patient	Symptom
……	……	……

经过上述方法抽取的知识实体关系之间有概率重复，需要将重复和冗余的三元组进行删除。另外，虽然上述方法较为严密，但依然难以保证所有的知识均为有效知识，需要通过人工构建规则进行筛查，将无用或错误的知识进行删除。最终得到 169 184 个实体，337 984 个关系，即 337 984 个三元组。

将所得的三元组处理为所需的形式后保存为 csv 文件，将 csv 文件存入图数据库 Neo4j 中。查询 3000 条、5000 条和 8000 条实体关系所对应的高血压知识图谱分别如图 12-13 所示。

 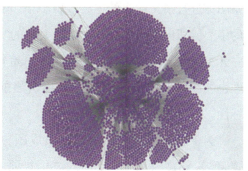

（a）查询3000条关系所得图谱　　　　　（b）查询5000条关系所得图谱

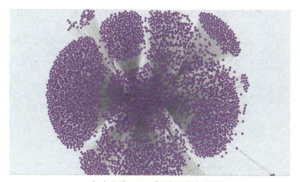

（c）查询8000条关系所得图谱

图 12-13　高血压医学文献中的实体-关系图谱

根据图 12-13 可以看出，三元组之间通过相互作用形成了具有一定网络结构的实体-关系图谱，这些三元组通过相同词构成团状数据。随着查询的关系越多，实体-关系图谱中的节点越密集，形成的图谱也越复杂。为了进一步了解三元组之间的关系，需要对该实体-关系图谱进行主题内容挖掘和语义标注。

（4）实体-关系图谱语义标注

语义标注是指通过语义元数据为网络资源添加语义信息和语义关联的过

程，使得机器可对资源进行明确识别并进行深层次理解和处理。对实体-关系图谱进行语义标注的主要步骤如下：①识别出实体-关系图谱中团状数据的中心，即出现频率最高（度最大）的实体及其对应的三元组；②找到这些三元组所匹配的原始句子，将所有原始句子使用 LDA 主题模型进行主题抽取；③在抽取的主题中人工筛选出最能概括这些数据的主题，进行语义标注。

为保证选取的三元组能够形成团，我们选择三元组的<实体 1>中出现频率最高（度最大）的 24 个词 {insomnia, medicine, ambulatory, monitoring, borderline, FMD, damage, stage, proteinuria, captopril, serum, creatinine, urea, duration, infection, markers, cardiovascular diseases, BNP level, sensitivity, curve, white matter, lacunar, infarcts, blood pressure} 作为初始节点；然后，以这些节点查找所有与之相连的下一步节点；最终共获得 3000 个三元组。查找这些三元组对应的原始句子，部分句子格式如图 12-14 所示。

```
insomnia⟨E⟩hypertension⟨E⟩and frequent insomnia were associated withincreased hypertension (OR 1
insomnia⟨E⟩depressive symptoms⟨E⟩insomnia and depressive symptoms
insomnia⟨E⟩subsequent⟨E⟩whereas patients with insomnia hada 13% increased risk of subsequent CKD (95% CI = 1
insomnia⟨E⟩symptoms⟨E⟩Chronic insomnia was defined basedon standard diagnostic criteria with symptoms lasting ⟩/=6 months
insomnia⟨E⟩obesity⟨E⟩or insomnia was associated with even higherodds of obesity
insomnia⟨E⟩chronicdiseases⟨E⟩Several studies have evaluatedthe association between chronic insomnia and the development of other chronicdiseases
insomnia⟨E⟩sleep quality⟨E⟩insomnia and poor sleep quality
insomnia⟨E⟩remit', '⟩Chronic insomnia is unlikely to spontaneously remit
insomnia⟨E⟩GISwere⟨E⟩insomnia and GISwere reduced significantly
insomnia⟨E⟩AIS⟨E⟩8% presented insomnia according to the AIS (scores 6 ormore)']
insomnia⟨E⟩insomnia⟨E⟩Chronic insomnia was defined as acomplaint of insomnia lasting ⟩/=1 year
insomnia⟨E⟩physician⟨E⟩the following were clarified: many workers with insomnia do notspontaneously consult a physician
insomnia⟨E⟩nested⟨E⟩Weassessed the factors contributing to insomnia by using a nested case-controldesign
insomnia⟨E⟩awakenings⟨E⟩insomnia with frequent awakenings
```

图 12-14　三元组对应的部分原始句子

对这些句子进行分词、去停用词、词形规范化处理，并将其保存为 txt 格式。然后将这些经过预处理的句子输入到 LDA 主题模型中，挖掘这些句子中的潜在主题。最终得到的 24 个团、每个团形成的 2 个潜在主题、最能代表主题的 3 个词语，如表 12-6 所示。

表 12-6   每个团对应的潜在主题和主题词

Insomnia		medicine		ambulatory		monitoring	
Topic 1	Topic 2	Topic 1	Topic 2	Topic 1	Topic 2	Topic 1	Topic 2
insomnia	insomnia	medicin	medicin	ambulatori	# bp	monitor	monitor
chronic	depress	hypertens	clinic	# bp	ambulatori	patient	#bp
symptom	sleep	use	use	monitor	monitor	hour	ambulatori
borderline		FMD		damage		stage	
Topic1	Topic2	Topic1	Topic2	Topic1	Topic2	Topic1	Topic2
borderlin	borderlin	fmd	fmd	damag	damag	stage	stage
hypertens	hypertens	arteri	clinic	hypertens	patient	diseas	hypertens
factor	patient	use	group	organ	organ	patient	ambulatori
proteinuria		captopril		serum		creatinine	
Topic1	Topic2	Topic1	Topic2	Topic1	Topic2	Topic1	Topic2
symptom	proteinuria	captopril	captopril	serum	serum	creatinin	creatinin
hypertens	renal	mg	enalapril	level	concentr	clearanc	level
proteinuria	mg	patient	administr	creatinin	level	min	clearanc
urea		duration		infection		markers	
Topic1	Topic2	Topic1	Topic2	Topic1	Topic2	Topic1	Topic2
urea	urea	durat	durat	infect	infect	marker	marker
hypertens	renal	hypertens	sleep	level	pregnanc	stress	risk
transport	blood	diabet	associ	case	patient	oxid	inflamm
cardiovascular diseases		BNP level		sensitivity		creatinine	
Topic1	Topic2	Topic1	Topic2	Topic1	Topic2	Topic1	Topic2
cardiovasc	diseas	captopril	bnp	sensit	sensit	curv	curv
diseas	cardiovasc	asensit	level	chang	specif	area	area
hypertens	associ	level	patient	chang	level	min	pressur

续表

white matter		lacunar		infarcts		blood pressure	
Topic1	Topic2	Topic1	Topic2	Topic1	Topic2	Topic1	Topic2
white	white	lacunar	lacunarstr	infarct	infarct	blood	pressure
matterles	matter	infarct	non	women	patient	pressure	blood
watersh	matterles	atheroth	lacunar	dwi	multipl	#bp	control

从上表中可以看出，每个团生成的两个潜在主题及代表主题的主题词之间的相似度都很高，说明成团的效果很好，每个团中的主题都很明确。例如团 Insomnia（失眠）中，生成的两个潜在主题中包含的主题词主要有 chronic（慢性）、symptom（症状）、depress（压迫）、和 sleep（睡眠），这些词表达的意思比较相近；在团 medicine（药物）中，生成的两个潜在主题中包含的主题词主要有 hypertension（高血压）、use（使用）和 clinic（临床）……以此类推，在抽取的主题中人工筛选出最能概括这些团的主题的词，进行语义标注。最终得到经过标注的高血压实体-关系图谱如图 12-15 所示。

12.4.2 实体-关系图谱中的主题抽取

在高血压领域实体-关系图谱中，由于所有的数据都是围绕高血压 hypertension 展开的，将所有数据进行主题挖掘可以得到置信度最高的主题为高血压。因此，本研究将以高血压 hypertension 为根节点，进一步挖掘其下一层节点所对应原始句子的主题，逐层迭代，直至覆盖所有数据；然后将其以统一的知识表示方式-基于本体的知识表示方式进行表示。

首先在高血压领域实体-关系图谱中查找与实体高血压"hypertension"关联的节点所形成的三元组，最终共找到6453个，部分节点如表 12-7 所示。

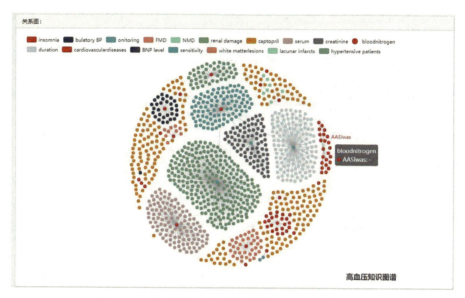

图 12-15 经过语义标注的部分高血压实体-关系图谱

表 12-7 **与实体"hypertension"关联的节点**

节点 1	节点 2	节点 3	节点 4	节点 5	节点 6	节点 7
insomnia	Metabolic syndrome	patients	China	pregnancy	hypertension	Cardiovascular disease
节点 8	节点 9	节点 10	节点 11	节点 12	节点 13	节点 14
treatment	status	diseases	HTN	CKD	diabetes	hyperuricemia
……	……	……	……	……	……	……

　　然后，通过关联节点匹配原始生物医学文献中对应的句子，共找到 6 453 个句子，部分句子如图 12-16 所示。

　　将这些句子输入到 LDA 主题模型中，挖掘这些句子的潜在主题；然后，继续查找第二层节点匹配的句子，挖掘其潜在主题；依次迭代，直至覆盖所有句子。在本研究的数据中，经过三次迭代就覆盖了所有数据。将主题个数设置为 2，主题词个数设置为 10，输出的主题结果如表 12-8 所示。

```
hypertension<E>insomnia<E>it may affect both hypertension and insomnia at the same time
hypertension<E>metabolic syndrome<E>hypertension and metabolic syndrome
hypertension<E>patients<E>A significant change has beenshown recently on the prevalence rates of hypertension patients
hypertension<E>China<E>BACKGROUND: The incidence of hypertension in China is high
hypertension<E>pregnancy<E>hypertension during pregnancy
hypertension<E>hypertency<E>We usedbaseline hypertension and newly diagnosed hypertension during the 10-yearfollow-up period as the outcome variable
hypertension<E>cardiovascular diseases<E>BACKGROUND/AIMS: Angiotensin II (Ang II)-mediated hypertension is a major riskfactor for cardiovascular diseases
hypertension<E>age<E>The prevalence of hypertension is knownto increase with age
hypertension<E>status<E>To examine trends inyouth hypertension and the impact of the new guideline on classification ofhypertension status
hypertension<E>diseases<E>This system is expected to be useful for clinicalmonitoring of hypertension diseases
hypertension<E>hyperuricemia<E>we aimed to evaluate the effect of mangiferin onalleviating hypertension induced by hyperuricemia
hypertension<E>(HTN)<E>including hypertension (HTN)
hypertension<E>CKD<E>Age andcomorbidity of hypertension were the most important risk factors for CKD
hypertension<E>diabetes<E>hypertension and diabetes
hypertension<E>treatment<E>especially the newclassifications of hypertension and the general reduction in treatment targetswere discussed worldwide
```

图 12-16 关联节点匹配的句子

表 12-8 挖掘出的三层潜在主题

第一层主题		第二层主题		第三层主题	
Topic1	Topic2	Topic1	Topic2	Topic1	Topic2
hypertension	patient	arteries	serum	hypertension	patient
disease	prevention	medicine	pressure	rat	effect
renal	control	drug	rat	patient	arteries
patient	risk	kidney	group	plasma	treatment
essential	diabetes	risk	urin	level	renal
rat	treatment	vascular	treatment	subject	therapi
chronic	age	cardiac	diastol	sodium	drug
salt	pressure	treatment	cholesterol	systol	antihypertens
sodium	pregnant	antihypertens	concentr	control	cardiac
case	women	therapi	creatinin	diastol	response

通过人工对这些主题进行分析和归纳，最终将高血压 hypertension 的第一层主题归纳 Diagnosis（诊断）、Related disease（相关疾病）、Related description（相关描述）、Pathogeny（病因）、Prevention（预防）、Research（疾病研究）、Patient（患者）、Medical resource（医疗资源）等。进一步，将第一层获得的主题进行细分，比如说 Diagnosis（诊断）中包含 Blood Pressure（血压）监测、Related disease（相关疾病）中包含 Coronary artery disease（冠心病）等。以此类推，逐步将各层主题进行细分和完善。

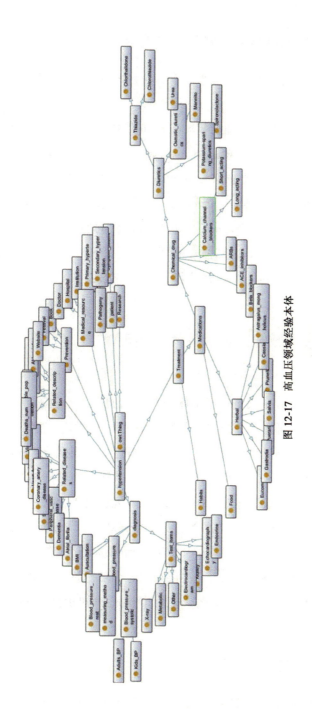

图 12-17 高血压领域经验本体

335

12.4.3 高血压领域经验知识本体展示

本研究将获得的各层主题采用本体的方式进行表示，最终形成的高血压领域经验知识本体 EO 如图 12-17 所示。

从图中可以看出，高血压领域经验知识本体 EO 主要包括高血压的诊断（Diagnosis）、相关疾病（Related disease）、相关描述（Related description）、病因（Pathogeny）、预防（Prevention）、疾病研究（Research）、患者（Patient）、医疗资源（Medical resource）等大类。每个大类再逐步细化，比如说高血压诊断方式（Diagnosis）包括对血压的监测（Blood pressure）、检查项目（Test items）等，高血压相关疾病（Related disease）包括冠心病（Coronary artery disease）、心力衰竭（Heart failure）等。

12.5 健康领域知识融合的具体实现

本研究以高血压领域顶层本体 TO 和高血压领域经验知识本体 EO 的合并和融合为例，研究多源异构智慧健康知识融合的实现过程。在此过程中，主要发生了两个层面的知识融合：一个是概念层知识融合，这种知识融合主要发生在实体、关系、属性等层面，例如将从医学文献中抽取出的三元组扩充到高血压领域顶层本体 TO 中，实现高血压领域概念的扩充；另外一个是语义层知识融合，这种知识融合主要发生在本体、知识图谱、知识库等层面，例如将高血压领域顶层本体 TO 和高血压领域经验知识本体 EO 进行融合等。概念层知识融合可以为语义层知识融合奠定基础，语义层知识融合是概念层知识融合的进一步深化。这两个层面的知识融合相互促进，互为补充。

12.5.1 本体选择和预处理

本体扩充和融合通常需要根据用户的需要和目的，以相关领域本体为研究对象，而且，待融合本体之间必须有相似的元素，能够进行实体匹配。在融合之前，通常需要根据相应的方法（例如专家调查法等）对本体进行评估。

由于本体是根据不同来源的数据构建的，在进行本体融合之前，需要进行本体预处理。本体预处理是指将概念数据庞大、概念关系复杂的大规模本体进行分块，并将要进行对齐的两个本体调整为统一格式，将本体中的词汇进行规范化处理的过程。例如，将 TO 本体和 EO 本体中描述相同实体的不同标签表述为同一种形式，将不同本体中实体的 IRI 调成相同格式等。本体预处理可以是自己手工进行的，也可以利用比较通用的本体编辑器进行。

由于本研究选择的高血压领域顶层本体 TO 和高血压领域经验知识本体 EO 都是根据人机协作、半自动化构建而成，本体的数据量和结构比较好控制，因此，本研究的本体预处理工作可以手工进行，也可以利用通用的本体编辑器 Protégé 进行，在进行本体融合的时候也相对比较简单。

12.5.2 高血压领域知识融合实现

为了合并两个本体，需要进行以下几个步骤：①确认是否等价实例；②确认是否等价类/子类；③确认是否等价属性/子属性；④将相同的实体进行合并，相似的实体进行链接，以实现本体和领域知识的扩充。一个简单的本体合并和融合实例如图 12-18 所示。

图中，为了实现本体 1 和本体 2 的合并和融合，首先要解决中、英文语言体系结构的问题，将不同语种进行翻译，实现跨语言的知识融合；其次，要确定是否存在等价实体，将具有"same as"关系的实体进行对比，此过程中涉及实体相似度计算的问题；再次，要确定是否等价类/子类、等价属性/子属性，将具有"is a""has a"关系的类和属性进行属性相似度计算；最后，将相同的实体进行合并，不同却相似的实体进行链接，以实现本体和领域知识的扩充和融合，减少知识的冗余，增强知识的可重用性。

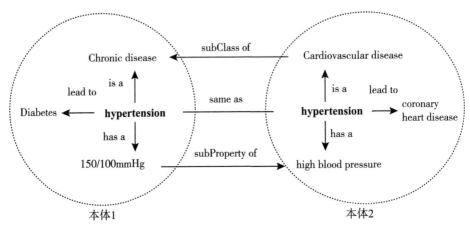

图 12-18　一个简单的本体合并和融合实例

（1）高血压领域顶层本体扩充

高血压领域顶层本体 TO 是关于高血压的医学概念和概念间关系的术语集合，将从生物医学文献中抽取出的智慧健康知识融合、扩充到高血压领域顶层本体中，一方面可以减少知识的重复冗余，推进新知识的发现与产生；另一方面可以进行领域顶层本体的扩充，实现领域知识的重用和应用范围的拓展。在此过程中，需要重点关注高血压领域知识的实体融合、属性融合和关系融合。

在实体融合方面，从生物医学文献中抽取出的实体与 TO 本体中的实体存在两种可能的关系：一种是 TO 本体中存在与该实体映射的实体，即相同或者等价实体，此时只需要找到其映射的实体，将其链接到已有 TO 本体中；另一种是 TO 本体中不存在与该实体映射的实体，这就需要对该实体进行分类标注，然后根据已有知识库的分类标准将实体扩展到 TO 本体中。例如，从生物医学文献中抽取出的实体"hypertension"，在 TO 本体中可以找到与之对应的实体"hypertension"，因此，可将该实体链接到 TO 本体中；而实体"Diagnosis"，在本体 TO 中无法找到与之相同或等价的实体，因此，可将其进行分类标注，找到其对应的上一级分类体系"treatment"，再将其进行链接。

在属性融合方面，由于知识源的结构模式之间往往存在不同之处，特别是在知识概念的属性描述和定义上存在很大差异，包括互补性差异、矛盾性差异和异义性差异等。针对种种情况，通常需要通过计算实体属性的文本相似度和语义相似度来度量其是否为同一属性，然后再对其进行合并重组。例如 TO 本体中，高血压实体对象的属性为 ｛DOID，Name，Definition，Synonyms，Xrefs｝，而从生物医学文献中抽取的高血压实体对象的属性为"Definition，Diagnosis，Treatment……"此时就需要对属性描述进行标准化和归一化处理。

在关系融合方面，最关键的问题在于判断两个描述实体的关系是否表达同一种关系，是否包含关系。例如从生物医学文献中抽取出的实体"Coronary artery disease"与 TO 本体中的实体"Essential hypertension"有什么关系？这就需要通过对比描述关系的词汇之间的语义相似度来验证是否为相同关系和包含关系，从而对描述实体的关系进行语义理解。

（2）高血压领域本体融合

将高血压领域顶层本体 TO 和高血压领域经验知识本体 EO 进行融合。首先，需要对这两个本体进行分块和对齐，由于本研究选择的 TO 本体和 EO 本体都是根据人机协作的方式构建而成，本体数据量和结构比较容易控制，本体分块和本体对齐的工作可以在本体编辑器 Protégé 中进行；其次，需要对两个本体中的实体进行匹配和链接，最终经过融合之后的部分本体如图 12-19 所示。

从图 12-19 中可以看出，经过融合之后的高血压领域本体，概念体系更加全面，本体内容更加丰富，领域知识门类更加多样。初步可以将其分为六层，第一层主要包括高血压的 Diagnosis（诊断）、Related disease（相关疾病）、Related description（相关描述）、Pathogeny（病因）、Prevention（预

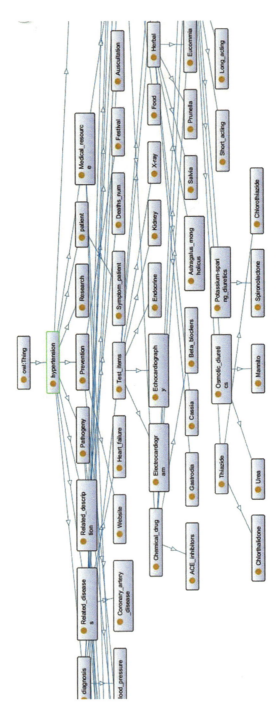

图 12-19　经过融合之后的部分高血压领域本体

防）、Research（疾病研究）、Patient（患者）、Medical resource（医疗资源）
等大类；第二层主要是对第一层类的进一步细化，比如说高血压诊断方式
（Diagnosis）包括对血压的监测（Blood pressure）、检查项目（Test items）
等，高血压相关疾病（Related disease）包括冠心病（Coronary artery
disease）、心力衰竭（Heart failure）等；第三层是对第二层的进一步细化，
比如说检查项目（Test items）又包括心电图（Electrocardigram）、超声扫描
仪（echocardiograph）、内分泌（endocrine）、肾（kidney）等。以此类推，
第四层是对第三层的进一步细化，第五层是对第四层的进一步细化，第六层
是对第五层的进一步细化。

12.6 面向用户需求的健康知识服务

构建智慧健康领域本体的目的是捕获相关领域的知识，提供对该领域知
识的共同理解。但是本体的使用者面向的是领域专家，普通公众对于本体的
应用比较困难。因此，本章将在智慧健康领域本体的基础上，填充从多源异
构健康信息资源中抽取出的知识资源，将其经过概念层知识融合和语义层知
识融合，形成可以解决具体领域问题的大规模语义知识库，即智慧健康领域
知识图谱，为用户提供智能化的智慧健康知识服务。智慧健康领域知识图谱
是一种基于图的海量知识管理技术体系与服务模式，它以语义网络为框架，
将智慧健康领域中琐碎、零散的知识点通过概念之间的语义关系相互连接，
从而形成巨型、网络化的、可以支持综合性知识检索、问答和可视化决策支
持等智能应用的知识系统。

12.6.1 用户需求与智慧健康知识资源匹配

在构建智慧健康领域知识图谱之前，最重要的问题是解决用户健康知识
需求与智慧健康知识资源匹配问题，进而实现根据用户的健康知识需求、用

户所处的情境模式，以及用户之间的关系来推荐用户感兴趣的知识、服务和产品，帮助用户构建智能化、个性化和多终端兼容的智慧健康知识服务平台。本研究遵循"用户需求挖掘—用户需求语义网络构建—需求与资源匹配—知识服务提供"的思路，提出了三条面向用户的智慧健康知识服务实现路径，如图 12-20 所示。

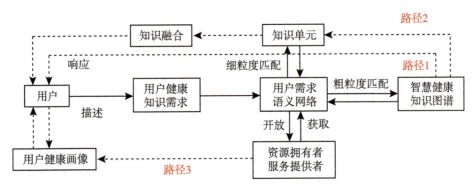

图 12-20　面向用户的智慧健康知识服务实现路径

路径 1 是将挖掘出的用户健康知识需求进行语义化表达，形成用户需求语义网络，从而实现与智慧健康知识图谱的粗粒度匹配，并直接通过基于本体知识库的对话式检索服务，向用户提供智慧健康知识服务；路径 2 是将用户需求语义信息与从智慧健康知识图谱中抽取出的知识单元进行细粒度匹配，对知识单元进行不同维度和切面的融合，向用户提供面向内容的、深层次的知识服务；路径 3 是研究如何向第三方资源拥有者和服务提供者开放需求信息的接口，允许经过授权的服务提供者对需求语义网络进行抓取，直接根据用户健康画像，对其提供相应的知识服务。实现这三条路径需要解决几个重要问题：①用户需求语义网络构建；②用户健康知识需求与知识资源粗粒度匹配；③用户健康知识需求与知识单元细粒度匹配。

（1）用户需求语义网络构建

在智慧健康知识服务中，为实现用户需求与知识服务在语义级别上的匹配，其中最关键的任务是将用户健康知识需求以机器可理解的形式化知识表示方式进行组织，构建用户需求语义网络①。目前，关于用户需求组织的研究主要集中在基于本体的用户需求建模、用户兴趣建模、基于用户实时搜索行为的需求建模等方面②。其中，用户兴趣建模和基于用户实时搜索行为的需求建模主要是通过对用户的兴趣和交互行为进行建模，描述用户在特定情境下相对稳定的个性化行为和知识需求，但是这种方式缺乏语义信息，在准确性上存在一定不足。基于本体的用户建模为用户提供了丰富的背景知识，弥补了传统用户模型语义信息不足、难以共享和重用的缺陷。

在用户需求语义网络构建过程中需要解决以下几个问题：①用户健康知识需求的定义与描述，构建用户需求模型时需要根据用户健康知识需求的特征，建立用户健康知识需求词表，同时定义需求之间的关系；而且需求语义网络构建是一个动态过程，需要在不断完善用户需求的基础上逐步修改、补充词表和关系结构。②用户健康知识需求的关联和分解，用户健康知识需求之间往往存在某些联系，将存在一定关系的用户健康知识需求关联起来能够帮助匹配服务器更快地获取与用户需求相匹配的知识资源；此外，对复杂的用户健康知识需求进行组织时，需要对其进行分解和简化以确保匹配服务器的工作效率。③用户需求发布过程中的协作、交流机制，包括各个环节之间的交流和通信协议，包括用户和需求之间、不同需求之间、匹配服务与需求节点之间的通信协议等。

（2）用户需求与知识资源粗粒度匹配

用户需求与知识资源粗粒度匹配是指将用户的健康知识需求直接与智慧健康知识图谱的基础架构进行匹配。在这种情况下，用户健康知识需求与智慧健康知识资源预先已经经过匹配和映射。用户可以通过基于本体知识库的

---

① 陈烨，赵一鸣. 一种新的用户需求组织方式：需求语义网络 [J]. 图书情报工作，2014（17）：125-130.

② 茆意宏. 面向用户需求的图书馆移动信息服务 [J]. 中国图书馆学报，2012（1）.

对话式检索服务，在对话框中输入自己的健康知识需求，后台知识库即可根据需求匹配相应资源，向用户提供所需要的智慧健康知识服务。这种服务方式比较方便快捷，但是需求和资源是提前映射的，用户只能通过提示输入指定的关键词获得相应的知识服务，用户的个性化知识需求受到限制。

（3）用户需求与知识单元细粒度匹配

用户需求与知识单元细粒度匹配是指将用户需求语义信息与从智慧健康知识图谱中抽取出的知识单元进行细粒度匹配，对知识单元进行不同维度和切面的融合，向用户提供面向内容的、深层次的知识服务。这种情况下，用户的健康知识需求和智慧健康知识资源以相同的体系结构进行表示，只要将用户健康知识需求中的某一实体关系与智慧健康知识资源中的相应实体关系进行匹配，即可获得自己想要的知识服务。用户可以输入的知识需求范围更加广泛，内容更加丰富，更能满足用户的个性化知识需求。

12.6.2 智慧健康领域知识图谱构建

智慧健康领域知识图谱的核心部件是智慧健康领域顶层本体所形成的语义网络，其中节点代表智慧健康领域概念，边代表智慧健康领域概念之间的语义关系，从多源异构智慧健康信息资源中抽取出领域概念的各种信息、医学文献的相关链接等可以对智慧健康领域知识图谱的内容进行填充和拓展。

构建智慧健康领域知识图谱主要有以下几个步骤：①设计完善智慧健康领域顶层本体，形成业界公认的技术规范；②构建智慧健康领域基础词库和语义网络，作为智慧健康领域知识图谱的骨架；③通过数据预处理、转换和装载程序，将已有的医学术语系统和数据库内容导入到智慧健康领域知识图谱中；④将从智慧健康领域相关的生物医学文献中抽取出的与疾病相关的实体、语义关系，以及临床表现、病因、治疗方案、药物、保健方法等知识填充到知识图谱中；⑤将智慧健康领域知识图谱进行可视化应用。

（1）智慧健康知识图谱基础架构

智慧健康知识图谱是一种基于图的知识表示与组织方法。它的核心部件是智慧健康领域顶层本体所形成的语义网络，其中节点代表智慧健康领域概念，边代表智慧健康领域概念之间的语义关系。智慧健康知识图谱在智慧健康领域顶层本体的基础上新增了来源于医学文献数据库中的知识内容，如领域概念、实体的各种解释信息，以及相关文献资源的链接数据等。根据智慧健康领域知识概念的特点和内涵，将用户健康知识需求与智慧健康领域知识进行粗粒度匹配，初步形成智慧健康领域知识图谱基础架构，如图 12-21 所示。该基础架构主要以疾病为中心，根据用户对疾病知识的发病原因、疾病症状、治疗手段、药物支持、诊断方式等健康知识的需求，在智慧健康领域顶层本体的基础上，进一步填充从多源异构智慧健康信息资源中抽取的知识资源构建而成。

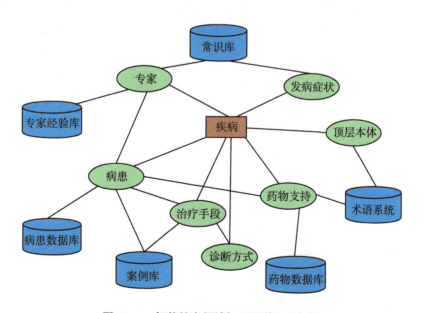

图 12-21　智慧健康领域知识图谱基础架构

（2）知识图谱构建技术和工具

本研究采用了图数据库等主流的互联网和语义技术进行智慧健康知识图谱的构建和维护。图数据库也可称为面向/基于图的数据库，起源于欧拉和图理论，其基本含义是以"图"的结构来存储和查询数据。图数据库的数据模型主要以节点和关系（边）来体现，也可处理节点上的属性（键值对）。与其他数据库相比，图数据库更擅长描述数据之间的关系，适合处理大量复杂、互连接、低结构化的数据，可以快速解决复杂的关系问题。目前，图数据库已经被广泛应用于社交网络、推荐系统等大规模关系网络和图数据的存储、管理和分析中[1]。

Neo4j 是目前最流行的图数据库，主要包含节点（Nodes）和关系（Relationships）这两种基本的数据类型。其中节点表示实体，边表示实体之间的关系，不同实体通过各种关系关联起来形成关系型网络结构，节点和边都包含 key/value 形式的属性。Neo4j 可以以网络图的形式全面展示智慧健康知识实体之间的关系，而且可以灵活扩展网络模型，有效克服传统关系数据库动态更新能力弱、无法有效处理数据间复杂关系的弊端[2]。因此，本研究将采用图数据库 Neo4j 对抽取的智慧健康知识进行存储。另外，可以采用 Jena、D2RQ 等工具，将知识图谱转为 RDF、OWL、JSON-LD 等格式，支持数据访问和 SPARQL 查询；同时，采用主流 Web 技术 Linux、PHP、Apache 等开发基于智慧健康知识图谱的智慧健康知识服务平台，用于知识检索与知识图谱展示。

（3）智慧健康知识图谱基础展示

初步构建的智慧健康知识服务平台如图 12-22 所示。在该知识服务平台中，主要包括疾病的发病原因、疾病症状、诊断方式、预防手段、病理生理

---

① 路莹，罗荣庆，王青春，等．基于图形数据库 Neo4 J 的合著网络研究与实践[J]．中华医学图书情报杂志，2016，25（4）．

② 路莹，罗荣庆，王青春，等．基于图形数据库 Neo4 J 的合著网络研究与实践[J]．中华医学图书情报杂志，2016，25（4）．

学基础、疾病日常管理等模块。各个模块中包含疾病相关的各种医疗保健常识，可为用户提供相应的知识服务。

图 12-22　智慧健康知识服务平台基础界面

将智慧健康知识图谱嵌入在智慧健康知识服务平台中，可以得到更广泛的应用，如图 12-23 所示。智慧健康知识图谱可将知识通过可视化语义图的方式进行展示，更加形象、直观地表达领域概念之间的关联。用户可以在该平台中进行知识检索、知识问答、知识浏览和知识分析，辅助智能化的智慧健康知识服务。

12.6.3　智慧健康领域知识图谱应用

构建智慧健康领域知识图谱的作用主要包含以下几个方面：①对智慧健康知识体系进行系统梳理、建模和展示，帮助医学专家和普通公众厘清学术发展脉络，浏览健康保健相关知识，发现知识点之间的联系；②以图形可视化方式展示智慧健康领域核心概念之间的关系，有助于知识资源的关联与整合，解决数据孤岛问题；③可将其嵌入智慧健康知识服务平台中，支持知识

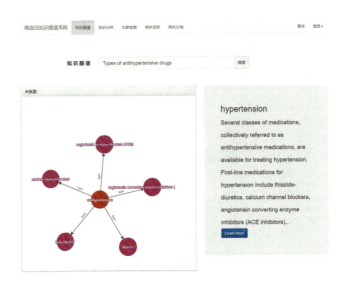

图 12-23　智慧健康知识图谱基础展示

检索、知识问答、知识浏览和知识分析，辅助智能化的知识服务；④有助于梳理相关疾病领域的重要专家、病患的基本特征，以及疾病的治疗方案、药物使用情况等，帮助用户进行决策。智慧健康领域知识图谱的应用主要体现在以下 3 个方面。

（1）知识可视化

构建智慧健康知识图谱的首要目的是对智慧健康知识体系进行系统梳理、建模和可视化展示。智慧健康知识图谱可以形象展示智慧健康领域核心概念之间的关联关系，快速呈现知识的结构和相关性，增强知识资源间的连通性。同时，智慧健康知识服务平台为用户提供了统一的图形接口，用户可以通过图形交互的方式，在概念层次上浏览健康保健知识，发现知识概念间的潜在联系，对智慧健康领域的知识体系进行快速了解和全面把控。与阅读文献等手段相比，知识图谱可以节约知识浏览时间，提高知识服务效率。医学领域专家和普通公众可以通过智慧健康知识图谱厘清学术发展脉络，浏览健康保健相关知识，发现知识点之间的联系。

（2）知识检索

现有健康信息资源服务平台中普遍存在知识量大、术语系统复杂、表述模糊、难以准确检索等问题。将智慧健康知识图谱嵌入智慧健康知识服务平台中，可实现基于语义的精准精索，解决传统搜索中遇到的关键字语义多样性及语义消歧的难题。用户可以通过交互的方式，在该智慧健康知识服务平台中输入自己想要查询的健康知识，或者选择其中某个概念开始查询或搜索；后台通过将用户需求与智慧健康信息资源进行匹配，最终将查询结果反馈给用户。这种方式能够快速呈现知识的结构和相关性，支持用户在概念层次上浏览知识资源，与阅读文献等手段相比，可以节约知识检索和获取的时间。另外，可以在检索中加入"领域逻辑"，嵌入知识卡片，直接给出实体的知识、图片和语义关系，也可以通过实体链接实现知识与文档的混合检索。在此过程中需要解决自然语言的表达多样性问题、自然语言的歧义问题。

（3）知识推荐

构建智慧健康知识图谱的另一个重要目的是能够快速满足用户的健康知识需求，为用户自动提供智慧健康知识服务。在此过程中，最终要的过程就是将用户健康知识需求与智慧健康知识图谱中的概念之间的关联关系进行匹配和映射，根据用户的兴趣和行为来匹配用户需求。在用户进行临床决策时，可以基于智慧健康知识图谱找到与用户当前所研究的症状、征候、方剂和病例相关的医案、指南和知识库内容，辅助用户进行决策。例如，根据用户的"疾病状态"、年龄、病程等，为用户推荐相应的疾病保健知识；在"疾病"和"药物"之间建立"治疗"关系，当用户输入疾病信息时，即为其推荐相关药物和治疗手段等。根据用户的健康画像和需求画像自动为其推荐相应的智慧健康知识，真正实现"智慧医疗"。

参 考 文 献

［1］ CCF 大数据专家委员会. 2015 年大数据发展趋势预测 ［J］. 中国计算机
学会通讯, 2015, 11 (1)：48-52.

［2］ CCF 大数据专家委员会. 中国大数据技术与产业发展白皮书 ［R］. 中国
计算机学会, 2013.

［3］ CSDN 大数据. 为什么英国在开放数据方面领先世界, 而俄罗斯却垫底?
［EB/OL］. ［2019-07-15］. http：//mp. weixin. qq. com/s? _biz = MzA4Mzc0
NjkwNA == &mid = 205940668&idx = 1&sn = c029e9a3256e10519700415
e66736f75&scene = 5.

［4］ CSDN 大数据. 未来五年, 大数据将与云计算更加融合 ［EB/OL］.
［2019-07-15］. http：//mp. weixin. qq. com/s? _biz = MzA4Mzc0 NjkwNA ==
&mid = 206034131&idx = 3&sn = b262.

［5］ Hill L, Buchel O, Janee G, 等. 在数字图书馆结构中融入知识组织系统
［J］. 现代图书情报技术, 2004 (1)：4-8.

［6］ ITeye. 大数据时代的 9 大 Key-Value 存储数据库 ［EB/OL］. ［2019-07-15］.
http：//www. iteye. com/news/27628.

［7］ Miles A, Matthews B, Wilson M, 等. SKOSCore：简约知识组织网络表述
语言 ［J］. 现代图书情报技术, 2006 (1)：3-9.

［8］ Tony Hey, Stewart Tansley, Kristin Tolle. 第四范式：数据密集型科学发现
［M］. 潘教峰, 张晓林等译. 北京：科学出版社, 2012：1.

［9］巴志超，李纲，安璐，毛进．国家安全大数据综合信息集成：应用架构与实现路径［J］．中国软科学，2018（7）：9-20.

［10］白海燕，朱礼军．关联数据的自动关联构建研究［J］．现代图书情报技术，2010，26（2）：44-49.

［11］白海燕，王莉，梁冰．UMLS及其在智能检索中的应用［J］．现代图书情报术，2012（4）：1-9.

［12］百度百科．一淘网［EB/OL］.［2019-07-15］．http：//baike. baidu. com/link?url＝2w7NXOlkNiGfehQOIZ1kFKrcHicNAfgo3tqTboRmtw-JFD9ClCv MzK1 Wf6rPbjWlHK25vslWdZWFnUWz4gnaq_.

［13］百度百科：供给侧结构性改革［EB/OL］.https：//baike. baidu. com/item/供给侧结构性改革［2019-07-15］.

［14］百度百科："健康中国2030"规划纲要［EB/OL].https：//baike. baidu. com/item/"健康中国2030"规划纲要［2019-07-15］.

［15］比特网．大数据缺乏开放性需合作共赢创造价值［EB/OL］.［2019-07-15］. http：//cio. itxinwen. com/2014/0109/550883. shtml.

［16］卜书庆．中国分类主题一体化的网络化的知识组织系统［EB/OL］.［2019-07-15］. http：//168. 160. 16. 186/conference/dome＿ch/2012/downloads/pdf发言稿/卜书庆_中国分类主题一体化的网络化的知识组织系统. pdf.

［17］曹倩，赵一鸣．知识图谱的技术实现流程及相关应用［J］．情报理论与实践，2015，38（12）：127-132.

［18］曹树金，李洁娜，王志红．面向网络信息资源聚合搜索的细粒度聚合单元元数据研究［J］．中国图书馆学报，2017，43（4）：74-92.

［19］曹树金，马翠嫦．信息聚合概念的构成与聚合模式研究［J］．中国图书馆学报，2016，42（3）：4-19.

［20］常春．英文超级科技词表的编制及与《汉语主题词表》的映射［EB/OL］.［2019-07-15］. http：//168. 160. 16. 186/conference/dome＿ch/

2013_1/downloads/2013 知识组织与知识链接报告会 PPT/知识组织与知识链接会议常春-中信所 . pdf.

[21] 常平梅, 李冠宇, 张俊 . 基于本体集成的语义标注模型设计 [J]. 计算机工程与设计, 2010, 31 (5): 1125-1129.

[22] 常万军, 任广伟 . OWL 本体存储技术研究 [J]. 计算机工程与设计, 2011, 32 (8): 2893-2896.

[23] 陈翰 . 彩云阁: 基于用户模型的服务组合平台 [D]. 复旦大学, 2012.

[24] 陈兴蜀, 等. GB/T 37973-2019. 信息安全技术—大数据安全管理指南 [S].

[25] 陈烨, 赵一鸣 . 一种新的用户需求组织方式: 需求语义网络 [J]. 图书情报工作, 2014 (17): 125-130.

[26] 程显毅等 . 中文信息抽取原理及应用 [M]. 北京: 科学出版社, 2010.

[27] 大数据产业生态联盟 . 2019 中国大数据产业发展白皮书 [R]. 长沙: 大数据产业生态联盟, 2019.

[28] 董慧, 王超 . 本体应用可视化研究 [J]. 情报理论与实践, 2009 (12): 116-120.

[29] 段楠, 周明 . 智能问答 [M]. 北京: 高等教育出版社, 2018.

[30] 甘晓 . 李国杰院士: 大数据成为信息科技新关注点 [N]. 中国科学报, 2012-06-27.

[31] 宫夏屹, 李伯虎, 柴旭东, 谷牧 . 大数据平台技术综述 [J]. 系统仿真学报, 2014 (3): 489-496.

[32] 郭红梅, 张智雄 . 基于图挖掘的文本主题识别方法研究综述 [J]. 中国图书馆学报, 2015, 41 (6): 97-108.

[33] 韩红旗, 徐硕, 桂婕, 等 . 基于词性规则模版的术语层次关系抽取方法 [J]. 情报学报, 2013, 32 (7): 708-715.

[34] 郝伟学, 于剑, 周雪忠 . 本体对齐技术概述及其在中医领域的应用探讨 [J]. 世界科学技术-中医药现代化, 2017, 19 (1): 63-69.

[35] 贺德方，曾建勋．基于语义的馆藏资源深度聚合研究［J］.中国图书馆学报，2012，38（4）：79-87.

[36] 贺玲玉．基于关联数据的农业信息资源整合研究［D］.武汉：华中师范大学，2014.

[37] 胡昌平，张敏．数字信息资源组织的现代发展［A］// 信息资源管理研究进展［C］.武汉：武汉大学出版社，2010：1-32.

[38] 胡泽文，王效岳，白如江．基于 SUMO 和 WordNet 本体集成的文本分类模型研究［J］.现代图书情报技术，2011，27（1）：31-38.

[39] 欢迎来到雪球［EB/OL］. https：//xueqiu.com/about/company［2019-07-15］.

[40] 蒋勋，徐绪堪．面向知识服务的知识库逻辑结构模型［J］.图书与情报，2013，（6）：23-31.

[41] 赖雅，王润梅，徐德智．基于参考点的大规模本体分块与映射［J］.计算机应用研究，2013，30（2）：469-471.

[42] 李光达，常春，张峻峰，等．领域本体可视化构建研究［J］.情报杂志，2013，32（9）：171-174.

[43] 李国杰．安全和谐的人机物三元世界［EB/OL］.［2019-07-15］. http：//wenku.baidu.com/view/dbc72a0a6c85ec3a87c2c5fb.html.

[44] 李亚婷．知识聚合研究述评［J］.图书情报工作，2016，60（21）：128-136.

[45] 林海伦，王元卓，贾岩涛，等．面向网络大数据的知识融合方法综述［J］.计算机学报，2017（1）：1-27.

[46] 林鸿飞，杨元生．用户兴趣模型的表示和更新机制［J］.计算机研究与发展，2002，39（7）：843-847.

[47] 林泽斐，欧石燕．多特征融合的中文命名实体链接方法研究［J］.情报学报，2019（1）.

[48] 刘德寰．对大数据的九点思考［EB/OL］.［2019-07-15］. http：//

www. itongji. cn/article/051R0N2013. html.

[49] 刘炜，夏翠娟，张春景. 大数据与关联数据：正在到来的数据技术革命 [J]. 现代图书情报技术，2013，4：2-9.

[50] 路莹，罗荣庆，王青春，等. 基于图形数据库 Neo4J 的合著网络研究与实践 [J]. 中华医学图书情报杂志，2016，25（4）.

[51] 马费成，郝金星. 概念地图在知识表示和知识评价中的应用（I）——概念地图的基本内涵 [J]. 中国图书馆学报，2006，32（3）：5-9.

[52] 马费成，郝金星. 概念地图在知识表示和知识评价中的应用（II）——概念地图作为知识评价的工具及其研究框架 [J]. 中国图书馆学报，2006，32（4）：22-27.

[53] 马费成. 网络信息序化原理——Web 2.0 机制 [M]. 北京：科学出版社，2012.

[54] 马费成. 论情报学的基本原理及理论体系构建 [J]. 情报学报，2007，26（1）：3-13.

[55] 马费成，周利琴. 面向智慧健康的知识管理与服务 [J]. 中国图书馆学报，2018，44（5）：4-19.

[56] 马文峰，杜小勇. 关于知识组织体系的若干理论问题 [J]. 中国图书馆学报，2007，33（2）：13-17，46.

[57] 茆意宏. 面向用户需求的图书馆移动信息服务 [J]. 中国图书馆学报，2012（1）.

[58] 米杨，曹锦丹. 顶级本体统控的多本体语义标注实证研究 [J]. 现代图书情报技术，2012（9）：36-41.

[59] 芮娜. 当制造遇上大数据 [J/OL]. [2019-07-15]. 世界经理人，http：//www. ceconline. com/it/ma/8800073338/01/? pa_art_7.

[60] 赛迪顾问股份有限公司. 中国云计算产业发展白皮书 [R/OL]. [2019-07-15]. http：//tech. ccidnet. com/art/33955/20110121/2300207_1. html.

[61] 深圳大学图书馆 NKOS 研究室 [EB/OL]. [2019-07-15]. http：//

nkos. lib. szu. edu. cn.

[62] 沈志宏, 刘筱敏, 郭学兵等. 关联数据发布流程与关键问题——以科技文献、科学数据发布为例 [J]. 中国图书馆学报, 2013, 39 (204): 53-62.

[63] 司莉. 知识组织系统的互操作及其实现 [J]. 现代图书情报技术, 2007 (3): 29-34.

[64] 搜狗百科. 搜狗知立方 [EB/OL]. [2019-07-15]. http://baike. sogou. com/v66616234. htm.

[65] 搜狐 IT. 中央政治局第九次集体学习李彦宏讲解大数据 [EB/OL]. [2019-07-15]. http://it. sohu. com/20131002/n387577695. shtml.

[66] 孙大为, 张广艳, 郑纬民. 大数据流式计算: 关键技术及系统实例 [J]. 软件学报, 2014, 25 (4): 839-862.

[67] 孙坦, 刘峥. 面向外文科技文献信息的知识组织体系建设思路 [J]. 图书与情报, 2013 (1): 2-7.

[68] 索传军. 网络信息资源组织研究的新视角 [J]. 图书情报工作, 2013, 57 (7): 5-12.

[69] 唐晓波, 魏巍. 知识融合: 大数据时代知识服务的增长点 [J]. 图书馆学研究, 2015 (5): 9-14.

[70] 王昊奋, 邵浩, 等. 自然语言处理实践: 聊天机器人技术原理与应用 [M]. 北京: 电子工业出版社, 2019.

[71] 王海良, 李卓桓, 林旭鸣, 等. 智能问答与深度学习 [M]. 北京: 电子工业出版社, 2019.

[72] 王军, 卜书庆. 网络环境下知识组织规范研究与设计 [J]. 中国图书馆学报, 2012, 38 (3): 39-45.

[73] 王凌阳, 陈钦况, 寿黎但, 陈珂. 多源异构数据的实体匹配方法研究 [J/OL]. 计算机工程与应用. http://kns. cnki. net/kcms/detail/11. 2127. tp. 20181227. 1753. 034. html.

［74］ 王萌．大数据生态地图 3.0 版出炉［EB/OL］．［2019-07-15］．http：//
www. ctocio. com/ccnews/15578. html.

［75］ 王薇．基于关联数据的图书馆数字资源语义融合研究［D］.南京：南
京大学，2013.

［76］ 王雯，徐焕良．基于本体驱动的叙词表词间关系可视化系统的研究与
实现［J］.图书情报工作，2009，53（10）：121-125.

［77］ 王晓光，徐雷，李纲．敦煌壁画数字图像语义描述方法研究［J］.中国
图书馆学报，2014，40（209）：50-59.

［78］ 王知津，王璇，马婧．论知识组织的十大原则［J］.国家图书馆学刊，
2012，21（4）：3-11.

［79］ 维克托·迈尔-舍恩伯格，肯尼思·库克耶．大数据时代［M］.盛杨
燕，周涛，译．杭州：浙江人民出版社，2013：10-12.

［80］ 文庭孝，罗贤春，刘晓英，等．知识单元研究述评［J］.中国图书馆学
报，2011，37（5）：75-86.

［81］ 肖仰华．知识图谱：概念与技术［M］.北京：电子工业出版社，2020.

［82］ 吴瑞．基于模糊模拟的加权偏爱浏览模式的挖掘［J］.计算机工程与
应用，2007，43（11）：135-137.

［83］ 谢铭．关联数据和知识表示的自动语义标注技术［D］.武汉：武汉大
学，2012.

［84］ 徐振宁，张维明．基于 Ontology 的智能信息检索［J］.计算机科学，
2001，28（6）：21-26.

［85］ 雪球［EB/OL］．https：//xueqiu. com［2019-07-15］.

［86］ 雪球财经创始人方三文：雪球是如何滚起来的［EB/OL］．http：//
www. pingwest. com/xueqiucaijing［2019-07-15］.

［87］ 叶继元．信息组织［M］.北京：电子工业出版社，2010：399.

［88］ 张坤．面向知识图谱的搜索技术（搜狗）［EB/OL］．［2019-07-15］.
http：//www. cipsc. org. cn/kg1/.

[89] 张运良. 汉语科技词系统的建设和改进 [EB/OL]. [2019-07-15]. http：//168. 160. 16. 186/conference/dome_ch/2012/downloads/pdf 发言稿/张运良_汉语科技词系统的建设和改进 . pdf.

[90] 赵鑫. 刍议搜索引擎中知识图谱技术 [J]. 辽宁行政学院学报, 2014, 16 (10)：150-151.

[91] 钟翠娇. 网络信息语义组织及检索研究 [J]. 图书馆学研究, 2010, (17)：68-71, 75.

[92] 钟秀琴, 刘忠, 丁盘苹. 基于混合推理的知识库的构建及其应用研究 [J]. 计算机学报, 2012, 35 (4)：761-766.

[93] 朱礼军, 乔晓东, 张运良. 汉语科技词系统建设实践——以新能源汽车领域为例 [J]. 情报学报, 2010, 29 (4)：723-731.

[94] 曾建勋, 常春, 吴雯娜, 等. 网络环境下新型《汉语主题词表》的构建 [J]. 中国图书馆学报, 2011 (4)：43-49.

[95] 赵军. 知识图谱 [M]. 北京：高等教育出版社, 2018.

[96] 曾新红, 蔡庆河, 曾汉龙, 等. 中文叙词表本体可视化群组布局算法研究与实现 [J]. 现代图书情报技术, 2012 (10)：8-15.

[97] 赵蓉英, 张心源. 大数据环境对知识融合的影响研究 [J]. 情报学报, 2017, 36 (9)：878-885.

[98] 郑诚, 吴文岫, 代宁. 融合 BTM 主题特征的短文本分类方法 [J]. 计算机工程与应用, 2016, 52 (13)：95-100.

[99] 周利琴. 面向智慧健康的多源异构知识融合研究 [D]. 武汉：武汉大学, 2019.

[100] 周利琴, 巴志超, 徐健. 慢病知识网络的层级结构与内部关联方法研究-以高血压为例 [J]. 情报理论与实践, 2018, 41 (8)：108-114.

[101] 周利琴, 范昊, 潘建鹏. 基于知识融合过程的大数据知识服务框架研究 [J]. 图书馆学研究, 2017 (21)：53-59.

[102] 周利琴, 范昊, 潘建鹏. 网络大数据中的知识融合框架研究 [J]. 情

报杂志，2018（1）：145-150.

[103] 周利琴，徐健，巴志超，张斌. 基于 SNA 和 DMR 的慢病社群探测与主题演化趋势研究——以高血压为例［J］. 图书情报工作，2018，62（13）：82-91.

[104] 周涛，程学旗，陈宝权. CCF 大专委 2020 年大数据发展趋势预测［J］. 大数据，2020，1，119-123.

[105] 3 Round Stones. Linking enterprise data［EB/OL］.［2019-07-15］. http：//3roundstones. com/linking-enterprise-data/.

[106] Adams T. Google and the future of search：Amit Singhal and the Knowledge Graph［EB/OL］.［2019-07-15］. http：//www. theguardian. com/technology/2013/jan/19/google-search-knowledge-graph-singhal-interview.

[107] Adomavicius G, Tuzhilin A. Using data mining methods to build customer profiles［J］. IEEE Computer, 2001, 34（2）：74-82.

[108] Albert R, Jeong H, Barabási A L. Internet：Diameter of the World-Wide Web［J］. Nature, 1999, 401（6）：130-131.

[109] Aless R B, Moschitti A, Pazienza M T. A text classifier based on linguistic processing［C］. Proceedings of the 16th International Joint Conference on Artificial intelligence, Stockholm：ACM, 1999：1-5.

[110] Allik A, Fazekas G, Dixon S, et al. Facilitating music information research with shared open vocabularies［C］. Proceedings of the Semantic Web：ESWC 2013 Satellite Events. Berlin Heidelberg：Springer, 2013：178-183.

[111] Amit Singhal. Introducing the Knowledge Graph：Things, not strings［EB/OL］.［2019-07-15］. http：//googleblog. blospot. co. uk/2012/05/introducing-knowledge-graph-not. html.

[112] Anja Jentzsch, Richard Cyganiak, Chris Bizer. State of the LOD Cloud 2011［EB/OL］.［2019-07-15］. http：//lod-cloud. net/state/.

[113] AroyoL, Welty C, Alani H, et al. [Lecture Notes in Computer Science] The Semantic Web - ISWC 2011 Volume 7031 ‖ LogMap: Logic-Based and Scalable Ontology Matching [C]. International Semantic Web Conference. Springer, Berlin, Heidelberg, 2011: 273-288.

[114] Asnicar F A, Tasso C. IfWeb: a prototype of user model-based intelligent agent for document filtering and navigation in the World Wide Web [C]. Proceedings of WorkshopAdaptive Systems and User Modeling on the World Wide Web'at 6th International Conference on User Modeling, UM97, Chia Laguna, Sardinia, Italy. 1997: 3-11.

[115] Ballan L, Bertini M, Bimbo A D, et al. Video annotation and retrieval using ontologies and rule learning [J]. IEEE MultiMedia, 2010, 17 (4): 80-88.

[116] Barabási A L, Albert R. Albert, R.: Emergence of scaling in random networks [J]. Science, 1999, 286 (5439): 509-512.

[117] Bartsch A, Bunk B, Haddad I, et al. GeneReporter—sequence-based document retrieval and annotation [J]. Bioinformatics, 2011, 27 (7): 1034-1035.

[118] Becker C, Bizer C. DBpedia Mobile: A location-enabled linked data browser [J]. LDOW, 2008, 369.

[119] Billsus D, Pazzani M. Learning probabilistic user models [C]. Proceedings of the 6th International Conference on User Modeling, Workshop on Machine Learning for User Modeling, Chia Laguna: Springer-Verlag, 1997.

[120] Billsus D, Pazzani M J. User modeling for adaptive news access [J]. User Modeling and User-adapted Interaction, 2000, 10 (2-3): 147-180.

[121] BioPortal [EB/OL]. [2019-07-15]. http://bioportal. bioontology. org/.

[122] Blake J A, Chan J, Kishore R, et al. Gene Ontology annotations and

resources [J]. Nucleic Acids Research, 2013, 41 (D1): D530-D535.

[123] BLANCO R, CAMBAZOGLU B B, MIKA P, et al. Entity Recommendations in Web Search [C]. Proceedings of the 12th International Semantic Web Conference (ISWC). Berlin: Springer-Verlag, 2013: 33-48.

[124] Blei D M, Ng A Y, Jordan M I. Latent Dirichlet Allocation [J]. Journal of machine Learning research, 2003, 3 (1): 993-1022.

[125] Bleik S, Mishra M, Huan J, et al. Text categorization of biomedical data sets using graph kernels and a controlled vocabulary [J]. Computational Biology and Bioinformatics, 2013, 10 (5): 1211-1217.

[126] Bordes A, Usunier N, García-Durán A, Weston J, Yakhnenko, O. TranslatingEmbeddingsfor Modeling Multi-relational Data [J]. Advances in Neural Information Processing Systems, 2013: 2787-2795.

[127] Bratasanu D, Nedelcu I, Datcu M. Bridging the semantic gap for satellite image annotation and automatic mapping applications [J]. Selected Topics in Applied Earth Observations and Remote Sensing, IEEE Journal of, 2011, 4 (1): 193-204.

[128] Brickley D, Miller L. FOAF Vocabulary Specification 0.99 [EB/OL]. [2019-07-15]. http://xmlns.com/foaf/spec/20140114.html.

[129] Brookes B C. Theory of the Bradford law [J]. Journal of Documentation, 1977, 33 (3): 5-13.

[130] Brooks B C. The foundations of Information Science: Part IV. Information science: the changing paradigm [J]. Journal of information science, 1981, (2): 3-12.

[131] Buzydlowski J, Cassel L, Lin X. Visualization of candidate terms for classification of papers [EB/OL]. [2019-07-15]. NKOS Workshop at TPDL2013. https://www.comp.glam.ac.uk/pages/research/hypermedia/nkos/nkos2013/content/NKOS2013_buzydlowski.pdf.

[132] Cao J, Xia T, Li J, et al. A density-based method for adaptive LDA model selection [J]. Neurocomputing, 2009, 72 (7-9): 1775-1781.

[133] Cao X, Wang D. The role of online communities in reducing urban-rural health disparities in China [J]. Journal of the Association for Information Science & Technology, 2018.

[134] Cataldi M, Damiano R, Lombardo V, et al. Lexical Mediation for Ontology-Based Annotation of Multimedia [M]. New Trends of Research in Ontologies and Lexical Resources. Springer Berlin Heidelberg, 2013: 113-134.

[135] Chen G, Xiao L. Selecting publication keywords for domain analysis in bibliometrics: A comparison of three methods. Journal of Informetrics, 2016, 10 (1): 212-223.

[136] Choi E, Shah C. Asking for more than an answer: What do askers expect in online Q&A services? [J]. Journal of Information Science, 2017, 43 (3): 424-435.

[137] Chorowski J, Bahdanau D, Serdyuk D, et al. Attention-Based Models for Speech Recognition [J]. Computer Science, 2015, 10 (4): 429-439.

[138] Chris Ainsworth. Everything you need to know to understand Google's Knowledge Graph [EB/OL]. [2019-07-15]. http://www.searchenginepeople.com/blog/what-is-google-knowledge-graph.html.

[139] Christine L S. Interoperability and collaborative thesaurus management between EU multilingual thesauri [EB/OL]. [2019-07-15]. NKOS Workshop at TPDL2013. https://www.comp.glam.ac.uk/pages/research/hypermedia/nkos/nkos2013/content/NKOS2013_christine.pdf.

[140] Clarke A, Steele R. Smartphone-based public health information systems: Anonymity, privacy and intervention [J]. Journal of the Association for Information Science & Technology, 2015, 66 (12): 2596-2608.

361

[141] Clarke S, Smedt J. ISO 25964-1 a new standard for development of thesauri and exchange of thesaurus data [EB/OL]. [2019-07-15]. NKOS Workshop at ECDL2011. https: //www. comp. glam. ac. uk/pages/research/ hypermedia/nkos/nkos2011/presentations/DextreClarke_DeSmedt_ISO25964, pdf.

[142] Clauset A, Shalizi C R, Newman M E J. Power-law distributions in empirical data [J]. Siam Review, 2012, 51 (4): 661-703.

[143] Cooper A. The Inmates are Running the Asylum: Why high-tech Products Drive us Crazy And How to Restore the Sanity [M]. Sams Indianapolis, IN, USA, 2004.

[144] Coviello E, Chan A B, Lanckriet G. Time series models for semantic music annotation [J]. Audio, Speech, and Language Processing, IEEE Transactions on, 2011, 19 (5): 1343-1359.

[145] Smith C. 12 interesting Quora statistic andfacts 2018 [EB/OL]. [2019-07-15]. https: //expandedramblings. com/index. php/quora-statistics/.

[146] Dam J W V, Velden M V D. Online profiling and clustering of Facebook users [J]. Decision Support Systems, 2015, 70: 60-72.

[147] Castro D, Korte T. Open Data in the G8: A review of progress on the open data charter [R]. Center for Data Innovation. March 17, 2015.

[148] DBpedia. DBpedia Version 2014 released [EB/OL]. [2019-07-15]. http: //blog. dbpedia. org/.

[149] DBpedia. The DBpedia Ontology (2014) [EB/OL]. [2019-07-15]. http: //wiki. dbpedia. org/Ontology2014.

[150] Dcterms [EB/OL]. [2019-07-15]. http: //lov. okfn. org/dataset/lov.

[151] Delia R, Blaž F, Dunja M. Automatically annotating text with linked open data [C]. Proceedings: the 4th Linked Data on the web workshop (LDOW 2011), Hyderabad, India, 2011.

[152] DERI. Linked Data Research Centre [EB/OL]. [2019-07-15]. https：//www. deri. ie/lidrc.

[153] Did Google Knowledge Graph change SEO [EB/OL]. [2019-07-15]. http：//stateofseo. com/advanced-seo/did-google-knowledge-graph-change-seo/.

[154] Dind Y, Zhang G, Chambers T, et al. Content-based citation analysis：The next generation of citation analysis [J]. Journal of the American Society for Information Science & Technology, 2015, 151（11）：2244-2248.

[155] Domingos P, Pazzani M. On the optimality of the simple Bayesian classifier under zero-one loss [J]. Machine learning, 1997, 29（2-3）：103-130.

[156] EcoLexicon [EB/OL]. [2019-07-15]. http：//ecolexicon. ugr. es/en/.

[157] ESCO [EB/OL]. [2019-07-15]. https：//ec. europa. eu/esco/home.

[158] Falcon-AO [EB/OL]. http：//ws. nju. edu. cn/falcon-ao/.

[159] Faviki [EB/OL]. [2019-07-15]. http：//www. faviki. com/pages/welcome/.

[160] Fayyad U. From Data Mining to Knowledge Discovery in Databases [J]. Ai Magazine, 1996, 17（3）：37-54.

[161] Frischmuth P, Klimck J, Auer S, et al. Linked data in enterprise information integration [EB/OL]. [2019-07-15]. http：//svn. aksw. org/papaers/2012/SWJ_LinkedDataInEnterpriseInformationIntergration/public. pdf.

[162] Gabrilovich E, Markovitch S. Computing Semantic Relatedness Using Wikipedia-based Explicit Semantic Analysis [C]. Proceedings：the 20th International Joint Conference on Artificial Intelligence（IJCAI）. 2007, 7：1606-1611.

[163] Giese M, Calvanese D, Haase P, et al. Scalable end-user access to big data [J]. Big Data Computing, 2013：205-245.

[164] González M, Bianchi S, Vercelli G. Semantic framework for complex knowledge domains [C]. Proceedings: International Semantic Web Conference (Posters & Demos), 2008.

[165] Graves A, Mohamed A R, Hinton G. Speech Recognition with Deep Recurrent Neural Networks [C]. 2013 IEEE International Conference on Acoustics, Speech and Signal Processing. IEEE, 2013.

[166] Greenberg J, Losee R, Agüera J R P, et al. HIVE: Helping interdisciplinary vocabulary engineering [J]. Bulletin of the American Society for Information Science and Technology, 2011, 37 (4): 23-26.

[167] Guo J, Zhao J, Yu Z, et al. Research on semantic label extraction of domain entity relation based on the CRF and rules [J]. Web Technologies and Applications, 2012 (7234): 154-162.

[168] Guo S S, Chan C W. A Comparison and analysis of some ontology visualization tools [C]. Proceedings of the 23rd International Conference on Software Engineering & Knowledge Engineering. Miami: Knowledge Systems Institute GraduateSchool, 2011: 357-362.

[169] Haghighi P D, Burstein F, Zaslavsky A, et al. Development and evaluation of ontology for intelligent decision support in medical emergency management for mass gatherings [J]. Decision Support Systems, 2013, 54 (2): 1192-1204.

[170] Haken H. 1983. Advanced synergetics. Instability Hierarchies of Self-Organizing Systems and Devices [M]. New York: Springer-Verlag.

[171] Hashimoto K, Stenetorp P, Miwa M, et al. Task-Oriented Learning of Word Embeddings for Semantic Relation Classification [J]. Computer Science, 2015: 268-278.

[172] Heath T, Hausenblas M, Bizer C, et al. How to publish linked data on the web [C]. Proceedings of the 7th International Semantic Web Conference

(ISWC 2008), Karlsruhe: Semantic Web Science Association, Karlsruhe: Elsevier, 2008.

[173] Hermann K M, Kočiský, Tomáš, Grefenstette E, et al. Teaching Machines to read and comprehend [J]. 2015. In advances in Neural Information Processing Systems, pages 1684-1692.

[174] Hey T, Tansley S, Tolle K. The Fourth Paradigm: Data-Intensive Scientific Discovery [M]. Microsoft Research, 2009.

[175] Hienert D, Schaer P, Schaible J, et al. A novel combined term suggestion service for domain-specific digital libraries [C]. Research and Advanced Technology for Digital Libraries. Berlin Heidelberg: Springer, 2011: 192-203.

[176] Hilbert M. Big Data for Development: From Information- to Knowledge Societies. Pre-published version, Jan. 2013 [EB/OL]. [2019-07-15]. http: //ssrn. com/abstract = 2205145.

[177] HILT-High Level Thesaurus Project [EB/OL]. [2019-07-15]. http: // hilt. cdlr. strath. ac. uk/.

[178] Hinton G E, Srivastava N, Krizhevsky A, et al. Improving neural networks by preventing co-adaptation of feature detectors [J]. Computer Science, 2012, 3 (4): págs. 212-223.

[179] Hjorland B. User-based and Cognitive Approaches to Knowledge Organization: A Theoretical Analysis of the Research Literature [J]. Knowledge Organization, 2013 (40): 11-27.

[180] Hlava M. Using KOS as a basis for text analytics and trend forecasting [EB/OL]. [2019-07-15]. https: //www. comp. glam. ac. uk/pages/ research/hypermedia/nkos/nkos2010/presentations/hlava. pdf.

[181] Hochreiter S, Schmidhuber J. Long Short-Term Memory [J]. Neural Computation, 1997, 9 (8): 1735-1780.

［182］OpenKG. dedupe：知识链接 python 库［EB/OL］.［2019-07-15］. http：//www. openkg. cn/tool/dedupe.

［183］OpenKG. Limes：实体链接发现框架［EB/OL］.［2019-07-15］. http：//www. openkg. cn/tool/limes.

［184］Huang Z, Xu W, Yu K. Bidirectional LSTM-CRF models for sequence tagging［J］. Computer Science, 2015.

［185］I Am an Entity：Hacking the Knowledge Graph［EB/OL］.［2019-07-15］. http：//moz. com/blog/i-am-an-entity-hacking-the-knowledge-graph.

［186］IBM. Understanding InfoSphere BigInsights：An introduction for software architects and technical leaders［EB/OL］. Retrieved on June 15, 2015. http：//www. ibm. com/developerworks/data/library/techarticle/dm-1110biginsightsintro/.

［187］Im D H, Park G D. Linked tag：image annotation using semantic relationships between image tags［J］. Multimedia Tools and Applications, 2014, 74（7）：2273-2287.

［188］Jin J, Li Y, Zhong X, et al. Why users contribute knowledge to online communities：An empirical study of an online social Q&A community［J］. Information & Management, 2015, 52（7）：840-849.

［189］Jonquet C, Shah N, Youn C, et al. NCBO annotator：semantic annotation of biomedical data［C］. Proceedings：International Semantic Web Conference, Poster and Demo session, 2009.

［190］Joorabchi A, E. Mahdi A. Classification of scientific publications according to library controlled vocabularies：A new concept matching-based approach［J］. Library Hi Tech, 2013, 31（4）：725-747.

［191］Junior P T A, Filgueiras L V L. User modeling with personas［C］. Proceedings of the 2005 Latin American Conference on Human-computer Interaction. ACM, 2005：277-282.

[192] Kamba T, Sakagami H, Koseki Y. ANATAGONOMY: A personalized newspaper on the World Wide Web [J]. International Journal of Human-Computer Studies, 1997, 46 (6): 789-803.

[193] Khosrovian K, Pfahl D, Garousi V. GENSIM 2. 0: a customizable process simulation model for software process evaluation [C]. International Conference on Software Process. 2008.

[194] Khurana K, Chandak M B. Study of various video annotation techniques [J]. International Journal of Advanced Research in Computer and Communication Engineering, 2013, 2 (1).

[195] Kim S, Oh J S, Oh S. Best-answer selection criteria in a social Q&A site from the user - oriented relevance perspective [C]. Proceedings of the 70th American Society for Information Science and Technology. Maryland: Springer Press, 2007, 44 (1): 1-15.

[196] Kim S, Park S, Ha Y. Scalable Visualization of dbpedia ontology using hadoop [J]. Active Media Technology, 2013, 8210: 301-306.

[197] Kingsley Idehen. BBC linked data meshup in 3 steps [EB/OL]. [2019-07-15]. http: //www. openlinksw. com/dataspace/kidehen@ openlinksw. com/weblog/kidehen@ openlinksw. coms% 20BLOG% 20% 5B127% 5D/ 1560, 2010-04-12.

[198] Koenig M, Dirnbek J, Stankovski V. Architecture of an open knowledge base for sustainable buildings based on Linked Data technologies [J]. Automation in Construction, 2013 (35): 542-550.

[199] Lambiotte J G, Dansereau D F, Cross D R, et al. Multirelational semantic maps [J]. Educational Psychology Review, 1989, 1 (4): 331-367.

[200] Lembo D, Santarelli V, Savo D F. Graph-Based Ontology Classification in OWL 2 QL [M]. The Semantic Web: Semantics and Big Data. 2013.

[201] Lara M L G D. Documentary languages and knowledge organization systems

in the context of the semantic Web [J]. Transinformação. 2013, 25 (2), 145-150.

[202] Lee K, Kim S Y, Kim E H, et al. Comparative evaluation of bibliometric content networks by tomographic content analysis: An application to Parkinson's disease [J]. Journal of the Association for Information Science & Technology, 2016, 68 (5).

[203] Leidner A D E. Review: Knowledge Management and Knowledge Management Systems: Conceptual Foundations and Research Issues [J]. MIS Quarterly, 2001, 25 (1): 107-136.

[204] Lerouge C, Ma J, Sneha S, et al. User profiles and personas in the design and development of consumer health technologies [J]. International Journal of Medical Informatics, 2013, 82 (11): e251-e268.

[205] Kleedorfer F. Building a Web of Needs [C]. Proceedings of the 10th International Semantic Web Corference, 2011: Bonn, Germany.

[206] Leskovec J, Sosič R. SNAP: A General-Purpose Network Analysis and Graph-Mining Library [J]. Acm Transactions on Intelligent Systems & Technology, 2016, 8 (1): 1.

[207] Library of Congress Subject Headings [EB/OL]. [2019-07-15]. http: // id. loc. gov/authorities/subjects. html.

[208] Li D, Luo Z, Ding Y, et al. User-level Microblogging Recommendation Incorporating Social Influence [J]. Journal of the Association for Information Science & Technology, 2017, 68 (3): 553-568.

[200] Li J, Wang Z, Xiao Z, et al. Large scale instance matching via multiple indexes and candidateselection [J]. Knowledge-Based Systems, 2013, 50 (3): 112-120.

[210] Li J, Tang J, Li Y, et al. RiMOM: A Dynamic Multistrategy Ontology Alignment Framework. IEEE Transactions on Knowledge &Data

Engineering, 2009, 21 (8): 1218-1232.

[211] Li S, Sun Y, Soergel D. A New Method for Automatically Constructing Domain-oriented Term Taxonomy Based on Weighted Word Co-occurrence Analysis [J]. Scientometrics, 2015, 103 (3): 1023-1042.

[212] Lin X, Ahn J W, Soergel D. Meaningful concept displays for KOS mapping [EB/OL]. [2019-07-15]. https://at-web1. comp. glam. ac. uk/pages/research/hypermedia/nkos/nkos2014/content/NKOS2014-abstract-lin-ahn-soergel. pdf.

[213] Lin X. Meaningful Concept Displays: The first step [EB/OL]. [2019-07-15]. NKOS Workshop at TPDL2012. https://www. comp. glam. ac. uk/pages/research/hypermedia/nkos/nkos2012/presentations/MCD. NKOS2012. Lin. pdf.

[214] Lin Y, Liu Z, Sun M, et al. Learning entity and relation embeddings for knowledge graph completion//Processings of the 29th AAAI Conference on Artificial Intelligence. Austin, USA, 2015: 2181-2187.

[215] Linking Open Data [EB/OL]. [2019-07-15]. http://www. w3. org/wiki/SweoIG/TaskForces/CommunityProjects/LinkingOpenData.

[216] Linking Open Vocabularies. [EB/OL]. [2019-07-15]. http://lov. okfn. org/dataset/lov/.

[217] Liu J H, Li B, Yu X, et al. A domain ontology-based knowledge organization model for complex product design [J]. Advanced Materials Research, 2011 (311): 272-275.

[218] Lomov P, Shishaev M. Technology of ontology visualization based on cognitive frames for graphical user interface [C]. Proceedings of the 4th International Conference on Knowledge Engineering and the Semantic Web. Petersburg, Russia, 2013: 54-68.

[219] Lučanský M, Šimko M, Bieliková M. Enhancing automatic term recognition

algorithms with HTML tags processing [C]. Proceedings: the 12th International Conference on Computer Systems and Technologies. 2011: 173-178.

[220] Lüke T, Hoek W van, Schaer P, et al. Creation of custom KOS-based recommendation systems [EB/OL]. [2019-07-15]. NKOS Workshop at TPDL2012. https://www. comp. glam. ac. uk/pages/research/hypermedia/nkos/nkos2012/presentations/NKOS-2012_lueke. pptx.

[221] Ma F, Li Y. Utilising Social Network Analysis to Study the Characteristics and Functions of the Co-Occurrence Network of Online Tags [J]. Online Information Review, 2014, 38 (2): 232-247.

[222] Ma X, Carranza E J M, Wu C, et al. A SKOS-based multilingual thesaurus of geological time scale for interoperability of online geological maps [J]. Computers & Geosciences, 2011, 37 (10): 1602-1615.

[223] Ma X, Wu C, Carranza E J M, et al. Development of a controlled vocabulary for semantic interoperability of mineral exploration geodata for mining projects [J]. Computers & Geosciences, 2010, 36 (12): 1512-1522.

[224] Maguire E, González-Beltrán A, Whetzel P L, et al. OntoMaton: a Bioportal powered ontology widget for Google Spreadsheets [J]. Bioinformatics, 2012, 29 (4): 525-527.

[225] Mai G S, Wang Y H, Hsia Y J, et al. Linked open data of ecology TWC LOGD: A new approach for ecological data sharing [J]. Taiwan J. of Forest Sci, 2011, 26 (4): 417-424.

[226] Manguinhas H, Borbinha J. Integrating knowledge organization systems registries with metadata registries [C]. Proceedings: The 9th European NKOS Workshop at the 14th ECDL Conference, Glasgow, Scotland. 2010.

[227] Marchand-Maillet S, Hofreiter B. Multi-dimensional information ordering to

support decision-making processes [C]. Business Informatics (CBI), 2013 IEEE 15th Conference on IEEE, 2013: 85-92.

[228] Martinez D, Otegi A, Soroa A, et al. Improving search over electronic health records using UMLS-based query expansion through random walks [J]. Journal of biomedical informatics, 2014, 51: 100-106.

[229] Martinez-Romo J, Araujo L, Fernandez A D. SemGraph: Extracting Keyphrases Following a Novel Semantic Graph-based Approach [J]. Journal of the Association for Information Science & Technology, 2016, 67 (1): 71-82.

[230] Mayfield J, Finin T. Information retrieval on the Semantic Web: Integrating inference and retrieval [C]. Proceedings: SIGIR Workshop on the Semantic Web, 2003.

[231] Mayr P, Lüke T, Schaer P. Demo: Demonstrating a framework for KOS-based recommendations systems [EB/OL]. NKOS Workshop at TPDL2013. [2019-07-15].

[232] Mayr P, Mutschke P, Schaer P, et al. Search term recommendation and non-textual ranking evaluated [EB/OL]. [2019-07-15]. NKOS Workshop at ECDL2010. https: //www. comp. glam. ac. uk/pages/research/hypermedia/nkos/nkos2010/presentations/mayr. pdf.

[233] Mcglohon M, Akoglu L, Faloutsos C. Weighted graphs and Disconnected Components: Patterns and A Generator [C]. ACM SIGKDD International Conference on Knowledge Discovery and Data Mining. ACM, 2008: 524-532.

[234] McKinsey Global Institute. Big data: the next frontier for innovation, competition and productivity [R]. 2011.

[235] Mendes P N, Jakob M, García-Silva A, et al. DBpedia spotlight: shedding light on the web of documents [C]. Proceedings: 7th International

Conference on Semantic Systems. ACM, 2011: 1-8.

[236] Méndez E, Greenberg J. Linked data for open vocabularies and HIVE's global framework [J]. El profesional de la información, 2012, 21 (3): 236-244.

[237] Mladenic D. Personal webwatcher: Implementation and design [R]. Technical Report IJS-DP-7472, Department of Intelligent Systems, J. Stefan Institute, Slovenia, 1996.

[238] Moine M P, Valcke S, Lawrence B N, et al. Development and exploitation of a controlled vocabulary in support of climate modelling [J]. Geoscientific Model Development Discussions, 2013, 6 (2): 2967-3001.

[239] NadeauD, Sekine S. A survey of named entity recognition and classification [J]. Lingvisticae Investigationes, 2007, 30 (1): 3-26.

[240] Nature Editorial. Community cleverness required [J]. Nature, 2008, 455 (7209): 1.

[241] Nielsen L, Storgaard Hansen K. Personas is applicable: a study on the use of personas in Denmark [C] //Conference on Human Factors in Computing Systems. New York: ACM, 2014: 1665-1674.

[242] Nie T, Shen D, Kou Y, et al. An entity relation extraction model based on semantic pattern matching [C]. Proceedings: Web Information Systems and Applications Conference (WISA), 2011 Eighth. IEEE, 2011: 7-12.

[243] Niu X, Rong S, Wang H, et al. An effective rule miner for instance matching in a web of data [C] // Proceedings of the 21st ACM international conference on Information and knowledge management. ACM, 2012.

[244] Nixon L, Bauer M, Bara C. Connected Media Experiences: interactive video using Linked Data on the Web [C]. Proceedings: Linked Data on the Web (LDOW2013), Rio de Janeiro, Brazil, 2013.

[245] Noy N F, Shah N H, Whetzel P L, et al. BioPortal: Ontologies and integrated data resources at the click of a mouse [J]. Nucleic Acids Research, 2009, 37 (S2): W170-W173.

[246] Office of Science and Technology Policy, Executive Office of the President, Obama administration unveils Big Data initiative [EB/OL]. [2019-07-15]. http://www. whitehouse. gov/sites/default/files/microsites/ostp/big _data_press_release_final_2. pdf.

[247] Oh S, Zhang Y, Park M. Cancer information seeking in social Q&A: Identifying health-related topics in cancer questions on Yahoo! Answers [J]. Information Research, 2016, 21 (3): 1-10.

[248] O 'Riain S, Harth A, Curry E. Linked Data Driven Information System as an enabler for integrating financial data [J]. Information Systems for Global Financial Markets: Emerging Developments and Effects, 2012: 239-269.

[249] Ontohub [EB/OL]. [2019-07-15]. https://ontohub. org/.

[250] Openlink Software. Deploying Linked Data [EB/OL]. [2014-02-20].

[251] PanW, Shen C, Feng B. You Get What You Give: Understanding Reply Reciprocity and Social Capital in Online Health Support Forums [J]. Journal of Health Communication, 2016, 22 (1): 1. http://virtuoso. openlinksw. com/dataspace/doc/dav/wiki/Main/VirtDeployingLinked DataGuide.

[252] Park S H, Ha Y G. Visualization of resource description framework ontology using Hadoop [C]. Proceedings ofthe7th International Conference on Innovative Mobile and Internet Services in Ubiquitous Computing (IMIS) . Taiwai: IEEE, 2013: 228-231.

[253] Pazienza M, Stellato A. An environment for semi-automatic annotation of ontological knowledge with linguistic content [C]. Proceedings: The 3rd European Semantic Web Conference. Budva: Montenegro, 2006: 442-456.

[254] Pérez M J M, Rizzo C R. Automatic access to legal terminology applying two different automatic term recognition methods [J]. Procedia-Social and Behavioral Sciences, 2013 (95): 455-463.

[255] PoolParty thesaurus manager user guide [EB/OL]. [2019-07-15]. https://grips. semantic-web. at/download/attachments/21890292/ PPT-UserGuide. pdf? vers.

[256] Pujara J, Miao H, Getoor L, et al. Knowledge Graph identification [C]. Proceedings of the 12th International Semantic Web Conference (ISWC). Berlin: Springer-Verlag, 2013: 542-557.

[257] Putkey T, Jose S. Using SKOS to express faceted classification on the semanticweb [EB/OL]. [2019-07-15]. http://webpages. uidaho. edu/~mbolin/putkey. pdf.

[258] Putnam C, Kolko B, Wood S. Communicating about users in ICTD: leveraging HCI personas [C] //Proceedings of the 5th International Conference on Information and Communication Technologies and Development. New York: ACM, 2012: 338-349.

[259] Radinsky K, Agichtein E, Gabrilovich E, et al. A word at a time: computing word relatedness using temporal semantic analysis [C]. Proceedings: the 20th international conference on World Wide Web. ACM, 2011: 337-346.

[260] Rahman F, Siddiqi J. Semantic annotation of digital music [J]. Journal of Computer and System Sciences, 2012, 78 (4): 1219-1231.

[261] Ramakrishnan S, Vijayan A. A study on development of cognitive support features in recent ontology visualization tools [J]. Artificial Intelligence Review, 2014, 41 (4): 595-623.

[262] Rich E. Building and exploiting user models [C]. Proceedings of the 6th International Joint Conference on Artificial Intelligence. San Francisco:

Morgan Kaufmann Publishers Inc. , 1979（2）：720-722.

［263］Rich E. User modeling via stereotypes ［J］. Cognitive Science, 1979, 3
（4）：329-354.

［264］Rizzo G, Troncy R. NERD：a framework for unifying named entity
recognition and disambiguation extraction tools ［C］. Proceedings：the
Demonstrations at the 13th Conference of the European Chapter of the
Association for Computational Linguistics, 2012：73-76.

［265］Robinson-Garcia N, Sugimoto C R, Murray D, et al. The many faces of
mobility：Using bibliometric data to measure the movement of scientists
［J］. Journal of Informetrics, 2019, 13（1）：50-63.

［266］Rocchio J J. Relevance feedback in information retrieval ［C］. The
SMART retrieval system - experiments in automated document processing,
Upper Saddle Rive：Publisher Prentice-Hall, 1971：313-323.

［267］Ruthven, I. , Buchanan, S. , Jardine C. Relationships, Environment,
Health and Development：The Information Needs Expressed Online by
Young First-Time Mothers ［J］. Journal of the association for information
science and technology, 2018, 69（8）：985-995.

［268］Sauermann L, Cyganiak R. Cool URIs for the Semantic Web—W3C
Interest Group Note 03 December 2008 ［EB/OL］. ［2019-07-15］.
http：//www. w3. org/TR/2008/NOTE-cooluris-20081203/.

［269］SAWA ［EB/OL］. ［2019-07-15］. http：//www. isophonics. net/sawa/.

［270］Schaible J, Gottron T, Scheglmann S, et al. Lover：support for modeling
data using linked open vocabularies ［C］. Proceedings of the Joint EDBT/
ICDT 2013 Workshops. New York：ACM, 2013：89-92.

［271］Shah C, Oh S, Oh J S. Research agenda for social Q&A ［J］. Library &
Information Science Research, 2009, 31（4）：205-209.

［272］Shen H, Li Z, Liu J, et al. Knowledge sharing in the online social network of Yahoo! Answers and its implications [J]. IEEE Transactions on Computers, 2015, 64 (6): 1715-1728.

[273] Siering M, Clapham B, Engel O, et al. A Taxonomy of Financial Market Manipulations: Establishing Trust and Market Integrity in the Financialized Economy Through Automated Fraud Detection [J]. Journal of Information Technology, 2017 (3): 1-19.

[274] Song M, Heo G E, Ding Y. SemPathFinder: Semantic Path Analysis for Discovering Publicly Unknown Knowledge [J]. Journal of Informetrics, 2015, 9 (4): 686-703.

[275] Sonntag D, Wennerberg P, Zillner S. Applications of an ontology engineering methodology accessing linked data for dialogue-based medical image retrieval [C]. Proceedings: the AAAI Spring Symposium "Linked Data meets Articial Intelligence", 2010: 120-125.

[276] Soylu A, Giese M, Jimenez-Ruiz E, et al. OptiqueVQS: towards an ontology-based visual query system for big data [C]. Proceedings of the Fifth International Conference on Management of Emergent Digital EcoSystems. New York: ACM, 2013: 119-126.

[277] Steiner T, Verborgh R, Troncy R, et al. Adding realtime coverage to the google knowledge graph [J/OL]. [2019-07-15]. http: //www. ceur-ws. org/Vol-914/paper_2. pdf.

[278] Su J H, Chou C L, Lin C Y, et al. Effective semantic annotation by image-to-concept distribution model [J]. Multimedia, IEEE Transactions on, 2011, 13 (3): 530-538.

[279] Swaminathan V, Sivakumar R. Comprehensive ontology cognitive assisted visualization tools-A survey [J]. Journal of Theoretical and Applied Information Technology, 2012, 41 (1): 75-81.

[280] TaaS [EB/OL]. [2019-07-15]. http: //www. taas-project. eu/.

[281] Tang D, Qin B, Yang Y, et al. User modeling with neural network for review rating prediction [C]. International Conference on Artificial Intelligence. New York: AAAI Press, 2015: 1340-1346.

[282] Tang J, Hong M, Li J, et al. Tree-structured conditional random fields for semantic annotation [M]. The Semantic Web-ISWC 2006, Springer Berlin Heidelberg, 2006: 640-653.

[283] Tang J, Qu M, Wang M, et al. LINE: Large-scale Information Network Embedding [J]. KDD, 2015: 1067-1077.

[284] Taylor R S. The process of asking questions [J]. Journal of the Association for Information Science and Technology, 1962, 13 (4): 391-396.

[285] Tena S, Díez D, Díaz P, et al. Standardizing the narrative of use cases: A controlled vocabulary of web user tasks [J]. Information and Software Technology, 2013, 55 (9): 1580-1589.

[286] Teradata. How graph analytics can connect you to what's next in big data [EB/OL]. [2015-06-15] http://www.forbes.com/sites/teradata/2014/11/19/how-graph-analytics-can-connect-you-to-whats-next-in-big-data/.

[287] Thakker D, Lau L, Denaux R, et al. Using DBpedia as a knowledge source for culture-related user modelling questionnaires [C]. Proceedings of the 22nd International Conference on User Modeling, Adaptation, and Personalization (UMAP). Berlin: Springer-Verlag, 2014: 207-218.

[288] The Dublin Core Metadata Initiative. Dublin Core Metadata Element Set, Version 1.1 [EB/OL]. [2019-07-15]. http://dublincore.org/documents/dces/.

[289] The Linking open data community. The Linking Open Data cloud diagram [EB/OL]. [2019-07-15]. http://lod-cloud.net/.

[290] The OBO Foundry [EB/OL]. [2019-07-15]. http: //www. obofoundry. org/.

[291] The Ontology Lookup Service [EB/OL]. [2019-07-15]. http: //www. ebi. ac. uk/ontology-lookup/.

[292] The U. S. Government's open data [EB/OL]. [2019-07-15]. http: // www. data. gov/.

[293] Thesprasith O, Jaruskulchai C. Query expansion using medical subject headings terms in the biomedical documents [J]. Intelligent Information and Database Systems, 2014, 8397: 93-102.

[294] Tim Berners-Lee. Linked Data [EB/OL]. [2019-07-15]. http: // www. w3. org/DesignIssues/LinkedData. html? utm_source = tuicool.

[295] Tripathi S, Christie K R, Balakrishnan R, et al. Gene Ontology annotation of sequence-specific DNA binding transcription factors: setting the stage for a large-scale curation effort [J]. Database: the journal of biological databases and curation, 2013.

[296] Tu C, Liu H, Liu Z, et al. CANE: Context-Aware Network Embedding for Relation Modeling [C] // Meeting of the Association for Computational Linguistics. 2017: 1722-1731.

[297] Tudhope D, Koch T, Heery R. Terminology services and technology [EB/ OL]. [2019-07-15] http: //www. wkoln. ac. uk/terminology/JISC-review2006. html.

[298] TWC LOGD. Linking Open Government Data [EB/OL]. [2019-07-15]. http: //logd. tw. rpi. edu/.

[299] U. S. National Library of Medicine. Unified Medical Language System [EB/OL]. [2019-07-15]. http: //www. nlm. nih. gov/research/umls/.

[300] UKOLN. Metadata Renardus: Academic Subject Gateway Service Europe [EB/OL]. [2019-07-15]. http: //www. ukoln. ac. uk/metadata/

renardus.

［301］Visual Thesaurus ［EB/OL］.［2019-07-15］. http：//www. visualthesaurus. com/.

［302］Visuwords ［EB/OL］.［2019-07-15］. http：//www. visuwords. com/.

［303］Volz J, Bizer C, Gaedke M, et al. Silk-A Link DiscoveryFramework for the Web of Data ［J］. LDOW, 2009, 538.

［304］Wang N, Liang H, Jia Y, et al. Cloud Computing Research in the IS Discipline：A Citation/Co-citation Analysis ［J］. Decision Support Systems, 2016, 86：35-47.

［305］W3C. Cool URIs for the Semantic Web ［EB/OL］.［2019-07-15］. http：//www. w3. org/TR/cooluris/.

［306］W3C. Library Linked Data Incubator Group ［EB/OL］.［2019-07-15］. http：//www. w3. org/2005/Incubator/lld/.

［307］W3C. Linked Open Data ［EB/OL］.［2019-07-15］. http：//www. w3. org/wiki/SweoIG/TaskForces/CommunityProjects/LinkingOpenData.

［308］Wimalasuriya DC, Dou D. Ontology-based information extraction：An introduction and a survey of current approaches ［J］. Journal of Information Science, 2010, 36（3）：306-323.

［309］Xia P, Zhang L, Li F. Learning Similarity with Cosine Similarity Ensemble ［J］. Information Sciences, 2015, 307（C）：39-52.

［310］Xu H, Yuan H, Ma B, et al. Where to Go and What to Play：Towards Summarizing Popular Information from Massive Tourism Blogs ［J］. Journal of Information Science, 2015, 41（6）：830-854.

［311］Yang S J H, Zhang J, Su A Y S, et al. A collaborative multimedia annotation tool for enhancing knowledge sharing in CSCL ［J］. Interactive Learning Environments, 2011, 19（1）：45-62.

［312］Yang Y, Wu F, Nie F, et al. Web and personal image annotation by mining label correlation with relaxed visual graph embedding [J]. Image Processing, IEEE Transactions on, 2012, 21 (3): 1339-1351.

[313] Yeh E, Ramage D, Manning C D, et al. WikiWalk: random walks on Wikipedia for semantic relatedness [C]. Proceedings the 2009 Workshop on Graph-based Methods for Natural Language Processing. Association for Computational Linguistics, 2009: 41-49.

[314] Yu H Q, Pedrinaci C, Dietze S, et al. Using linked data to annotate and search educational video resources for supporting distance learning [J]. Learning Technologies, IEEE Transactions on, 2012, 5 (2): 130-142.

[315] Zeng M L, Chan L M. Trends and issues in establishing interoperability among knowledge organization systems [J]. Journal of the American Society for Information Science and Technology, 2004, 55 (5): 377-395.

[316] Zeng M L, Žumer M, O'Neill E T, et al. Panel: Maximizing the usage of value vocabularies in the linked data ecosystem [J]. Proceedings of the American Society for Information Science and Technology, 2013, 50 (1): 1-2.

[317] Zeng M L, Žumer M. A metadata application profile for KOS vocabulary registries [EB/OL]. [2019-07-15]. ISKO UK biennial conference, 2013-06-08, London. http://www. iskouk. org/conf2013/papers/ZengPaper. pdf.

[318] Zhang J, Korfhage R R. A distance and angle similarity measure method [J]. Journal of the American Society for Information Science, 1999, 50 (9): 772-778.

[319] Zhang J, Korfhage R R. DARE: Distance and angle retrieval environment: A tale of the two measures [J]. Journal of the American Society for Information Science, 1999, 50 (9): 779-787.

[320] Zhang J, Rasmussen E M. Developing a new similarity measure from two

different perspectives [J]. Information Processing & Management, 2001, 37 (2): 279-294.

[321] Zhang J. The characteristic analysis of the DARE visual space [J]. Information Retrieval, 2001, 4 (1): 61-78.

[322] Zhang Z, Chen S, Feng Z. Semantic annotation for web services based on DBpedia [C]. Proceedings: SOSE. 2013: 280-285.

[323] Zhou, P., Shi W., Tian J., et al. Attention-based bidirectional Long Short-Term Memory Network for relation classification [C]. Proceedings of the 54th Annual Meeting of the Association for Computation Linguistics, pages 207-212, Berlin, Germany, August 7-12, 2016.

[324] Zhu A. Knowledge Graph Visualization for understanding ideas [J]. International Journal for Cross-Disciplinary Subjects in Education. 2013, 3 (1): 1392-1396.

[325] Zhu Y, Yan E, Song I Y. The use of a graph-based system to improve bibliographic information retrieval: System design, implementation, and evaluation [J]. Journal of the Association for Information Science & Technology, 2016, 68 (2): 480-490.

[326] Zhu Y, Yan E. Searching bibliographic data using graphs: A visual graph query interface [J]. Journal of Informetrics, 2016, 10 (4): 1092-1107.

[327] Zhuang Y, Li G, Zhong Z, et al. Hike: A Hybrid Human-Machine Method for Entity Alignment in Large-Scale Knowledge Bases [C]. the 2017 ACM. ACM, 2017.